U0287595

普通高等教育“十三五”规划教材

环境灾害学

（第二版）

张丽萍　编著

科学出版社

北　京

内 容 简 介

本书共分上、中、下三篇 11 章。上篇包括三章（第 1～3 章），紧密围绕环境灾害形成的孕育、发生、发展过程，系统阐述了环境灾害学的基础知识、基本原理、灾害形成过程和研究方法；中篇包括两章（第 4～5 章），基于环境灾害可预测性和人为可控制性的特征，对环境灾害的评估方法进行了系统的论述，对环境灾害的防治和应急预案的制定进行了研究，并举例说明了应急预案启动程序及功能。下篇包括六章（第 6～11 章），主要是各种环境灾害类型的案例分析，对环境灾害形成的主要原因，从环境污染灾害、资源开发对环境破坏所诱发的灾害和环境退化灾害等方面，全面、系统地论述了各具体灾种的形成过程、特点、危害等，对各灾种的典型案例进行了详细分析。为了便于学生掌握重点、系统学习，在每章的章首列有内容提要和重点要求，章末附有课堂讨论话题和课后复习思考题。

本书结构严谨，知识系统，层次分明，内容翔实。可作为环境科学与环境工程、资源科学、地理学、管理学、生态学、农学等专业的高年级本科生、研究生的教材和参考书，还可作为高等院校环境类学科的公共平台课教材，也可供从事环境、资源、灾害研究及规划、管理的专业人员应用和参考。

图书在版编目（CIP）数据

环境灾害学/张丽萍编著. —2 版. —北京：科学出版社，2019.7
普通高等教育“十三五”规划教材
ISBN 978-7-03-061889-4
Ⅰ. ①环…　Ⅱ. ①张…　Ⅲ. ①灾害学–高等学校–教材　Ⅳ. ①X4

中国版本图书馆 CIP 数据核字（2019）第 150789 号

责任编辑：文　杨　宁　倩　高　微/责任校对：何艳萍
责任印制：师艳茹/封面设计：迷底书装

科学出版社 出版
北京东黄城根北街 16 号
邮政编码：100717
http://www.sciencep.com
天津文林印务有限公司 印刷
科学出版社发行　各地新华书店经销
*
2008 年 3 月第　一　版　开本：787×1092　1/16
2019 年 7 月第　二　版　印张：16 1/2
2019 年 7 月第一次印刷　字数：419 000

定价：69.00 元
（如有印装质量问题，我社负责调换）

第二版前言

环境和资源问题一直是人类面临的主要危机，近年来，在国家生态环境整治和修复的大力号召下，有关环境、资源、灾害方面研究的专业、单位、机构大量涌现，从事这方面研究的人员越来越多。本书扎实的环境学和灾害学基础、严密的计算过程和具体案例的详细分析，可为相关行业研究人员在应用方面提供借鉴。本书自 2008 年第一版发行以来，多次重印，被国内多所高等院校作为教材使用。

本书再版的必要性可从 3 个方面谈起：①国家非常重视环境问题，2018 年国家政府成立了自然资源部、生态环境部和应急管理部；②《环境灾害学》第一版出版至今已有 10 年的时间，案例资料、环境保护政策、应急措施等都有了很大的改进；③环境灾害是人为在资源开发过程中的失误及开发强度超越自然环境承载极限所引发的灾害类型，随着科学技术的进步和资源开发方式的改变，环境灾害新变种的潜在性隐现。基于此，《环境灾害学》的修订再版很有必要。

作者多年来从事环境灾害学课程的教学工作，对历年教学内容进行修订和补充，对教材结构进行了调整，编写了第二版。与第一版相比，本书在以下几方面进行了修订。

（1）根据内容学科的归属性和范式，调整了章节结构，明确将内容分为上、中、下三篇，上篇主要讲述环境灾害的基础知识与基本原理，中篇讲述环境灾害评估与应急管理，下篇是各类环境灾害的典型案例分析。

（2）在内容修改方面，增加了近年来发生的环境灾害典型案例。随着国家对生态环境治理的重视程度与国家标准的规范及要求水平的提高，对一些标准进行了修订，本书引用了新的标准和指标要求。

（3）为了适应新的教学改革要求，增加学生自主学习的环节，启发学生应用所学知识分析环境灾害孕育、形成机理和发展过程，分析受灾程度、救灾方法和目前的应急能力。为了方便学生学习，在每章的开篇增加了内容提要和重点要求，在每章的结尾列出了课堂讨论话题和课后复习思考题。

（4）对应补充了一些主要的参考资料。

由于本书内容在环境科学与灾害学两个学科方面的交叉性突出，以及环境灾害形成机理和过程方面的复杂性，应用原理和学科知识点的多样性，内容的综合性很强，为了避免广而浅的现象，本书的修订主要将重点集中在原理解释和实例分析，力图使学生深入浅出，能将所学的知识应用于自己所学的专业。

尽管作者做了很大的努力，但自知学力有限，担心书中出现缺憾之处，敬请广大读者不吝赐教，提出宝贵意见。

张丽萍

2018 年 11 月于杭州市浙江大学紫金港校区

第三版前言

第一版前言

环境灾害学是高等院校环境科学与工程、资源环境科学、农业资源与环境、地理学等专业的一门交叉性专业课。为了学科的发展要求，作者根据多年从事环境灾害学方面教学和科研工作的经验，以及所取得的科研成果，在参考了大量各种国内外相关资料的基础上，撰写了此教材。

本教材力图理论和实际相结合，既能适应社会经济发展的需求，又可以反映学科发展的进展和交叉性发展趋势。因此，在本教材的编写过程中主要体现了以下目标和特点。

（1）力求体现内容的科学性、系统性和先进性，并尽量搜集了大量环境科学、灾害学、资源科学、地理学、农业科学等研究领域的最新成果、概念和技术，以反映当代环境灾害研究的新水平和新观点。

（2）在内容上以环境学灾害的形成过程和危害为主轴，以人在环境灾害形成和演化过程中的作用为主导思想，阐述了环境污染、环境恶化、环境灾害形成的物理、化学、生物过程和演化机理。

（3）在写作上力求做到体系明了，先讲析概念，后阐明原理，再进行灾种分析和评价，最后是防治和应急预案设计。这样既能让学生学到系统的知识和方法，又能在环境灾害实际分析中应用。

（4）本教材将环境学与灾害学有机地统为一体，融入了环境科学和环境工程坚实的数理化基础，汇合了灾害学分析原理，为环境科学和灾害学架起了学术桥梁，使环境灾害学成为环境科学和灾害学的交叉学科，进一步完善了学科的发展。

本教材的出版得到了浙江大学土壤学学科经费、浙江大学资源环境学科课程建设经费、污染环境修复与生态健康教育部重点实验室开放基金、黄土高原土壤侵蚀与旱地农业国家重点实验室开放基金、浙江省亚热带土壤与植物营养重点开放实验室经费资助。

在本教材的编著过程中，得到了浙江大学环境与资源学院、土水资源与环境研究所各位老师的大力支持，在此一致表示衷心的感谢。

由于本教材内容涉及广泛、交叉性强，编著者自知学力有限，书中有论述不周和错误之处，敬请广大读者、各位专家和同行提出宝贵意见。

编著者

2007 年 7月于杭州市浙江大学华家池校区

第一版前言

目　录

中篇　环境灾害评估与应急处理

下篇　典型案例分析

上　篇

环境灾害的基础知识与基本原理

第1章　环境灾害与环境灾害学

内容提要

本章主要围绕自然灾害与环境灾害两个基本概念开始论述，从灾害学的定义和分类讲起，将灾害分为 3 大类：自然灾害、人为灾害和环境灾害；讨论了环境灾害、人为灾害和自然灾害的关系及区别，重点阐述了环境灾害的基本属性、环境灾害的分类；最后，总结了环境灾害学科的形成、发展过程和展望，环境灾害学与其他学科的关系。

重点要求

✧　掌握自然灾害、人为灾害、环境灾害三个概念的基本含义；

✧　理解自然灾害、人为灾害与环境灾害的关系；

✧　厘清环境灾害学与环境科学的关系。

1.1　灾害的基本概念及其分类体系

灾害伴随人类社会的始终，灾害的历史与人类社会发展的历史一样悠久。人类认识和改造世界的活动，也包括对灾害的认识。随着科学技术的发展，人们对灾害的认识日益深化，防灾、减灾能力不断加强。有关灾害方面的研究也不断深入，不同研究领域的专家学者从不同的角度致力于灾害的研究。

1.1.1　灾害的基本概念

国外的许多学者认为灾害是指集中于某一时间与空间发生的一种突发性事件，其发生是自然、人为原因或是二者共同作用的结果。这类事件导致人类生命财产的损失和基础设施的严重破坏；致使社会或社会内部自给自足的相关组成部分处于一种极度危险的状态，以致社会结构崩溃，而无法履行全部或部分的社会基本功能。

国内的一些书刊也对灾害的定义进行了描述。基本分为三种类型。第一，有的学者认为灾害是由某种不可控制或未予控制的破坏性因素引起的、突然或在短时间内发生的、超过本地区防救力量所能解决的大量人群伤亡和物质财富毁损的现象；第二，有的学者倾向于把灾害的含义衍生，包括自然发生或人为产生的、对人类和人类社会具有危害性后果的所有事件与现象，尤其是对生命财产安全造成或带来较大危害的，甚至是毁灭性危害的自然或社会事件；第三，近年来关于灾害的定义将生态环境的危害包含在内，是指在某一地区由内部演化或外部作用造成的，对人类生存、人身安全与社会财富构成严重威胁，以致超过该地区承灾能力，进而丧失其全部或部分功能的自然和社会现象。

国内外专家学者从不同的角度给灾害下了定义，无论其定义严格与否、含义是否全面，都为我们的进一步论述提供了借鉴。在前人研究和描述的基础上，我们认为：灾害是指在某一地区、某一时间内，由地球内部演化、外部自然和人为作用所引起的、突发的或通过累积在短时间内发生的、对人类的生命财产和生存环境构成严重威胁的、超过承灾能力的、致使当地的社会和生态环境的全部或部分功能丧失的自然和社会现象。

灾害的这一定义具体包括三个方面的含义：第一是灾害的成因，它是由地球内部演化、地球外部自然和人为作用引起的；第二是致灾过程，在某一地区、某一时间内，突发的或通过累积在短时间内发生的，对人类的生命财产和生存环境构成了严重的威胁；第三是灾害的最终结果与衡量尺度，危害超过该地区承灾能力，当地的社会和生态环境的全部或部分功能丧失，并强调灾害是一种自然和社会现象。

灾害的这一描述可将其分为广义和狭义两种内涵。从狭义上讲，灾害是在短时间内，给人们造成生命财产损失的一种自然和社会现象，且多属突发过程；从广义角度来看，灾害是指一切对人类繁衍生息的生态环境、物质和精神文明建设与发展，尤其是生命财产等，造成或带来严重危害的自然和社会现象。

1.1.2 灾害的基本属性

灾害之所以称为灾害，是因为灾害与人、财产、人的生存环境密切相连，必须以大量的人群伤亡和物质财富的损失为后果，以致严重破坏人类的生存环境。因此，衡量是否成灾、灾情的轻重，不仅要看致灾力源的强弱，更主要的是看对生命财产的破坏程度、破坏范围。由此可知，灾害包括自然和社会两大基本属性，具体可分为以下两种。

1.1.2.1 灾害过程的基本属性

灾害过程的基本属性主要体现在成因和作用对象两个方面。

（1）灾害形成的动力 一是系统内部能量不断累积，由量变到质变，直到突然爆发，致使系统的结构功能遭到破坏，在系统形成新的平衡过程中，必然会引发灾害；二是系统外部能量和物质的异常变化，导致系统已出现平衡失调，造成系统功能结构的部分或全部破坏，导致灾害的发生。

（2）灾害作用的受体 灾害作用的受体是人和人类社会，离开受体就不存在灾害的概念。例如，同一强度的地震，发生在人烟稀少地区与发生在经济发达、人口密集地区所造成的灾害差异很大。也可能在前者地区就不会有灾害发生，而在后者地区所造成的灾害却非常严重。

（3）承灾能力 承灾能力是指某地区对一种或多种灾害的抗御能力、救助能力与恢复能力的综合，它反映了该地区抗御灾害的综合水平。如同一强度、同一类型的灾害发生在承灾能力不同的地区，就会出现不同的灾情。承灾能力强的地区可能不会对当地的功能结构造成危害，就不称其为灾害；而发生在承灾能力弱的地区，就可能会造成巨大的人员伤亡和财产损失，形成比较大的灾害。

由此可见，灾害形成的力源是自然因素、社会经济因素及二者的交互协同作用；灾害产生的环境是自然生态环境和社会经济环境。

1.1.2.2 灾害后果的基本属性

灾害的后果具有双重性。一是指灾害给人类及其社会产生危害性后果的社会属性；二是指对自然生态环境功能结构的破坏，进而又反作用于人类和社会。灾害后果的这种双重属性相互联系、重叠，并交织在一起产生更严重的影响。例如，人类活动产生大量的二氧化碳气体，这些气体通过各种途径进入大气圈，产生温室效应，温室效应进而又改变全球气候状态，产生并加剧各类气象灾害，加重对人类及社会的影响。

1.1.3　灾害的分类

灾害分类是根据不同分类标志，将具有相同特征的灾害现象归为一类，以便研究灾害的特性、发生、发展与演变规律和致灾过程；针对不同类型灾害的特点，制定防灾、减灾与抗灾策略。灾害分类是灾害学研究的基础。

1.1.3.1　二元分类体系

灾害按其形成原因可分为自然灾害和人为灾害（图 1-1）。

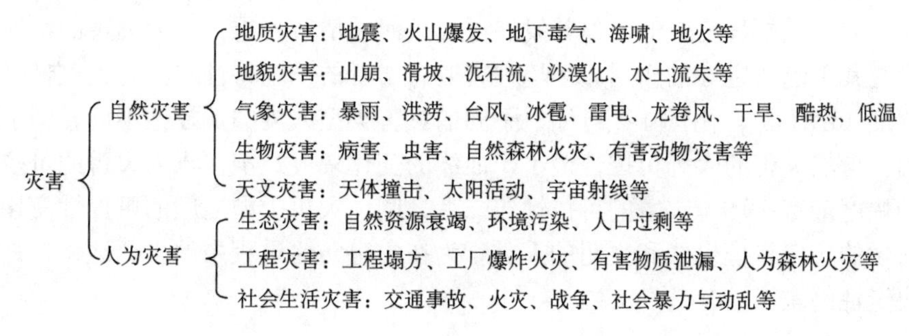

图 1-1　灾害成因分类体系

（1）自然灾害　自然灾害是人力不能或难以支配和操纵的各种自然物质和自然能量聚集、暴发所致的灾害。其特点是暴发频率低、周期长、灾害损失大、人员伤亡严重，难以控制。

（2）人为灾害　人为灾害是指那些在社会经济建设和生产活动中各种不合理、失误或故意破坏性行为所致的灾害。其特点是：暴发频率高、周期短、灾害损失大、人员伤亡严重，但可以控制。

从图 1-1 分析可发现，自然灾害与人为灾害之间并没有绝对的界限，有些灾害起因可能是自然的，也可能是人为的，或两者同时兼有，如水土流失、滑坡、泥石流、火灾等。不同类型的灾害常互为因果，引起次生灾害。如地震导致库坝崩塌，引发洪水灾害；海啸灾害后，暴发的瘟疫、疾病流行灾害等。

1.1.3.2　三元分类体系

由于二元分类体系中，有许多灾害并非绝对是人为的，或是自然的，可能出现的原因是人为的，而结果却使自然环境遭到了破坏，被破坏的自然环境又反作用于人类，形成了一个灾害循环链。基于此，一些学者按照灾害发生的主要诱发因素的属性，提出了灾害的三元分类体系，即自然灾害、环境灾害、人为灾害。（表 1-1）。

表 1-1　灾害成因三元分类体系

灾害类型	灾　种
自然灾害	陨石与太阳风等天文灾害；旱灾、飓风、暴雨、龙卷风、寒潮、热带风暴与暴风雪、霜冻等气象灾害；洪水与海侵等水文灾害；地震、火山爆发、滑坡与泥石流等地质灾害；病虫害与瘟疫等生物灾害，等等
环境灾害	资源枯竭，重大环境污染事故，酸雨，水土流失，土壤沙化，温室效应，臭氧层破坏；物种灭绝；人为诱发的地震、滑坡、泥石流与地面沉降等环境地质灾害
人为灾害	战争、犯罪与社会动乱等政治灾害；人口爆炸、能源危机与经济危机等经济灾害；计算机病毒、交通事故、空难、海难与火灾等技术灾害；社会风气败坏与文化落后等文化灾害

关于环境灾害的命名，有的学者称准自然灾害；有的学者称自然-人为态灾害；有的学者称自然-人为灾害；也有的学者称混合型灾害。

从表 1-1 各灾种的成因、发展过程和灾情强度及人为可控性与预知程度分析，发现自然灾害的可控性与可预知程度较低，但其发展过程短而灾情较严重；人为灾害的特性与自然灾害相反，人在其中起决定性的作用。环境灾害兼有二者的一些特性，具有人-自然环境-人的灾害循环特征（图 1-2）。由图 1-2 可知，不同的灾害类型人为的调控性不同。图中两条曲线的变化表明，自然灾害的人为可控性最小，曲线的变化幅度最窄；人为灾害的可控性最大，曲线的保护幅度最宽；环境灾害的可控性居二者之间。灾害类型之间的可控性变化特征，进一步说明科学的环境管理模式和文明的人类行为在灾害防治过程中的重要地位，是灾害防治过程中的决定性因素。

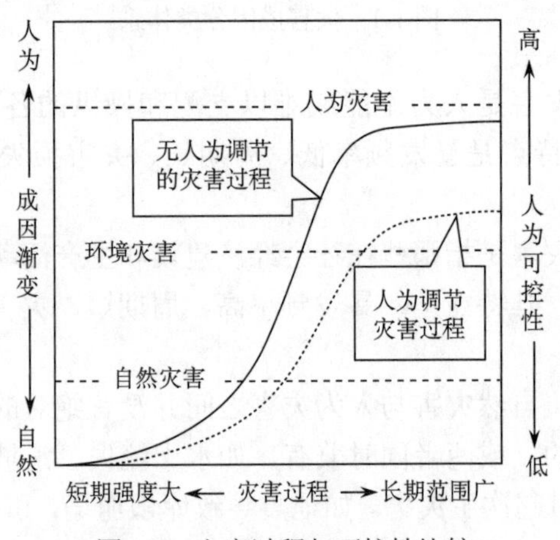

图 1-2　灾害过程与可控性比较

1.1.3.3　其他分类体系

有时，为了部门研究的方便，还将灾害按其发生的生态环境和危害国民经济部门进行分类，如山地灾害、海洋灾害、陆地灾害、城市灾害、乡村灾害、工业灾害、农业灾害、交通灾害等。这种分类方法称为综合分类法。

有的学者根据灾害持续期的长短，将灾害分为突变型灾害、暂变型灾害和缓变型灾害等。

总之，对灾害进行分类是为了研究的方便，部门不同或研究侧重点不同，所进行的分类方法不同。因此，绝对的分类是不存在的，只有相对的分类体系。但这种分类体系的个性化，并不是赞成无规范化的分类，而是强调在基本分类体系基础上的个性体现。

1.2　环境灾害的基本概念及其分类体系

随着科学技术的发展，人们对灾害的认识日益深化，防灾减灾能力不断加强。但是，由于世界人口的快速增长和城市化进程的加速，加上生产规模迅速扩大和科学技术的飞速发展，产生灾害的潜在因素明显增加，一些新的灾种已经随之产生，人类所面临的灾害远非仅仅的常规自然灾害，已经增加了一些暴发快、传播范围广、延续时间长、影响后果严重的新灾种——环境灾害。无论是自然变化引起的环境灾变，还是人类不合理活动引起的环境污染灾害与生态破坏灾害，都会对人类生命财产安全造成威胁和对经济发展造成严重影响。在21世纪，只要人口、资源、环境三大问题还在延续，环境灾害的影响就会日益加重。因此，研究环境问题及其给人类带来的灾害是21世纪世界各国、各科学研究领域的重点和焦点。

1.2.1　环境的恶化与灾变

“环境”，是20世纪中叶以来使用最多的名词和术语之一，它的含义和内容都非常丰富。从哲学的角度来看，环境是一个相对的概念，是一个相对于主体的客体，明确环境的主体是正确掌握环境概念的前提。在不同的学科中，环境的定义有所不同，其差异也源于对主体的界定。例如，在社会学中，环境被认为是以人为主体的外部世界；而在生态学中，环境则被认为是以生物为主体的外部世界。在环境科学中，环境定义为以人类社会为主体的外部世界的总体，是影响人类生存和发展的各种自然因素和社会因素的总和。

环境恶化主要指由人为因素或客观因素造成的人类生存环境质量的劣变或退化。这种劣变或退化对人类的影响是深远的，其实质就是当代人过多地支取后代的资源，污染他们的生存空间。联合国最新公布的研究结果显示，在过去30年中，虽然国际社会在环保领域取得了一定的成绩，但全球整体环境状况持续恶化。

全球环境恶化主要表现在大气和江海污染加剧，大面积土地退化，森林面积急剧减少，淡水资源日益短缺，大气层臭氧空洞扩大，生物多样化受到威胁等多方面，同时温室气体的过量排放导致全球气候变暖，使自然灾害发生的频率和烈度大幅增加。如今，北极冰帽已经变薄42%，全球27%的珊瑚礁已经消失。在过去10年，灾害造成的经济损失达6000亿美元，比过去40年造成的损失总和还要多。当前，环境恶化已成为制约经济社会发展的重要因素。

国际社会普遍认为，贫困和过度消费导致人类无节制地开发和破坏自然资源，是造成环境恶化的罪魁祸首。目前，全世界76亿人中有35亿人居住在低收入国家。一方面，在许多发展中国家，过度开发自然资源，造成环境不断恶化，进一步加剧了贫困。另一方面，占世界总人口五分之一的发达国家，个人消费占全球的90%，同时还消费着世界58%的能源、45%的鱼肉和84%的纸张。这种消费方式不但给地球资源带来了沉重的压力，而且消费所产生的大量温室气体和废弃物等对全球环境构成了巨大威胁。

环境的日益恶化和社会政治经济推动力的减弱正将全球环境推到危险的十字路口，如果不扭转这一趋势，全球性环境恶化必将导致全球性的环境灾害，全球环境和经济将遭受严重的破坏，甚至导致人类社会的崩溃。

中国环境恶化主要表现在水土流失、土地荒漠化、草地退化、原始森林面积萎缩、水资源问题突出、水环境污染加剧、酸雨面积扩大、海岸带生态环境退化显著、生物多样性受损严重、湖泊湿地减少、冰川萎缩、冻土退化、山地灾害频发等方面。

从总体上看，中国的生态环境恶化趋势十分严峻，生态破坏范围扩大、程度加剧、危害加重。土地荒漠化和水土流失是我国现阶段面临的最严重的环境问题。最近50年来，中国西部干旱、半干旱地区出现湖水咸化、湖泊萎缩，甚至消亡的现象，中国东部地区随着工农业的发展和城市规模不断扩大，造成湖水富营养化和水质恶化，胁迫水生生态系统改变，生物多样性衰退，藻华暴发，严重威胁区域经济社会发展。近30年来，冰川退缩已达冰川总条数的80.8%，冰川退缩呈加速趋势。天然林覆盖率到20世纪末只有16.55%，仅占世界平均水平的61%，人均占有量仅为世界的21.3%，人均蓄积量仅为世界的八分之一。草原的退化更是惊人，到21世纪初草原退化已增加到90%。全国沙化土地面积已达1.7亿hm^2，占国土总面积的18.2%。1994～1999年，全国沙化土地扩展速率已达到34万hm^2/a。20世纪90年代末我国水土流失面积达3.6亿hm^2，占国土总面积的37.0%；生物多样性明显减少。近50年来主要由于人类活动，生物多样性遭到历史上前所未有的破坏。森林生态系统的破坏导致物种锐减以致灭绝，现存野生大熊猫仅1000多只。华南虎、东北虎、白眉长臂猿、矮蜂猴等也都处于濒危或濒临灭绝状态。草原生态系统的退化，使我国野马、野骆驼等的野生生存环境处于极危状态。长江中下游湖泊中，鱼类由原来的上百种锐减到目前的30～40种，白鳍豚、中华鲟、扬子鳄已濒临灭绝。海洋生态系统中有些海洋生物已面临灭绝。在植物方面，苔藓植物、蕨类植物、裸子植物及被子植物均处于濒危或受威胁状态，有的物种已灭绝。

随着气候的变化和人类开发利用自然资源的强度加大，我国的干旱和洪涝灾害频发，干旱导致粮食减产、土地荒漠化加剧、大量湖泊水库干涸，生态环境恶化；洪涝导致农田和经济损失严重，近10年洪涝灾害造成农田受灾面积每年超过100万hm^2，直接经济损失达每年100亿元以上。我国近海及海岸带生态与环境也发生了明显的变化。20世纪70年代以来，赤潮灾害趋于频繁。海洋灾害造成的直接经济损失平均每年120亿元。海平面也呈明显上升趋势。近50年来中国沿海海平面呈上升趋势，上升速率为每年1.0～3.0mm。50多年来，由于围垦活动，全国海岸滩涂面积已损失约50%，现存220万hm^2。近海生态系统退化。全球气候变暖使红树林和珊瑚礁等海洋生态系统发生退化，海南和广西海域已发现不同程度的珊瑚白化和死亡现象。

1.2.2　环境灾害的基本概念

环境恶化演变为环境灾害是环境质量的突变，以致威胁到人类的生命和财产安全，是由量变到质变的过程。随着环境恶化趋势的加重，环境灾害发生的频率也不断提高，从而环境灾害的研究也应运而生，是近几十年发展起来的新的研究领域。关于环境灾害的解释、科学定义提法很多。一些学者认为，环境灾害是一种长期积累的、经数年至数百年以上的演化过程而出现的缓变的自然灾害。还有一些专家将环境灾害描述为：环境中存在着许多人为作用所导致的灾害，它们是人类对自然系统修饰的结果，足以影响环境中的自然作用力。另外，有一些报纸书刊上的提法将自然环境变化和人为活动引起的环境变化所诱发的灾害，统称环境灾害。

综上所述，环境灾害就其内涵分为广义和狭义。

广义的环境灾害：是指自然环境中蕴藏的对其自身有威胁作用的某些因素发生变化，累积超过一定临界度，致使自然环境系统的功能结构部分或全部遭到破坏，进而危及人类生存环境，导致人类生命财产损失的现象。包括自然变化引起的环境灾害和人为因素诱发环境变化引起的环境灾害。

狭义的环境灾害：是指人类在开发、利用和改造自然与自然环境相互作用的过程中，超越了自然环境承载能力和自然环境所具有的自我调节能力，违背了自然环境的发展规律，致使自然环境的系统结构与功能遭到毁灭性破坏，以致部分或全部失去其服务于人类的功能，导致环境污染和生态环境破坏，甚至对人类生命财产构成严重威胁，并因此反作用于人类，造成人类生命财产严重损失的自然和社会现象，它具有自然和社会双重属性。

广义和狭义环境灾害的根本区别在于环境变异致灾的动力不同。前者的致灾动力包括各种自然和人为的作用；而后者的致灾动力则主要为人为作用。

本书各章节所涉及的环境灾害都是狭义的环境灾害。

1.2.3　环境灾害的基本属性

环境灾害不同于自然灾害，它强调的是人与自然的相互作用，而不仅仅是人为作用。环境灾害所造成的损失不同于自然灾害和人为灾害，既有直观的一面，又有潜在的一面。环境灾害的危害性后果通常是以社会公害形式表现出来的，因此环境灾害的责任比较明确。由此可知，环境灾害是人为因素和自然因素共同作用的结果，其结果也包括对自然和社会环境的破坏，进而引起人类生命财产的损失。环境灾害兼具自然属性和社会属性。

1.2.3.1　环境灾害形成的基本属性

（1）环境灾害形成的主要动力　环境灾害的形成是人类活动作用于自然环境，致使自然环境的功能与结构遭受破坏，被破坏的自然环境又反作用于人类。因此可以说环境灾害形成的原动力是人，反馈放大作用力是自然。环境灾害不仅包含自然因素，同时也包含人类社会因素，它起源于人类，产生于自然和社会环境，作用于自然和人类。

（2）环境灾害的对象和作用机制　环境灾害作用的直接对象是自然和社会环境，其最终结果是作用于人类，导致人类生命财产和生存环境的破坏，这一过程反映了环境灾害作用对象的自然和社会属性。环境灾害部分直接作用于人类，而更多的是通过自然环境的反作用来实现，其作用机制既不同于自然灾害，又不同于人为灾害，是一种人—自然—人的链式作用机制，其过程包含自然和社会双重属性。

（3）环境承载能力　是指在一定时期与一定范围内，以及最不利的自然环境条件下，维持环境系统结构不发生质的改变，环境功能不遭受破坏的前提下，环境系统所能承受的人类社会经济活动的最大阈值。其实质含义：①强调的是人与自然的相互作用，而不只是人为因素；②强调的是后果的严重性；③强调时间作用的特点。所造成的损失分为直接和间接损失，或有形损失和无形损失。

1.2.3.2　环境灾害后果的基本属性

环境灾害后果的社会属性是指对人类社会活动的影响程度，主要表现为对人类生命财产的损失作用，环境灾害后果的自然属性是指环境灾害对自然环境的影响，进而反馈作用于人类。环境灾害与自然环境和社会环境相互交织、相互作用、协同发展。

同一强度的环境灾害发生在不同的地区，所造成的损失不同。发生在经济发达、人口众多的地区，其灾情就非常严重，反之则异，体现了环境灾害强度的社会属性；同样强度的人为作用，发生在生态脆弱区和发生在自然环境好的地区，其对自然环境所造成的影响不同，其对人类的放大反馈作用不同，这充分体现了环境灾害强度的社会属性。

1.2.3.3 环境灾害与自然灾害、人为灾害的辩证关系

（1）自然灾害与人为灾害是环境灾害的诱发条件之一 大部分输油管漏油事故都是由地震与洪水诱发的；飓风造成油轮沉没，进而造成海洋石油污染灾害；海湾战争是典型的人为灾害，由此而导致的油田大火，造成大范围的大气环境灾害。

（2）环境灾害的发生在某种程度上加大了自然灾害的发生频率与强度 过度采伐、放牧与滥垦，造成植被的破坏，不但引起水土流失和土地沙漠化，而且在相同的降雨条件下，加剧了山洪暴发的频率与强度；大气污染引起的温室效应改变局部地区甚至全球的气候变迁，致使降雨的时空分布更不均匀，旱涝灾害发生的频率与强度大增。

环境灾害与自然灾害、人为灾害在灾害孕育和暴发的整个过程中的异同见表 1-2。

表 1-2 环境灾害与自然灾害、人为灾害比较

项目	环境灾害	自然灾害	人为灾害
成因	自然+人文	纯自然因子	纯人文因子
孕灾环境机制	自然+人文环境	自然环境	人文环境
致灾因子	自然+人为因素	自然因素	人为因素
可预控性	中等	低	高
可预测性	中等	低	高
致灾过程	居中	短程集中	长程分散

1.2.4 环境灾害的基本特征

环境灾害的基本特征是环境灾害演变规律、环境灾害预测与防灾减灾策略分析研究的基础，是环境灾害学理论体系的重要组成部分。

1.2.4.1 被动诱发性与群聚性

环境灾害与自然灾害不同，是孕育于人-社会环境-自然环境的综合环境系统，由人为因素与自然因素共同诱发所致，而自然灾害系统则是其自身内部结构发生变异的结果。因此，相对于自然灾害，环境灾害具有被动诱发的特性。其被动诱发因素：一是指人为失误、行为不当或对客观规律认识不够，导致自然环境系统发生异变，对人类生命财产构成威胁，而形成的灾害事件。人为诱发因素是环境灾害区别于自然灾害的根本特征，离开人为诱发因素，就无所谓环境灾害。二是指自然诱发因素，环境灾害往往是在一定自然条件下发生的，特别是由一些自然灾害诱发的特性。污染型环境灾害就是由于人类活动所排放的污染物质进入自然环境，在一定的自然环境条件下，自然环境系统功能结构发生变异，不适宜人类与动、植物生存，进而导致人类生命财产遭到破坏。离开人为活动排放的污染物与一定自然环境条件，

就无所谓污染型环境灾害。环境灾害的自然诱发特性是环境灾害区别于人为灾害的基本特征，离开一定的自然条件与自然环境的媒介作用，环境灾害就不会发生。

环境灾害的群聚性是指致灾因子与承灾体在时空上分布的不均匀性，导致了环境灾害在时空上相对聚集的特性。环境灾害的群聚特性较自然灾害更为突出，这是因为环境灾害的根本诱发因素——人类活动相对集中，而环境灾害的承灾体——人类社会环境也相对集中，由此导致了环境灾害具有很强的群聚性。环境灾害的群聚性使得环境灾害的灾情更为严重。

1.2.4.2　全球性与区域性

环境灾害的全球性是指环境灾害发生、危害、控制的全球性。第一，人类掠夺性开发造成的全球范围内的自然资源枯竭、滥砍滥伐森林所造成的水土流失、滥垦草原造成的土地沙漠化与物种灭绝等资源型环境灾害，以及温室效应与酸雨等污染型环境灾害的危害性后果已遍及世界各个角落。即使是区域性环境灾害，只要自然条件成熟，人类活动强度一旦超过环境承载力，即可在世界任何地方发生。第二，环境灾害需要世界各国政府、专家学者共同协作，制定全球范围内的减灾策略，才能得以控制。

环境灾害的区域性主要表现在以下几个方面：第一，任何区域性环境灾害的发生与影响范围都是有限的。由于特定区域具有特定的自然条件与人为活动特征，它决定了特定环境灾害发生的特定区域性。第二，同类环境灾害在不同地区发生的规模、强度有很大差异。城市光化学烟雾灾害在美国洛杉矶、日本东京及我国兰州等城市都发生过，且在美国洛杉矶还曾发生过多起城市光化学烟雾灾害，但其强度与影响范围均不同。第三，不同环境灾害的区域性与其成因、致灾过程与机理有密切关系，而这一切又取决于环境灾害的致灾因子与孕灾环境的不同。

1.2.4.3　随机性与模糊性

环境灾害的随机性是指环境灾害发生、发展与演变的时间、地点、强度与范围等因子的随机不确定性，它决定了环境灾害发生的时空范围与强度的不可预知性。环境灾害的随机性源于环境灾害形成的环境与致灾因子在时空范围与强度等方面的不确定性。环境灾害的随机性决定了概率与数理统计及随机过程理论在环境灾害学研究中的地位。随机性和规律性是辩证的统一，是一个问题的两个方面。环境灾害的随机性并不意味着环境灾害发生、发展与演变规律是完全不可知的。

环境灾害学研究中还存在许多模糊不确定性问题。这主要取决于环境灾害系统的开放性、庞大性与复杂性，环境灾害学所涉及的环境灾害系统是一个多变量、多目标、多层次的复杂大系统。①系统灾害过程中各因素的相互作用机理是模糊的；②人类对于这一大系统的认识并不全面，掌握资料并不充分，系统模拟与评估等数学模型只是对真实环境灾害系统的概括与简化，许多问题还需要人类的主观判断做出决策；③人为失误或对客观规律认识不够本身就是模糊不确定的，其结果也必然具有模糊不确定性。因此产生模糊不确定性是必然的。环境灾害的模糊不确定性决定了模糊数学理论在环境灾害学研究中的地位。

1.2.4.4　预测性与可控性

环境灾害区别于自然灾害的最大特点是：它包含极大的人为因素。人类虽然不能抗拒自然规律，但可以控制自己的行为，因此，人类在一定程度上可以控制环境灾害的发生与发展，至少可以减少环境灾害的发生。也就是说，环境灾害具有可防范性与可控性。尽管环境灾害的可预测性并不意味着人类就可以控制环境灾害的发生、发展与演变过程，却意味着人类向控制环境灾害迈出了一步。

环境灾害的可防范性与可控性源于人类对自身不当行为的约束性与可控性。环境灾害是人类与自然相互作用的产物，是人类失误或对客观规律认识不够或行为不当所致。人类是高智能动物，具有改正自己错误及进一步认识客观规律的能力。尽管这需要时间，甚至需要付出血的代价，但人类终究会约束自己的不当行为，使之与客观规律相符，进而有效地防止、控制环境灾害的发生。

1.2.4.5　突发性与影响的复杂性和持续性

环境灾害的发生有两种表现形式，即突发型与迟缓型。无论是突发型环境灾害，还是迟缓型环境灾害，其危害性后果均具有突发性。突发型环境灾害的发生往往在几小时到数十天内，对承灾体形成强大冲击，其影响水平较通常情况下的影响水平高出许多倍。而迟缓型环境灾害尽管其发生、发展与演变过程是迟缓的，但其危害性后果往往也表现为突发性，只是在其具有一定强度与广度之前，未造成严重后果，难被人们所察觉而已，一旦其强度与范围突然扩大到一定限度，其后果变得明显，人类才意识到它的严重性。

环境灾害影响的复杂性主要表现为环境灾害影响具有累积性、隐蔽性、长期性、阈值性、关联性等特点。

环境灾害对承灾体影响的持续性表现为环境灾害影响历时较其他灾害长，特别是对生态环境的影响往往不是几年内可恢复的。如核泄漏灾害、资源枯竭型灾害、滥砍滥伐森林造成的水土流失灾害、土地沙漠化灾害与物种灭绝及由此导致的生物多样性锐减等全球性资源型环境灾害，对人类赖以生存生态环境影响具有持续性，这些影响中很多不但是持续的，而且是不可逆的。这一切均已对人类社会持续、稳定与协调发展构成严重威胁。

1.2.4.6　迁移性、滞后性与重现性

环境灾害的迁移性、滞后性与重现性均是环境灾害成因与后果的辩证关系规律的具体表现。环境灾害的迁移性是指发生在甲地的环境灾害能对乙地产生后果，即成因与后果在空间上的分离，如酸雨灾害与水环境灾害的异域影响效应。环境灾害的滞后性是指环境灾害发生之后，一些后果可能要在成灾一段时间之后才显现出来，即成因与后果在时间上的分离，如重金属、农药、杀虫剂、放射性物质的污染灾害等。环境灾害的重现性是指同一种环境灾害会在同一地域多次、反复地发生，即单一致灾因子产生多次成灾后果，如受气象因子控制明显的一些环境灾害。

正确认识环境灾害的迁移性、滞后性与重现性，对环境灾害演变规律、成灾机制，环境预测预报，以及减轻环境灾害的策略分析等均具有重要的指导价值。

1.2.4.7　多样性与差异性

环境灾害是多种多样的，其成因与机理，发生、发展与演变过程，影响所及的时空范围等方面都存在极大差异，这就产生了环境灾害的多样性与差异性。即使同一种环境灾害，其

成因与机理，发生、发展与演变过程在不同时空范围内也有所不同，具有明显的多样性与差异性。即使是成因相同或相近的环境灾害也可以产生不同的危害性后果。同是迟缓型水环境灾害，水俣病与骨痛病的危害性结果完全不同。即使是致灾因子相同的淮河流域水环境灾害，每次发生的强度与影响历时也相差很大。环境灾害的多样性与差异性要求对各类环境灾害进行分门别类的专门研究，在此基础之上才能进行环境灾害的总体研究。

1.2.4.8　必然性与不可完全避免性

环境灾害是人类发展过程中的阶段性产物，具有必然性。它受控于自然与人类社会发展的内在规律。这种必然性在时间序列上表现为持久性，在空间范围上表现为普遍性。即使随着人类对自然客观规律的认识水平不断提高，有些环境灾害被彻底根除了，但是由于人类的认识水平毕竟有限，在人类社会的发展历程中还会出现新的、不为人类所知的环境灾害。

环境灾害的不可完全避免性主要表现为三个方面。一是随着人类社会的发展，新的、不为人类所知的环境灾害会不断出现；二是有些环境灾害是自然灾害被动诱发的，自然灾害发生的不以人的意志为转移的、不可避免的特点，决定了其所诱发的环境灾害同样是无法完全避免的；三是人为失误在所难免性，完全回避人为失误及由此导致的环境灾害是不可能的，即不可能完全避免环境灾害的发生。

1.2.5　环境灾害的分类

1.2.5.1　按环境灾害的空间分布特征分类（图 1-3）

（1）全球型环境灾害　全球型环境灾害是指那些影响范围涉及全球各个角落，需要世界各国政府、专家学者共同协作，制定全球范围内的减灾策略，才能控制的环境灾害现象。包括污染型和资源型。

污染型包括：温室效应造成的海平面上升；臭氧层破坏；酸雨等。

资源型包括：资源枯竭；水土流失；土地沙漠化；物种灭绝等。

（2）区域型环境灾害　区域型环境灾害是指那些影响范围仅限于某一地区或流域，但在一定时空范围内对人类生命财产构成严重威胁的环境灾害现象。包括污染型和地质型。

污染型包括：水污染事故；大气污染事故；土壤污染；放射性污染；城市垃圾污染等。

地质型包括：过度开采地下水；地面沉降；海水入侵；土壤盐渍化；泥石流与滑坡；水库等设施注水引发的地震等。

（3）局域型环境灾害　在小范围内发生，但强度大，对周围环境和人类生命财产构成威胁的环境灾害。

1.2.5.2　按环境灾害的发生速度分类

（1）突发型　如核泄漏、输油管道漏油等。特点：强度大，危害严重，影响深远。

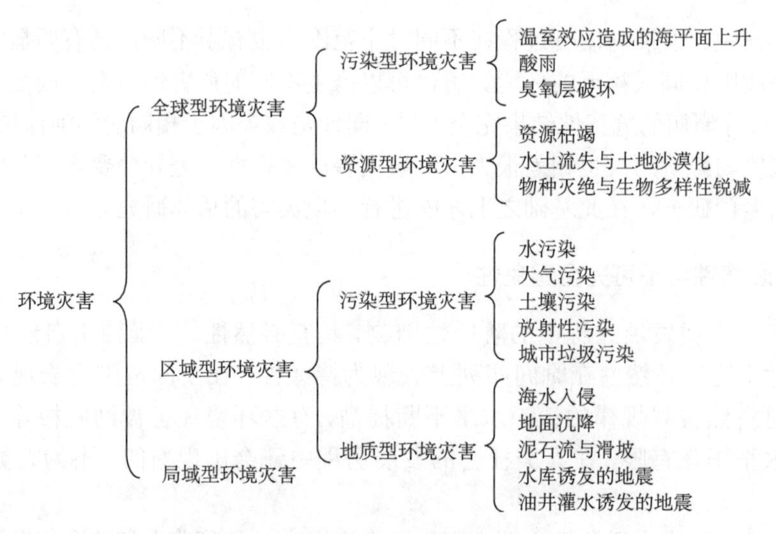

图 1-3　环境灾害分类体系

（2）迟缓型　地下水、矿产过度开采引起的地面沉陷、海水入侵等。特点：面积大，周期长，严重程度与日俱增。

（3）过渡型　水环境污染事故、大气污染事故等。特点：介于突发型与迟缓型之间。

1.2.5.3　按环境灾害承载体分类

环境灾害按环境灾害承载体可分为城市环境灾害、农村环境灾害，或海洋环境灾害与陆地环境灾害。

1.3　环境灾害学及其学科体系

1.3.1　环境灾害学

环境灾害的研究是近年来才兴起的研究领域，环境灾害学作为一门学科还只是在起步阶段。虽然关于环境灾害的研究在不同的领域都有所涉及，但到目前为止，尚无专家学者系统总结与研究环境灾害。在灾害学的研究中，对环境灾害并未作为一种类型进行研究，只是在研究人为灾害时部分涉及，并未根据其特点，对其进行系统总结与研究。

在环境科学中，对环境灾害学研究更少，虽在一些文献中提及“环境灾害”这一名词，但对其概念的内涵涉及很少。对灾难性环境问题的成因、演变规律与危害程度等方面的研究大多只停留在各分支领域，或只针对单一灾难性环境问题进行具体研究。尚没有学者对众多灾难性环境问题进行分类总结，从中提炼其间的规律与基本原理，进而从减灾六要素（灾害监测、灾害预报、防灾、抗灾、灾后援助与恢复）角度，探讨减轻环境灾害的策略及实施问题。

随着人口的增多，人类利用资源的强度几乎超越临界值，灾难性的环境问题越来越严重。为了对众多灾难性环境问题进行系统总结与归类，综合研究其共性，提出指导避免众多灾难性环境问题发生、减轻众多灾难性环境问题影响的理论体系与方法学，以便及时而准确地预测预报环境灾害的发生与发展，减轻环境灾害对人类生存环境和社会、经济与环境的持续、稳定与协调发展的影响。因此，“环境灾害学”的建立就显得非常必要。在此环境背景条件下，环境灾害学就孕育而生了。

环境灾害学是环境科学与灾害学的交叉学科。环境灾害学是研究环境灾害发生、发展、演变规律，揭示环境灾害的自然和社会属性，探讨其成因机理与致灾过程，分析各类环境灾害的时间、空间分布规律和灾情强度，提出环境灾害评价和预测方法，从而制定防治、减灾对策和应急机制的一门综合性学科。它的研究对象是环境灾害。环境灾害学侧重于研究在人类与自然环境相互作用过程中，不利于人类社会发展的自然环境逆向演变过程及其严重后果。

1.3.2　环境灾害学的研究内容

1.3.2.1　环境灾害的基本理论

对环境灾害的概念和内涵给予科学定义及实质内涵描述，对其基本属性进行辩证论述，建立环境灾害分类体系与环境灾害系统结构，确立“环境灾害学”的主要研究内容。环境灾害是人类与自然相互作用，致使自然环境系统在演化变迁过程中发生某种异变行为，而危及人类生存的现象。因此，环境灾害必然具有一定基本特征，而在其形成和发展演变过程中也必将遵循某种基本原理。环境灾害的基本特征与原理是环境灾害研究的基础。

1.3.2.2　各种环境灾害发生、发展与演变机制

任何环境灾害都是在某种状态下或在某些因素作用下逐步产生、发展、演变并作用于人类的。环境灾害发生、发展与演变机制研究是环境灾害学研究的主要内容之一，它直接为环境灾害的预测、影响评估，以及防治对策与措施提供理论依据。

1.3.2.3　环境灾害的灾情评估及指标体系确定

建立环境灾害指标体系、制定基本原则与确定类型划分方法，在此基础上，提出环境灾害指标体系的结构与各分指标的具体内涵；建立由环境灾害回顾性评估、环境灾害预评估、环境灾害跟踪评估与灾后评估组成的环境灾害评估系统。

1.3.2.4　环境灾害预测与预警研究

环境灾害与自然灾害最大不同之处是人为因素起很大作用，在很大程度上人类是可以控制自己行为的；因此，环境灾害有规律可循，具有可控性。环境灾害的规律性与可控性决定了环境灾害预测与预警的可能性与重要性。行之有效的环境灾害预测与预警是减轻环境灾害策略分析与环境灾害管理的基础。通过对环境灾害和风险基本概念与原理的关系分析，建立环境风险系统的组成结构与环境风险分析的理论框架；并在此基础上，提出环境灾害风险分析的组成及技术路线。从环境风险的演变规律角度，探讨环境灾害预测的一般方法。

1.3.2.5　环境灾害的管理和应急预案研究

提出环境灾害管理的总体框架、具体内容，应用系统工程原理，研究环境灾害的应急管理机制和应急预案，制定防治环境灾害的法律法规。

1.3.3 环境灾害学的相关学科

环境灾害学是环境科学的一个分支，也是灾害科学的主要部分。因此，环境灾害学与其他学科有着紧密的联系，而且自身具有一定的综合性。

环境科学的基本原理是环境灾害学的理论基础。灾害学的思维方法是环境灾害学研究方法的基本导向。环境灾害学要研究环境污染灾害，这就与大气环境学、水环境学、土壤环境学、环境化学、环境物理学等有密切关系。环境灾害学要研究资源枯竭灾害、生态退化灾害、环境地质灾害等，这就与环境地学、生态学、资源科学等有紧密的联系。环境灾害学要研究环境灾害的预测预报、灾情评价方法，这就要涉及数学、法学、经济学、人口学、保险学等社会科学。环境灾害学研究确定防灾、减灾的对策，建立相应的应急机制的基本理论，就要与系统科学、管理科学、心理学、医学等有密切联系。环境灾害学需要有计算机、信息科学、系统工程、物理化学分析测试等技术科学的支持。此外，还需要有物理、化学、数学、生物等学科的基础知识。因此可知，环境灾害学是一门综合性非常高的学科，它与许多有关学科紧密联系，相互交叉、相互促进。

1.3.4 环境灾害学展望

随着人口的增加和现代科学技术的发展，人类改造自然、征服自然能力的日益加强，人类与自然的相互作用不断加大，人类的活动能力和强度达到了前所未有的程度，对环境的干扰破坏也达到了很严重的境界，所造成的环境灾害越来越多。目前，环境灾害无论从强度还是发生频率来看，均大大超出以往，这是一个非常紧迫的战略性问题，越来越多地得到世界各国的广泛关注。如何分析、预测、评价这些环境灾害，如何在最大程度上防治这些灾害，采取什么措施使灾害损失降低到最低程度等，这些问题都为环境灾害学提出了重要的挑战和研究课题，这就要求环境灾害学的研究在深度、广度上进一步的提升和完善。为此，在 21 世纪环境灾害学将会在以下几个方面得到显著发展。

1.3.4.1 环境灾害的研究手段

21 世纪科学技术和经济发展的全球化，所涉及的环境灾害的全球性日趋扩大，造成环境灾害因素的复杂性和综合性日益增加，要及时和全面地掌握有关环境灾害形成要素的动态过程，所要处理的资料数据日益庞大，这就需要发展和应用先进的和现代化的监测技术，如环境灾害的 3S[GIS（地理信息系统）、GNSS（全球导航卫星系统）、RS（遥感技术）]技术、环境物理化学的分析测试技术、计算机技术等，逐步建立全球性环境灾害监测网站、数据共享平台和数据积累分析系统。

1.3.4.2 环境灾害研究内容的深度和广度

社会发展和经济建设给环境灾害学提出了重大课题。例如，环境灾害成因规律研究；全球生态退化诱发的土地沙漠化、水土流失灾害的防治和预测研究；日益扩大的环境污染灾害的预测和防治对策研究；全球变暖对人类的威胁和对策研究；防灾减灾策略、应急机制的研究和制定；环境灾害相应法律法规的研究制定；等等。

许多发生在 20 世纪的环境灾害，对它们的形成机制、演变规律、影响作用等方面的研究还需进一步深入，特别是对各环境灾害要素的相互作用和影响、环境灾害的叠加放大、正负反馈机制还不是很清楚，并且还会出现一些新的环境灾害类型。因此，在 21 世纪，它们都将是令人十分关注的问题。

1.3.4.3　环境灾害的防治技术

寻找环境灾害的防治理论和技术，探索多种环境灾害预测、预警的理论方法，发展全球性的环境灾害预警系统，建立灾害应急机制和法律保障，为促进人类社会的可持续发展服务。

1.3.4.4　环境灾害的管理

防灾减灾是人类生存与可持续发展的一个永恒主题。防灾减灾要求用法律手段规范人类的行为和活动，限制人的非理性行为，就必须制定相应的环境灾害的法律法规，对环境进行管理，制定合理的规划方案，拟定实施步骤和措施计划。防灾减灾要依靠科学技术去实现。要通过环境经济分析，并能促进环境灾害学的发展。

课堂讨论话题

1. 举例讨论各种灾害（自然、环境、人文）。
2. 理解环境恶化与环境灾害的关系，谈谈你对遏止环境恶化趋势重要性的认识。
3. 联系实际谈谈环境灾害学在环境科学领域的研究意义和地位。

课后复习思考题

1. 试述灾害的基本属性和分类体系。
2. 理解环境灾害的基本概念和内涵。
3. 简述环境灾害的基本特征和分类体系。
4. 环境灾害学的主要研究内容有哪些？

第 2 章　环境灾害形成原理和演化机制

内容提要

本章主要从环境灾害的形成和演化两个方面进行论述，应用系统分析的方法，将环境灾害发生、演化的时空作为一个系统来进行讨论，阐述了环境灾害系统的结构、系统的演变规律和基本特征。论述了环境灾害形成的根本原因和作用动力，从污染物迁移转化的理化特性，分析了环境污染形成机制。考虑了灾害发生的突变特点，引入了非线性机制的分析方法，灾害形成过程中的涨落与耗散机制。

重点要求

- ✧ 掌握环境灾害的演变规律；
- ✧ 掌握环境灾害形成过程中人为失误的机制；
- ✧ 理解环境灾害形成的非线性机制。

2.1　环境灾害系统

2.1.1　环境灾害系统的含义

环境灾害的含义表明，环境灾害的形成是人、社会环境、自然环境综合作用的产物。人-社会环境-自然环境构成了环境灾害孕育、发生、发展的环境系统。这一环境系统是既有人又有社会环境，还有自然环境的复杂系统。“人”是人-社会环境-自然环境系统的主体，泛指生存于人文环境中的人类群体。“社会环境”是人类社会在长期发展中，为了不断提高人类的物质和文化生活水平而创造出来的，是对自然环境的改造，常依据人类对环境的利用或环境的功能再进行下一级的分类，例如，聚落环境（如村落环境、城镇环境）、生产环境（如工厂环境、矿山环境、农场环境等）、交通环境（如公路环境、机场环境、港口环境）、文化环境（如学校及文化教育区环境、文物古迹保护区环境、风景游览区环境、自然保护区环境）等。“自然环境”是人类目前生存、生活和生产所必需的自然条件和自然资源的总称，即阳光、温度、气候、地磁、空气、水、岩石、土壤、动植物、微生物及地壳的稳定性等自然因素的总和，用一句话概括就是“直接或间接影响人类的一切自然形成的物质、能量和自然现象的总体”，有时简称为环境。

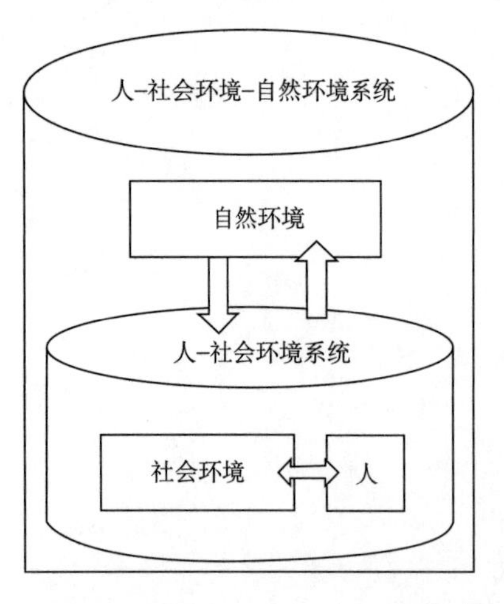

图 2-1　人-社会环境-自然环境系统结构图

显然，自然灾害主要孕育于“人-自然环境系统”，人为灾害主要孕育于“人-社会环境系统”，而环境灾害则孕育、发生于“人-社会环境-自然环境”所构成的综合系统（图 2-1）。这是环境灾害和自然灾害与人文灾害的根本区别。

在人-社会环境-自然环境组成的综合系统中，自然环境和社会环境是环境灾害形成的条件。一般情况，人-社会环境-自然环境系统处于相对稳定状态，维持正常功能的发挥。但是，这一稳定是相对的，一旦系统的某个或某些要素处于异常状态，或发生异常运动时，环境系统也将出现异常。当这种异常达到或超过一定阈值时，就会改变人-社会环境-自然环境系统的功能结构，进而影响其正常功能的发挥，于是就暴发了环境灾害。

各种环境灾害都不是孤立的，由于人类与自然环境相互作用强度的时空分布极不均匀，环境灾害往往是在某一地区或某一时段集中暴发，而且可以诱发一系列的次生环境灾害和衍生环境灾害，形成各种形式的灾害组织结构，我们把这种具有结构特征、动力联系的环境灾害组合称为环境灾害系统。

2.1.2　环境灾害系统的分类

根据环境灾害系统的结构可将环境灾害系统分为以下几种。

（1）环境灾害链　一般把因一种环境灾害发生而引起一系列环境灾害形成的现象称为环境灾害链。环境灾害链又可分为串发性与并发性两类。串发性的环境灾害链是指某一种原生环境灾害发生后，诱发产生一系列环境灾害的现象。我们称之为串发性环境灾害链。如图 2-2 所示的是资源开采型的环境灾害链。

并发性环境灾害链是指某一原因或某一地区同时产生或发生的一系列环境灾害现象。如图 2-3 所示的是空气污染型的环境灾害链。

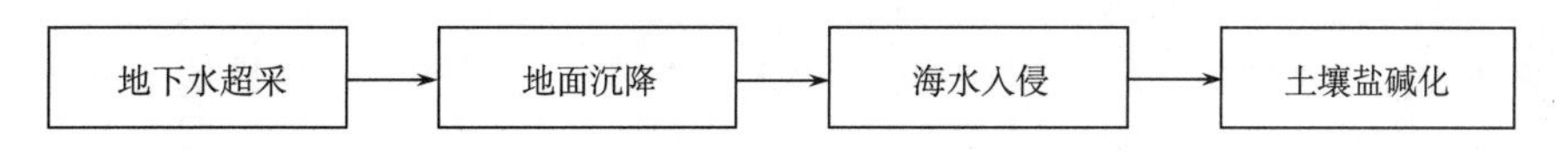

图 2-2　由地下水超采引发的串发性环境灾害链

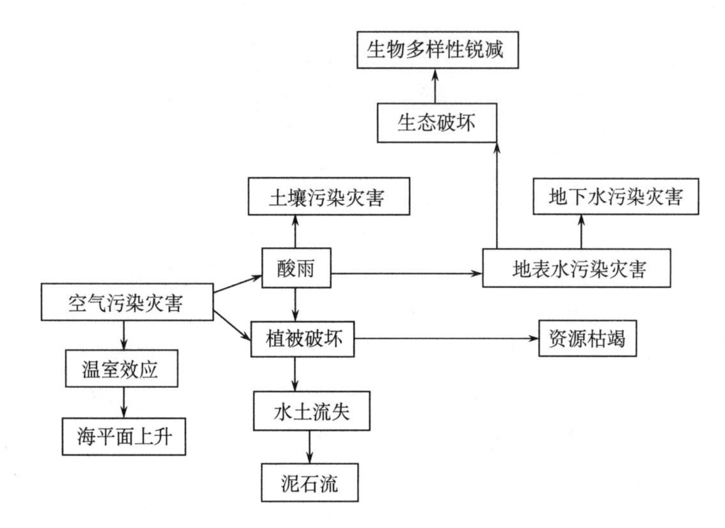

图 2-3　由空气污染引发的并发性环境灾害链

（2）环境灾害群　环境灾害群是指环境灾害在空间上的群聚与在时间上的群发现象，它是对环境灾害在时间、空间两方面集散程度的标识。环境灾害在空间上的群聚、在时间上的群发较自然灾害更明显。其原因是环境灾害是人类与自然环境相互作用的产物。在空间上，各类环境灾害通常集中发生在人类活动频繁、人口集中、经济发达地区；在时间上，各类环境灾害经常出现在资本原始积累阶段、工业发展初期、经济大幅度发展时期。

2.1.3　环境灾害系统的组成结构

（1）水平结构　任何一个系统都是由各种相互关联、相互作用的要素和成分组成的，它们之间的信息传递过程是左右平等的，无先后次序之分，可以认为其结构关系是水平的。在环境灾害系统中，各环境灾害并不是孤立的，而是互相联系、互相影响的，并在其作用和影响的基础上，进行了系统综合和升级，构成了一个有机的整体。

（2）竖直结构　系统的竖直结构是指灾害的孕灾环境、承灾环境、致灾过程、灾害强度共同组成的环境灾害系统结构。孕灾环境是指灾害发生、发展、演化的区域，其范围大小差异明显，大到地球的四大圈层，小到一个城市、工业区、社区等。在这些区域内的各种自然和社会要素共同构成了孕灾环境。承灾环境则是指孕灾环境区域内的抗灾自救环境。包括城镇、道路、农田与工厂等固定设备、经济财力、居民的文化素质、应急机构的设立等的有机组合环境。致灾过程是指孕灾环境中的变异因子作用于承灾体的过程。灾害强度是指在一定孕灾环境和承灾体条件下，因环境灾害所导致的生命财产损失和生存环境破坏的强度，是孕灾环境、承灾环境和致灾过程综合作用的结果。

（3）时空结构　系统的时空结构是指各种环境灾害在时间上和空间上相互联系与相互作用的方式。在时间上表现为阶段性、连续性和同步性三种形式；在空间上表现为异域、邻域与同域三种形式。环境灾害系统的时空结构决定了灾害的滞后性与迁移性这一基本规律。

2.1.4　环境灾害系统的演变规律

2.1.4.1　环境灾害系统中各要素相互作用的变异

环境灾害系统中各要素的相互作用在不同的历史阶段，其形式和强度差别很大，在人类发展的早期，人与环境的关系是被动地适应自然环境，人与社会环境的关系比较简单，更接近于自然环境。到了随后的农业和畜牧业文明时期，随着人口的增加，人与环境的关系发生了变化，对自然生态的干涉加大，生态环境发生了一系列由量变到质变的过程，自然生态环境灾害的暴发时有发生，虽然这一时期人与自然的关系发生了变化，但人与社会环境的关系变化不大，以农村聚落环境为主。工业革命时期，人-社会环境-自然环境系统的关系日益复杂，相互作用强度越来越大。人与环境的关系以索取物质财富为主，在给人类带来巨大物质财富的同时，给人类生存的环境带来巨大的破坏，人与社会环境的关系变化很大，高度现代化的城市、各种现代物品、各种化学药品和机器的大量生产，对人类生存环境的压力日益加大。

2.1.4.2　环境灾害系统中各要素相互作用的响应

环境灾害系统各要素相互作用的结果有正、反两个方面。正的方面可以相互促进，使系统向有序稳态方向发展，反的方面导致系统向无序方向发展，是产生环境灾害的根源。由此可知，正确处理好人-社会环境-自然环境系统中各要素的关系是减轻与防治环境灾害，使人类社会和自然生态环境可持续发展的基本途径。

人类通过生产活动与消费活动作用于社会环境，使其不断发展壮大，为人类提供了大量的物质财富和活动空间，由此构成了复杂的人-社会环境系统；人类不断地向自然环境索取资源，并将加工提炼过程中产生的大量废弃物排入环境中，再经过自然环境的响应过程，反馈到人-社会环境系统。当这一响应达到或超过环境的承载极限时，就危及人-社会环境系统的正常运转，阻碍经济社会的持续稳定发展。扭曲的人-社会环境系统进一步对自然环境施加压力，导致了人-社会环境-自然环境系统的恶性循环，最终造成系统的破坏。

如果在环境承载能力范围内，自然环境对人-社会环境系统的响应是良性的促进过程，反之则造成系统的退化，其响应过程的正负结果可用下列指标表示。

（1）环境稳定度　环境稳定度是指环境在不超过一定变化允许限度内的自我维持和调节特性。

（2）环境弹性　环境弹性是指环境在外部作用下在一定限度内保持自身状态，并在外部作用停止后即可恢复原态的特性。

在外部作用（主要是人类活动）影响下，自然生态环境状态发生一系列变化，表现为环境扰动、环境异常与环境恶化，以致环境灾害发生。

（1）环境扰动　环境扰动是指自然生态环境状态参量临时的、偶然的或周期的可逆变化，有规律的扰动的积累可以导致环境平衡状态的改变，引起环境异常。

（2）环境异常　环境异常是指一个或几个环境状态参量偏离背景值，环境稳定度与环境弹性遭到破坏，但外部作用尚未超过该地区环境承载力，环境系统的完整性尚未丧失，但有害作用已经显现，如不采取措施减缓这一有害过程，必将对人类产生极大影响。

（3）环境恶化　由于环境系统内外发生物质和能量的累积，在数量上超过了环境的自我净化或再生能力。环境恶化是一个范围很广的概念，它取决于环境中物质与能量的背景和根据环境功能的人为给定的标准，环境系统的稳定性、结构特征和功能发生了不同程度的变异。

（4）环境灾害　当系统外部作用超过该地区的环境承载力时，当地环境系统的稳定性、结构功能发生了质的变化，引起系统稳定性的丧失和系统结构的破坏，进而对人类生命财产构成严重威胁。

2.1.4.3　环境灾害系统的演变规律

在环境灾害系统中，人-社会环境-自然环境系统的可持续发展能力（k）是环境灾害系统演变的决定性因素。

$$\frac{\mathrm{d}S}{\mathrm{d}t}=k\times S\times(S_0-S) \tag{2-1}$$

式中：S 为人-社会环境系统所处的状态；S_0 为人-社会环境系统的最佳运转状态。

将其转化为离散的差分方程

$$S_t=k\times S_{t-1}\times\left(1-S_{t-1}\right) \tag{2-2}$$

S 值的大小主要取决于人-社会环境系统的状态参量：人口分布、产业结构、工业布局。S

值又取决于 k 值的大小。在不同的 k 值范围内，人–社会环境–自然环境系统的演变历程不同。

（1）系统趋于死亡 在 $0<k<1$ 情况下，随着 t 的增加，人–社会环境系统的状态参量逐渐趋于零，一旦达到零点，就再也不动，该点称为稳定不动点。它说明在系统可持续发展能力较低的情况下，系统将趋于死亡。

（2）系统可持续发展 当系统可持续发展因子为 $1<k<3$ 时，第一稳定不动点将稳定性交给了第二稳定不动点。随着 t 的增加，人–社会环境系统的状态参量最终趋于第二稳定不动点。这说明 k 值的提高意味着人类生存环境不断改善，人–社会环境系统内部产业结构与工业布局更趋合理，能源与资源利用率随之提高，进而保证人–社会环境–自然环境系统协调、稳定与持续发展，最终人–社会系统稳定在自然生态环境承载力允许的某一极限状态，即第二稳定不动点。同时，第二稳定不动点随着可持续发展因子 k 的增加而不断增加。但这种增加趋势不会永远持续下去。

（3）系统趋于混沌状态 当系统可持续发展因子 k 取值超过 3，系统进入不稳定状态，向周期倍增演化，最终系统进入混沌状态。

2.1.5 环境灾害系统的基本特征

综上所述，环境灾害系统是一个结构复杂、层次众多、规模庞大的大系统。由此决定了它不仅具有一般系统的联系性、整体性与层次性，同时还具有不确定性、开放性与非线性、动态性、自然性与社会性等基本特征。

（1）不确定性 环境灾害系统中各组成元素间相互联系与作用，以及其组成结构都具有模糊性与随机性。具体表现为各种环境灾害发生的随机性与后果的模糊性。

（2）开放性与非线性 环境灾害系统是开放的自组织系统。根据耗散结构理论，开放系统不断与外界环境进行物质、能量与信息交换，引起负熵流，克服内部不可逆过程引起的正熵增值，而保持或增进其有序性，产生自组织过程。具体表现为环境灾害系统内部各子系统的协同运动，环境灾害的群发现象就是证明。

另外，许多环境灾害现象都表现出同一规律，即环境灾害系统远离旧的平衡态，通过突变进入新的平衡态；从一无序结构突变到另一新的有序结构。其中“序”是衡量灾度与环境灾害本质的根本所在。这是环境灾害系统开放性的另一种表现形式。

环境灾害系统的开放性决定了其对于外界环境的输入响应不可能具有简单的线性叠加性，这使得灾害系统在演变过程中，可能出现分岔、突变、不动点与混沌等复杂变化。

（3）动态性 环境灾害系统的时空结构决定了环境灾害系统的动态特征。随着时间的推移，环境灾害系统也在不断演变。环境灾害系统某一时刻的状态不仅取决于当时的状态，同时还与此时刻以前的状态有关，具有典型的马尔可夫特性。环境灾害系统的这一特性对环境灾害预测与预警研究具有重要的指导意义。

（4）自然性与社会性 环境灾害是人类与自然环境相互作用的产物，是人类活动作用强度超过某一地区环境承受能力，以致对人类生存环境（包括自然环境与社会环境）及人身安全构成严重危害的自然或社会现象。离开人及以人为核心的环境（包括自然环境与社会环境），就无所谓环境灾害，更谈不上环境灾害系统。因此，环境灾害系统与环境灾害一样，均兼具自然与社会双重特性。

2.2　环境灾害形成的动因——人为失误

2.2.1　人为失误的概念及其分类

人是环境系统的主体与核心。人为失误是指人为地使环境系统发生故障，不能正常运转的不良事件，是违背客观规律或操作规则的错误行为，是产生环境灾害的根本动因。人为失误可造成严重后果并酿成连锁性衍生灾害，很多重大环境污染事故（如印度博帕尔毒气泄漏事故与淮河水环境污染灾害）都是人为失误所造成的，表 2-1 为不同系统中具有典型意义的人为失误概率。人为失误造成的环境灾害与人为灾害屡屡发生，致使人们逐渐认识到揭示人为失误的奥秘，探询人为失误机理与发生的必要性。

表 2-1　不同系统中具有典型意义的人为失误概率

典型事故系统	人为失误所占比例/%
汽车事故	90
电子电器故障	50～70
航空航天系统事故	60～70
军事导弹系统事故	20～50
石油化工企业事故	12～30
核电站	>15

除了重大环境污染事故外，其他类型的环境灾害大多也是人为失误造成的，包括：①人类对客观世界认识不足，盲目砍伐森林，造成植被破坏，由此衍生水土流失、洪水泛滥等次生灾害，这是 1998 年长江洪灾的诱发因素之一；②决策上的失误，规划不周，不考虑本地区的自然和社会条件，盲目发展重污染企业，而导致严重的环境污染灾害，淮河水环境污染灾害就是由此产生的；③设计上的失误，危害估计不足，导致工程项目衍生次生灾害，典型的包括水库诱发的地震与采矿诱发的滑坡等；④操作失误，即经验不足、缺乏培训等因素所致的误操作，苏联切尔诺贝利核电站核泄漏灾害就是因为误操作。表 2-2 清晰地表示出人为失误源及其基本脉络。

表 2-2　人为失误典型分类表

<table>
<tr><th colspan="2">失误类型</th><th>失误源</th></tr>
<tr><td rowspan="5">单体操作失误</td><td rowspan="2">人为过失</td><td>健全人（随机失误或下意识过失）</td></tr>
<tr><td>非健全人（意识低下、心理、生理障碍等）</td></tr>
<tr><td>环境条件</td><td>环境恶劣、紧急状态与灾害下异常心态</td></tr>
<tr><td rowspan="2">技术欠缺</td><td>误判断（教育不足、缺乏训练、指导不利与误认信息等）</td></tr>
<tr><td>误操作（经验不足与调整失调等）</td></tr>
<tr><td rowspan="4">群体决策失误</td><td>决策管理失误</td><td>方针、政策、计划和规划等宏观决策失误</td></tr>
<tr><td>设计研究失误</td><td>危险估计不足与监督检查失误等</td></tr>
<tr><td>信息反馈失误</td><td>信息不足与信息分析能力不足等</td></tr>
<tr><td>人际间交流失误</td><td>思维习惯与惰性等</td></tr>
</table>

2.2.2　人为失误机理分析

人类虽然能够利用现代科学技术不断改善自身生存空间，实现自己的各种理想，但是，由于其本身就是一个不断变化的复杂大系统，受各种条件制约，因此，人体在对付各种可能的扰动和损害时，其可靠性、自适应性与稳定性要比所谓“社会环境”低许多。因此，人为失误机理研究在人-社会环境-自然环境系统可靠性分析中占有极其重要的地位，同时也是环境灾害发生机制研究的重要组成部分。

人为失误是由一定原因造成的，只要系统分析人为失误的内部及外部原因，采取相应的措施解决它，人为失误就会消除，至少可以得到改善。人的可靠性、自适应性与稳定性也会随之提高。在众多人为失误理论中，以下评价模型比较典型。

2.2.2.1　S→O→R 人为失误因素模型

S→O→R 人为失误因素模型是在 J. 瑟利于 20 世纪 60 年代末提出的 S→O→R 人的因素模型基础上改进而成的，它是包括以下 3 个参数（心理作用）的函数，即刺激输入（S）、内部响应（O）与输出响应（R）。刺激输入是人所感受到的变化，即为控制输入信息，它包括各种环境监测信息、仪器仪表读数与重大环境灾害报警信息等；内部响应是人通过观察、识别或通过决策群体讨论，而对刺激输入的判断；输出响应是人通过对刺激输入与内部响应做出的综合判断所导致的具体实际行动。由此，可近似给出人为失误的表达式

$$F_H = 1 - R_H = 1 - R_s \times R_O \times R_R \tag{2-3}$$

式中：F_H 为人为失误率；R_H 为人的某一行为的可靠度；R_s 为与输入信号有关的可靠度，指人接受信息的可靠度，包括信号生成（如控制仪表、环境监测与环境灾害预警等）及人体感官直接接收信号的可靠度；R_O 为与判断有关的可靠度，指信号传入大脑或提交决策者，经过思考或决策群体讨论，最终作出判断或决策的可靠度；R_R 为与输出有关的可靠度，指根据判断所导致的具体行动的可靠度。

人的行为是 S→O→R 组合，是由多次 S→O→R 的连锁反应综合而成，失误及由其产生的环境灾害对人的新刺激 S′（反馈刺激），构成 S→O→R→S′反馈回路。

式（2-3）中描述的刺激输入是指环境监测等更为广泛的信息来源；内部响应也不仅仅是个体大脑的反应，同时包括针对刺激输入的群体决策；输出响应同样不单指个体行为，而是指群体行为（如执行某项环境规划与采取某一减灾措施等）。这是因为导致环境灾害的人为失误不仅仅表现为偶发的个体行为不当，更多的是认识水平不够、缺乏信息或决策者主观臆断，而导致决策失误或计划不周所致。

2.2.2.2　人为失误定量化模型

人为失误定量化是以“人误概率”表示的。从概率论角度划分，将“人误概率”分为以下两种类型。

第一，基本人误概率。基本人误概率是指孤立考虑人为完成某项工作时的失误概率，可由下式确定

$$F_H = \Pr\{F\} = e / n \tag{2-4}$$

式中：n 为完成某项工作的成功次数；e 为没有完成某项工作（人为失误导致未完成某项工作）的失误次数。

如果工作时间为连续变化，基本人误概率模型为

$$F_{\mathrm{H}} = \Pr\{F\} = 1 - \exp[-\int_0^t e(t)\mathrm{d}t] \tag{2-5}$$

式中：$e(t)$ 为在 t 时刻人的失误率（可以是 t 的函数），当 $e(t)$ 为常数时，可记为λ，则有

$$F_{\mathrm{H}} = \Pr\{F\} = 1 - \exp(-\lambda t) \tag{2-6}$$

当 $t\to 0$ 时，$F_{\mathrm{H}}\to 0$；当 $t\to\infty$时，$F_{\mathrm{H}}\to 1$。即当时间趋于无穷大时，人为失误概率为 1，说明人为失误在所难免，完全回避人为失误是不现实的，因此可见，环境灾害具有不可完全避免性。

第二，条件人误概率。条件人误概率是指人在某种条件（如环境条件与人体状态等）下，发生失误的概率，通常可以条件概率形式表示

$$F_{\mathrm{H}} = \Pr\{F \mid C\} \tag{2-7}$$

式中：F 为人为失误事件；C 为发生人为失误事件的条件。

表 2-3 列出了部分导致人为失误的条件。在确定条件人误概率时，具体条件的选择视具体问题而定，下面以疲劳状态为例说明条件人误概率的计算方法。

表 2-3　部分导致人为失误的条件

环境条件	光线、噪声、气象条件、水文条件、环境质量等
人体生理状态条件	疲劳状态与情绪波动等
人口素质条件	义务感、责任感、受教育水平、心理素质、社会认识水平等
信息反馈条件	信息掌握水平、信息分析能力、决策层素质等
时间限制条件	快速反应能力、应变时间等
空间限制条件	操作空间、应变空间等

若考虑疲劳度α与工作时间 t 呈指数关系

$$\alpha = k_1 \times t^b \tag{2-8}$$

式中：k_1、b 均为常数。

在考虑失误率λ与α成正比（即失误率与疲劳程度呈线性关系）时，由此可得到在疲劳条件下的人误概率为

$$F_{\mathrm{H}} = \Pr\{F \mid C\} = 1 - \exp[-kt^a] \tag{2-9}$$

式中：k、a 均为常数。

2.3　环境污染物的聚散机制

污染物进入环境以后，由于自身理化性质的决定和各种环境因素的影响，通过各种迁移和转化过程，其在空间位置、浓度、毒性和形态特征等方面发生一系列复杂的变化。在这些变化过程中，污染物直接或间接地作用于人体或其他生物体。污染物在环境中发生的各种变

化过程称为污染物的聚散和转化。

污染物的聚散是指污染物在环境中发生的空间位置相对移动和浓度变化的过程。聚散的结果导致局部环境中污染物种类、数量和综合毒性强度发生变化，引起污染范围的扩大或缩小，污染物浓度的降低或升高，污染物所处的局部条件重新发生改变。例如，从烟囱或汽车尾气排放在大气的污染物可以在空气中扩散至大气平流层。在大气、水体、土壤中的污染物可通过某种途径进入生物体内，随食物链迁移，甚至在生态系统中周而复始地循环，从而对人类健康和整个生物圈构成严重危害。有人曾在南极企鹅的肝脏和脂肪组织中检出约0.1 mg/kg 的有机氯农药 DDT（双对氯苯基三氯乙烷）及其代谢产物 DDE[1,1-双（对氯苯基）-2,2-二氯乙烯]。究其原因，证明是 DDT 在扩散作用下进入环境中，通过风、海洋和水生生物的作用迁移到无人居住的极地。

污染物在环境中通过物理的、化学的或生物的作用改变形态或者转变成另一种物质的过程称为污染物的转化。通常把由污染源直接排入环境的污染物称为一次污染物；在环境中发生各种反应而转化形成的污染物称为二次污染物。污染物的转化过程取决于其本身的理化性质和所处的环境条件。

研究污染物在环境中聚散和转化过程及其规律性，对于阐明人类在环境中接触的是什么污染物，接触的浓度、时间、途径、方式和条件等都具有十分重要的环境毒理学意义。

2.3.1 污染物的生物性聚散机制

污染物通过生物体的吸附、吸收、代谢、死亡等过程而发生的聚散作用称为生物性聚散。这是污染物在环境中迁移和积聚最复杂而又最具有重要意义的方式。

2.3.1.1 生物浓缩

生物浓缩是指生物体从环境中蓄积某种污染物在环境中浓缩的现象，又称生物富集。生物浓缩的程度用生物浓缩系数（BCF）表示

$$\mathrm{BCF}=\frac{\text{生物体内污染物的浓度（mg/kg）}}{\text{环境中该污染物的浓度（mg/kg）}} \tag{2-10}$$

生物浓缩的研究对于阐明污染物在环境中的生物迁移规律、评价和预测污染物进入环境后的危害，以及确认污染物的环境容量和制定环境标准均有重要意义。

2.3.1.2 生物积累

生物积累是指生物个体随其生长发育的不同阶段从环境中蓄积某种污染物，而使浓缩系数不断增大的现象。生物积累的程度可用生物积累系数（BAF）表示

$$\mathrm{BAF}=\frac{\text{某一个生物个体生产发育较后阶段体内蓄积的污染物浓度（mg/kg）}}{\text{同一生物个体生长发育较前阶段体内蓄积的污染物浓度（mg/kg）}} \tag{2-11}$$

生物体积累某种污染物的浓度水平取决于该生物摄取和消除该污染物的速率之比，如果摄取量大于消除量，就会发生生物积累。

2.3.1.3　生物放大

生物放大是指在生态系统的同一食物链上，某种污染物在生物内的浓度随着营养级的提高而逐步增大的现象。例如，在某种土地为了防止蚜虫喷洒 DDT，其浓度是每英亩[①]13 磅[②]，生物体内 DDT 总残量如下：浮游生物 0.04 mg/kg、小虾 0.16 mg/kg、鳝鱼 0.28 mg/kg、捕食性鱼类 2.07 mg/kg、鸥 75 mg/kg，可是水里 DDT 的实际浓度只有 0.00005 mg/L，由此可见，捕食鱼类的鸥，其体内的 DDT 的实际浓度比水里 DDT 浓度大 150 万倍。这就是生物放大的结果，生物放大的程度可用生物放大系数（BMF）来表示

$$\mathrm{BMF}=\frac{\text{较高营养级生物体内污染物的浓度（mg/kg）}}{\text{较低营养级生物体内污染物的浓度（mg/kg）}} \tag{2-12}$$

由于生物放大作用，在环境中即使是某些极微量的污染物，处于高位营养级的生物也会受到毒害，严重威胁人类健康。深入研究生物放大作用，特别是鉴别哪些食物链对哪些污染物具有生物放大的潜力，这对于探讨污染物在环境中的迁移规律，以及确定环境中有关污染物的安全浓度都具有理论和现实意义。

2.3.2　污染物的物理性聚散机制

2.3.2.1　污染物的物理性转化

污染物的物理性转化是指污染物通过蒸发、渗透、凝聚、吸附及放射性元素的蜕变等一种或几种过程实现的转化。污染物的物理转化与迁移运动两者之间存在的伴随关系较为密切。例如，某些有机污染物通过蒸发作用由液态转化为气态，逸散入空气中。这一过程既有物理转化作用，又有迁移变化发生。土壤、泥沙、木炭等物质吸附某些污染物时，既有污染物在分子微观形态上的改变，又有污染物在空间位置上的变化。

2.3.2.2　污染物的物理性迁移

污染物的物理性迁移根据作用力，可以分为气的机械迁移、水的机械迁移和重力的机械迁移三种作用。

（1）气的机械迁移　这一作用包括污染物在大气中的自由扩散作用和被气流搬运的作用。它们均受到气象条件、地形地貌、排放浓度和排放高度等因素的影响。一般规律是污染物在大气中的浓度与污染源的排放量成正比，与平均风速和垂直高度成反比。

（2）水的机械迁移　这一作用包括污染物在水中的自由扩散作用和被水流搬运的作用。水能清除大气中的许多污染物。水流能把将水淋溶的污染物转移到江、河、湖泊和地下水中，并最终汇入大海。污染物经水的机械性迁移，受到水文条件、气象条件、水中悬浮物、排放浓度和排放口距离等因素的影响和制约。

（3）重力的机械迁移　是指环境中吸附了污染物的气溶胶、颗粒物、悬浮物等主要以重力沉降的方式在环境中自然迁移。例如，在沉降作用下，空气中的飘尘和水中的不溶物因重

---

① 1 英亩=0.4046856 hm^2。

② 1 磅=453.592 g。

力作用而沉降到地面、水面和水底等。

2.3.3　污染物的化学性聚散机制

污染物的化学性聚散机制指污染物通过各种化学反应过程发生的转化，如氧化还原反应、水解反应、络合反应、光化学反应等。

在大气中，污染物转化以光化学氧化和催化氧化反应为主。大气中的各种碳氢化合物、氮氧化物等气态污染物（一次污染物）通过光化学氧化作用生成臭氧、过氧乙酰硝酸酯（PAN）及其他类似的氧化性物质（二次污染物），统称化学氧化剂。这些光化学反应产物对人体最突出的危害特征是对呼吸道黏膜和眼黏膜的刺激作用。气体污染物二氧化硫经光化学氧化和三氧化铁等金属氧化物催化氧化作用后转化为三氧化硫，再溶于大气中的水，在空气中形成硫酸雾，其刺激作用比二氧化硫大 10 倍。光化学反应可能是异构化作用、取代作用或氧化作用的总结果。

在水体中，污染物转化以氧化还原反应、络合反应、水解反应为主。水中存在某一些过氧基、单线态氧和羟基自由基等活性短暂的氧化物，可使酸、芳香胺、烃和烷基物质氧化降解。许多重金属在水体中一定的氧化还原条件下，很容易发生价态的变化。例如，三价砷和五价砷、三价铬和六价铬就是比较突出的例子。一些工厂排放的废水中主要含有六价铬，但进入海水后，便被有机物及其他还原物质还原为三价铬，毒性降低。水中含有各种无机和有机配位体或螯合剂，都可以与水中的有害物质发生络合反应而改变它们的存在状态。水解反应是许多水体有机污染物降解的主要步骤。尤其在某些金属离子的催化作用下，有机污染物的水解过程可以加速进行。

在土壤中，一些农药的水解反应由于土壤颗粒的吸附催化作用而被加速，以致有时在土壤系统中发生的水解反应比在水体系统中还要快。

2.3.4　污染物的致毒效应机理

污染物进入生态系统后，有的受环境中生化、物理作用后逐步分解而失去毒性，有的则被生物所利用。进入生物体内的污染物对生物的影响除了与污染物浓度密切相关外，还与毒物在体内代谢过程密切相关。但各生物体对不同污染物代谢过程差异很大，即污染物被生物吸收后，在体内迁移、循环、分布、转化等因生物种类和毒物类型、状态不同而千差万别。

2.3.4.1　污染物的生物致毒效应

（1）**污染物在植物体内的致毒过程**　污染物在环境中处于离子态或吸收在土壤表面，可被置换的离子均可以被植物根系所吸收。这类吸收有主动吸收和被动吸收。前者指靠细胞的代谢能吸收，而被动吸收则是利用根内外离子浓度差别、电化学梯度差使毒物向根内扩散，叶表面的吸收则是毒物通过表皮细胞渗入与吸收，是毒物进入植物体内的重要渠道。毒物被植物吸收后，有的不进入植物细胞即通过气孔、根系被排出体外。

毒物进入体内后主要靠细胞胞间连丝等作用实现了在细胞间和体内的迁移。污染物进入根、叶、茎后，一部分停留、积累在根、叶、茎处。另一部分则通过木质部导管随溶液流向植物各部分。例如，从根部吸收的毒物随着蒸腾作用而上升，在导管某一高度处做径向运输到达应去的地方。从叶面吸收的毒物在植物体内多依靠蒸腾等作用随水分一起输运，所有这些物质迁移过程均有溶液的参与，在输导管系统中流向植物体各部分。虽然有毒物质在植物体内多依靠蒸腾等作用随水分一起运输，但并非完全靠它起运输作用。例如，有的沉水植物蒸腾几乎不存在，照样可把毒物运输到植物各部分。

毒物进入植物体各组织与运输过程中也发生生物转化。在这一过程中有的毒物被水解，毒性减弱或消失；有的通过一系列降解后被植物所利用；有的经生物转化后毒性反应加强。多数离子态毒物在与植物体内有机分子结合后对植物起某种损害作用。某些离子态毒物能置换出酶蛋白中的铁、锰元素而形成较为稳定的结构，使酶活动受到抑制，从而阻碍代谢活动；有的金属离子则取代植物体内蛋白质中的—SH 基中的氢，使正常的代谢和氧化还原过程受到干扰或破坏，并能阻碍养分的吸收。

植物没有特定的排泄系统，活的植物对于金属、类金属的排出往往是通过根系排出，有的则是通过叶面呼吸或其他方式排出（包括枯枝落叶），所以毒物排出较少，毒物更易在各组织积累。但在不同环境下，不同物种和不同组织中这种积累、分布差别很大。一般来说，毒物由土壤、水域经根部进入植物体的积累量大小顺序为根、茎、叶、穗、壳、种子，但对大气中经叶部进入植物体的毒物，则往往在叶、茎部积累量大。例如，稻草铬含量占地上部分铬含量的 90%左右，稻壳占 5%，糙米占 3%，而气态氟化物多积累在叶片上。

（2）污染物在动物体内的致毒过程　第一，侵入和吸收。污染物主要经呼吸道和消化道侵入动物体，也可以经皮肤或其他途径侵入。空气中的气态毒物或悬浮的颗粒物质经呼吸道被吸收。水和土壤中的毒物，主要是通过饮用水和食物经消化道被动物体吸收，整个消化道都有吸收作用，但小肠较为重要。

第二，分布。污染物质经上述途径进入动物或人体后，很快就通过血液、淋巴系统、体液等输送到各组织中，且分布到各器官组织的速率与器官的血液流量、毒物穿过毛细血管渗透进入该组织细胞的难易程度及该组织对毒物的亲和力有关。体内各组织细胞的膜结构和细胞的成分不同，毒物在不同组织中的分布有很大差异。如肝组织血窦的膜，各种分子和离子状态的物质都能迅速通过。肝细胞不但膜孔较一般细胞大，而且有一些对脂溶性物质的亲和力较强的连接蛋白。因此，肝脏成为外来化合物在体内代谢和排出的主要器官。毒物在体内的分布是随时间变化的，有时出现再分布现象。如无机铅被吸收后，很快分布于红细胞、肝和肾。供给无机铅经 2 小时，有 5%的铅分布于肝。然后，再分布到骨，取代晶格中的钙。一个月后，90%的铅分布于骨。有机毒物多属非电解质，在体内呈均匀分布。无机毒物属于电解质，分布多不均匀。一价阳离子（如钠、钾、锂、铷、铯等）、阴离子（如氟、氯等），五、六、七价的元素，多为均匀分布，二、四价的阳离子（如钙、钡、锶、镭、铍、铅等）集中于骨骼。此外，碘对甲状腺有特殊亲和性，镉、钌等与含硫基蛋白质结合，多集中于肾脏。毒物分布比较集中的部位与毒作用部位可能相同，也可能不同。如 CO 集中于红细胞的血红蛋白，百草枯积聚于肺，分布集中的部位也是毒作用部位。DDT 集中分布于体脂，但毒作用部位是神经系统及其他脏器。铅储于骨，毒作用部位是造血系统、神经系统和胃肠道等。这种储存部位与毒作用部位的不一致性，被认为是机体的一种保护性机制，使毒作用部位的毒物维持在较低水平。血浆蛋白、骨骼和体脂是体内主要的毒物储存库。在储存库内，毒物浓度高，但是不显示毒作用。当血浆中游离物经生物代谢转化和排泄，浓度下降时，储存库中的毒物可逐渐释放出来。

第三，排泄。污染物的体内排出，对毒物应是极其重要的。排出快，毒效应小。相反，如果污染物在体内存留时间延长，潜在的毒效应就大。污染物或其代谢产物，通过多种途径排出体外。绝大多数非气态或非挥发性化合物，主要经肾排出。其他排出途径有：经胆汁分泌进入肠道排出；随乳汁、肝液、唾液、精液、指甲、毛发等排出。毒物在排出过程中，可对排出的器官造成继发性损害，成为中毒表现的一部分。

2.3.4.2 污染物对生物的毒害机制

（1）污染物对植物的毒害机制 植物的能动性很差，当环境物质浓度，尤其是土壤与水分中物质浓度达到一定值后，这些物质都将流进植物体内，它们有的是植物所必需的，但量多则造成危害；有的则是明显有害；有的在某个量值时对植物无害，但在食物链传递上却对高营养级生物产生危害，这些需视植物和物质种类、量值大小等而定。例如，铜是植物必需物质，但铜过量妨碍植物根部生长，出现黄化现象。酚、氰类化合物浓度较低时被植物吸收并转化成糖苷，此时不会出现氰类对细胞的毒害，而经诱导为植物细胞所利用，参与正常代谢过程，但在高浓度下却能致植物死亡。某些重金属、有机氯农药等在浓度较低时并没有对植物造成损害，但它们在植被中的累积却对食用它的动物造成危害。而当一些重金属、类金属达到一定浓度后却可以立即对植物造成损害。毒物对植物损害机理是多种多样的，有的是干扰酶作用进而阻碍代谢机能，如氟化物气体和重金属；而有的毒物却能引起植物变异，如在严重的金属污染区常发现这种变异种；有的则因与根系有机分子形成较为稳定的络合物，破坏根系正常代谢机能，进而引起繁殖障碍等，如过量的铜污染；有的是强氧化剂或强还原剂，影响植物氧化还原反应，如臭氧、氯气、二氧化碳等。

（2）污染物对动物的毒害机制 由于机体在化学和物理学上的复杂性、多样性，不同污染物对动物的毒害机理多种多样。例如，烷基汞的中毒机理是 CH_3Hg^+与红细胞结合，并迅速穿过血脑屏障，同脑细胞膜中的硫蛋白结合，致使膜的结构发生改变，从而影响膜的功能，对膜两边离子分布、电位及营养物的通过都造成干扰，使脑细胞受到永久性损伤。重金属离子影响水生动物体壁，阻碍氧和二氧化碳交换。而一氧化碳毒害则是由于其与血红蛋白亲和力较氧大，使血红蛋白失掉输氧能力。至于农药对动物的毒害作用差异更大，有的是由于致死性合成，如有机氟代烷基化合物的毒性，当碳原子为奇数时，通过β-氧化生成氟乙酸，毒性较大；有的是由于蓄积作用，如未被降解的 DDT 被生物吸收、蓄积、富集而随食物链传递给高级营养层的动物或人体；有的是由于对酶产生了抑制，如有机磷农药对胆碱酯酶的不可逆抑制。总之，污染物对生物的作用因环境条件、生物种类、生长发育情况、性别和年龄不同而不同，应具体情况具体分析。

2.3.4.3 污染物的致毒过程机理

不同种类的污染物致毒差异极大，且不同的作用对象，同一种污染物的毒性也极不相同，但总的来说，从毒作用的分子机理看，无论是动物还是植物，其毒作用也无外乎以下三类：

（1）不可逆性毒作用 毒物与靶分子的不可逆性相互作用引起的毒作用，是最主要的毒物作用方式。这种作用方式在作为治疗药物使用的化合物中是罕见的。毒物与靶分子不可逆作用，造成化学性质损伤的后果及潜伏期，主要取决于靶分子（生物大分子）的生物学作用，再生和更新的速率及修复作用（如 DNA 修复）。不可逆性毒作用主要有以下几种类型：①与生物大分子共价结合；②脂质过氧化作用；③致死性合成及致死性渗入；④酶的不可逆抑制；

⑤涉及体内携带系统的化学性损伤，如亚硝酸盐、芳香氨基和硝基化合物，可使血红蛋白氧化生成高铁血红蛋白，使之失去携氧功能；⑥引起过敏性变态反应物质的毒作用；⑦其他如局部刺激作用、腐蚀作用等。

（2）可逆性毒作用　可逆性毒作用是指毒物与其相应靶分子的作用部位（如神经递质和激素受体，酶的催化活性中心等）之间发生的可逆性相互作用。这种作用的特点是，导致靶分子功能可逆性变化，这种功能变化随着靶器官中毒物的消失而恢复，不致发生持久化学损伤。靶分子（如酶或受体）与毒物分子相互作用虽可发生结构上的改变，但毒物可以毫无化学变化地脱离靶分子，在靶分子上不遗留任何化学损伤。很多药物的药理作用，就是基于此种酶或受体的可逆性作用。此外，干扰主动运输过程的药物也是以可逆性抑制作用为基础的。

（3）毒物物理性蓄积引起的毒作用　一些毒物（如乙醚、环丙烷、氟烷等）具有麻醉作用，可能是由于这些亲脂性物质蓄积于细胞膜，当达到一定浓度时就产生某些抑制作用，如抑制葡萄糖和氧的运输。因此，中枢神经系统对于这些麻醉剂非常敏感。有人认为 DDT 及多氯联苯的毒作用，可能与此种物理性蓄积作用有关。

2.4　环境灾害的非线性机制

无论是突发型还是迟缓型，环境灾害的形成都是由量变到质变积累过程的结果，其中隐含着由量变到质变的非线性过程，只是突变的时间段长短不同而已，放大的程度有差别。环境灾害的发生与漫长的历史长河相比，即使是迟缓型环境灾害的突变过程也可理解为在瞬间发生；另外，迟缓型环境灾害不断累积和放大过程，最终也将导致突发型环境灾害。

2.4.1　环境灾害发生的突变机制

突发型环境灾害是指人类活动与自然生态环境相互作用，致使环境的稳定程度遭到破坏，产生异变，并逐渐积累，在外界的小扰动作用下，突然爆发，短时间内自然生态环境系统的结构与功能崩溃，进而对人类生命财产造成严重威胁与损害的环境灾害现象。

由此可见，在环境灾害系统中，突变现象表现出的一个共同特点是：外界条件的微变将导致系统宏观状态的剧变。假如我们向河流排放污水，如果污染程度增加 10%，我们可以简单地预料鱼类会减少 10%，然而假如污染程度达到临界点时，污染稍有增加就会引起鱼类全部死亡。即外界条件的连续变化可以导致系统状态的不连续的剧变。

2.4.1.1　基本原理

（1）相变　在统计物理中，根据相变过程的特点，可将相变分为两类。第一类相变是指发生相变时，有体积的变化并伴随热量的吸收或释放。例如，在 0℃和 1 atm[①]下，1 kg 冰变成同温度的水要吸收 79.6 kcal[②]的热量，同时体积要缩小。因而，冰与水之间的转化属于第一类相变。第二类相变是指在发生相变时，体积不变化也不伴随热量的吸收或释放，只是热容量、热膨胀系数和等温压缩系数物理量发生变化。例如，正常液态氦（氦Ⅰ）与超液态（氦Ⅱ）

---

① 1 atm=101325 Pa。

② 1 kcal=4185.85 kJ。

之间的转化，正常导体与超导体之间的转化，顺磁体与铁磁体之间的转化，合金的有序态与无序态之间的转化等。

根据相变产生的物理背景，相变可分为平衡态和非平衡态两种。平衡态相变是指在背景均匀情况下的相变。如在一个系统中温度在处于每一个温度值时到处是均匀的，随着温度的升高或降低到某一值时物质相态发生变化。非平衡态相变是指在背景不均匀情况下的相变。例如，贝纳特环流的形成就是这种相变，它是在流体有温差的情况下形成的。

（2）临界慢化 临界慢化是指当一种相态向另一种相态突变之前，那种在旧系统中出现的带有向新态转变的分散涨落现象。不仅量值增大，而且涨落的持续时间也拉长了。这种时间的拉长就称为慢化。系统越接近突变的临界状态，这种慢化越显著。

2.4.1.2 突变的基本类型

当研究状态变量不多于 2，余维数不大于 4 时可能出现的突变类型，R.Thom 称它们为初等或基本突变。将其概括为表 2-4。

表 2-4 七种基本突变类型

突变名称	状态变量的数目	控制参量数目	势函数
折叠	1	1	$V(x)=x^3+ux$
尖点	1	2	$V(x)=x^4+ux^2+vx$
燕尾	1	3	$V(x)=x^5+ux^3+vx^2+wx$
蝴蝶	1	4	$V(x)=x^6+tx^4+ux^3+vx^2+wx$
双曲脐点	2	3	$V(x,y)=x^3+y^3+wxy+ux+vy$
椭圆脐点	2	3	$V(x,y)=x^3-xy^2+w(x^2+y^2)+ux+vy$
抛物脐点	2	4	$V(x,y)=y^4+x^2y+wx^2+ty^2+ux+vy$

在这 7 种类型中，尖点突变是最常用的一种突变类型，它对其他几种突变类型的特征也具有代表性。塞曼（Zeeman）对其特性概括为 5 种。

（1）多模态性 参数空间的一个点可以对应系统多重定态解，其中有的是渐稳定的（吸引子），有的是不稳定的（排斥子）。只有多重定态解存在，系统才可能在渐近稳定的定态解之间跃迁，这样才会有突变出现。而多重定态解存在的真正根源是系统的非线性，所以突变只有在非线性系统中才会发生。

（2）不可达性 在多重定态解中，必有不稳定的定态解存在，实际的系统不可能达到不稳定的定态解，这也就是突变的原因之一，否则，在任何情况下系统的状态都可以连续变化。

（3）突跳性 如果系统具有上述两个性质，就会有突变发生，即控制参数的连续变化可以导致系统从势函数的一个极小值突跳到另一个极小值。发生突跳的位置与涨落的大小有关。如果涨落很小，近似遵循拖延规则，突跳发生在分支点集的邻域；如果涨落很大，遵循麦克斯韦（Maxwell）规则，系统会寻求势函数的全局最小值。

（4）发散性 如图 2-4 所示，当控制参数 $x=x_f$ 时，如果 x 有一个减少的微变，系统会仍然保留在定态曲线的上支上，但若 x 有一个增大的微变，系统就会跃迁到定态曲线的下支上。这真是“失之毫厘，差之千里”，习惯上把这种性质称为突变的发散性。

（5）滞后性　如果控制参数变化沿着图 2-5 所示的路径自左向右穿过尖点区时，系统的状态会从定态曲面左支跃迁到右支，但当控制参数沿原路径返回时，系统的状态并不沿原路径返回，这称为突变的滞后性。没有突变发生就不会出现这种滞后。如当控制参数沿图 2-5 所示路径变化，状态变量也连续变化，没有突变发生；当控制参数沿原路径返回时，状态变量也沿原路径返回。

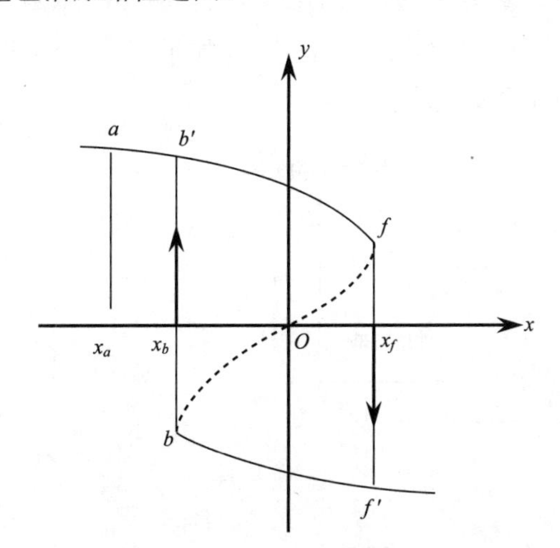

图 2-4　状态变量 y 随控制变量 x 的变化

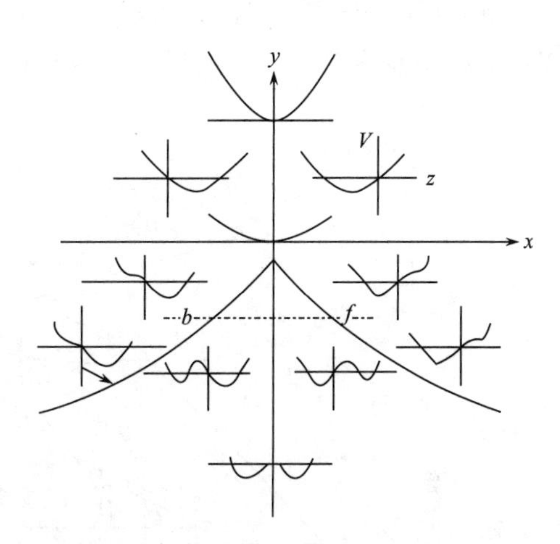

图 2-5　对于不同 y、x 值的 $V(z)$

2.4.1.3　环境灾害发生的尖点突变机制

如图 2-6 所示为环境污染由量变到质变而发生突变，形成环境灾害的过程。此处的环境污染概念不同于狭义上的环境污染概念，它包括由人类活动作用造成的自然资源毁灭性破坏等。为了分析简便，采用三个参数，即人类活动作用、环境质量与生命财产损失量，来描述环境污染及由此产生的环境灾害现象。应该说这里指的环境质量也是广义上的，它不仅包括大气、水体与土壤等的质量（狭义上的环境质量概念），同时还包括资源可利用量等方面内容。显然，这三个参数是相互联系的。因此，它们可在坐标（人类活动作用，环境质量，生命财产损失量）表示的三维空间中给出一个曲面（图 2-6）。将此曲面沿生命财产损失量轴投影到（人类活动作用，环境质量）平面上。它是一个典型的尖点突变模式，能直观地体现和描述环境污染由量变到质变而发生突变和形成灾害的过程。

根据图 2-6 所设的坐标，其势函数表达式可描述为

$$V(z) = z^4 + yz^2 + xz \tag{2-13}$$

状态空间（z，x，y）是三维的，定态曲面 M 由

$$\frac{\partial V}{\partial z} = 4z^3 + 2yz + x = 0 \tag{2-14}$$

给出。非孤立奇点集 S 既满足式（2-14），又要满足

$$\frac{\partial^2 V}{\partial z^2} = 12z^2 + 2y = 0 \tag{2-15}$$

因为它是 M 的一个子集。将式（2-14）和式（2-15）联立方程组，然后消去 z，得到分支点

集 B 满足的方程

$$8y^3 + 27x^2 = 0 \tag{2-16}$$

式（2-16）是一个三次代数方程，它或者有一个实根，或者有三个实根。实根数目的判别式为

$$\Delta = 8y^3 + 27x^2 \tag{2-17}$$

当 $\Delta < 0$ 时，有三个互异的实根；当 $\Delta > 0$ 时，只有一个实根；在 $\Delta = 0$ 时，如果 $x \neq 0$，$y \neq 0$，在 3 个实根中有两个相同，如果 $y = x = 0$ 时，则 3 个实根均相同。

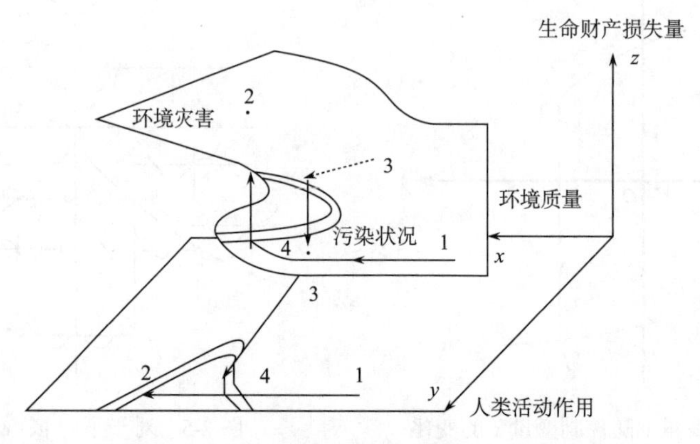

图 2-6　环境污染状态向环境灾害演化示意图

在以上假设条件下，我们分析考察一下环境污染是如何由量变到质变而发生突变，形成环境灾害的。在人类活动作用不大的情况下（人类历史的初期），生命财产损失量随着自然生态环境的变迁缓慢增加，这主要是因为随着人类的发展，物质财富不断积累，人口不断增加，由自然灾害等自然生态环境变迁过程中的一些环境变异行为所造成的生命财产损失量也随之不断增加。而当人类活动加剧，到了近代，环境质量趋于恶化。此时，随着环境质量的不断恶化，所造成的生命财产损失量就会出现一跳跃性增长（如图 2-6 中人类活动作用与环境质量沿曲线 1 变化时，在 2 点处发生跳跃），这是因为当人类活动作用达到一定程度时，环境质量恶化到环境系统功能结构彻底崩溃，进而丧失一切使用功能。如由于环境污染的累积，湖泊成为死湖，海湾成为死海，一切生物均已灭绝的情况，此时标志着环境污染已突变为环境灾害。

当然，人类不会坐以待毙。随着人类社会的发展，科学技术水平的提高，人类活动作用也会向有利于环境质量好转的方向发展。在这种情况下，随着人类有益环境质量好转的作用不断加强，环境质量趋于好转，死湖、死海可通过人类的努力变活。这时又出现另一种形式的突变（如图 2-6 中人类活动作用与环境质量沿曲线 3 变化时，在 4 点处发生跳跃）。很明显，由环境污染状态跃变成环境灾害与由环境灾害状态返回环境污染状态所走的路径截然不同，这主要取决于人类活动作用的方向。由此可见，在人类与环境相互作用形成环境灾害的过程中，人类起主导作用，也进一步说明环境灾害与自然灾害不同，环境灾害是可以避免的，即使环境灾害发生，也可通过人类的努力使之得到恢复。

从突变论角度理解诸如毒气泄漏事故与淮河水环境灾害等突发型环境灾害很直观，而对

于那些迟缓型环境灾害就不那么直观了。对于迟缓型环境灾害可从时间上的累积与空间上的累积两个角度理解“突变”。从时间角度考虑，迟缓型环境灾害不断积累，必将导致突变性结果（污染物通过食物链累积、富集，最终作用于人体，致使人体发生病变，以致死亡）；从空间角度考虑，在空间某一点上危害未必很大，并未呈现环境灾害现象，但在一定区域范围内，危害的统计结果却可能是突变，足以表明发生了环境灾害，所不同的就是危害程度的度量。

2.4.2　环境灾害发生过程中的放大机制

2.4.2.1　放大的基本原理和类型

（1）共振放大作用　共振放大是周期性外力作用在具有相同周期的固有振动系统中的放大作用。共振放大的实质是振动系统接受到第一个外力后，系统本身把接受的能量一部分传给后面的系统，其本身保留了大部分，即随后持续的固有振动能量，然后，后继外力又给振动系统供能，使该能量与前一外力给后面留的振动能量同方向叠加，于是振动就放大了，依此叠加下去，振动系统的振动幅度越来越大，这就是共振放大。如外力作用的周期与振动系统的固有周期不一致，则第一个外力使振动系统留给后面的振动能量，因与后来作用的外力方向不一致而对后来的外力有抵消作用，因此不能放大振幅。共振放大在自然界是很多的，在灾害物理学中把它作为致灾因素之一，即共振致灾。例如，建筑物在地震波作用下因共振倒塌，地表土层在地震波作用下因共振而使振幅放大和桥梁在共振下的破坏等。

（2）正反馈放大作用　正反馈放大就是过程的后果反过来又加强该过程的这一类放大。这种放大在自然界中很多。例如，天气冷时会结冰，由于冰反射，太阳光的能力强，于是冰区边缘的气温变得更冷，这样冰区范围就要扩大，如此正反馈继续下去，就会使冰区越来越大，气温越来越冷。地球历史上的冰河期形成就与上述正反馈过程有关。在地震发生方面，如果一处产生断层滑动，在介质均匀的情况下，该滑动端部应力更为集中，则更易使断层滑动，当断层滑动更快时则滑动端部应力更集中，且由于断层盘运动具有惯性，还会使断层端部应力更加集中，这样正反馈下去，断层继续滑动，大的地震就形成了，这也是正反馈放大。

（3）界面放大　自由界面对于质点运动无阻力，因此对振动有放大作用。例如，地震波振幅在地表的增大，水波在水面振幅的增大等。另外由于自由界面的易让位性，断层错动接近地表时会加速，而且幅度亦增大，这会激发较强的地震波。

（4）非线性放大　非线性放大是与系统的不稳定性有关的。从能量角度来说，当一个系统处于非线性状态时就意味着它本身存在向某一方向或某些方向变化的潜在势能，如果外力有小的作用，则此势能得以释放，这样外力就被放大了；从相变角度来说，非线性放大就是系统原相态快要变为新相态时系统内有涨落的加剧，如此时有外因重合于某个涨落，就可引起系统相态的突变。

（5）辐合放大　当流体向一个地方做水平方向汇聚时，它就会产生与流体流动方向垂直的运动，这个垂直运动的幅度比流体填平相应的高度要高，这就是辐合放大。例如，海底断层错动，下降盘急剧落下，于是四周海水向下落区流动，当海水相碰时其上升幅度要比断层下落的幅度大，这样就形成了很高的地震海啸。

（6）变态性放大　变态性放大是外力作用在一个系统上以后，此系统的动态并不与外力作用方向相同，而是转化为另一方向的运动或另一形式的运动，并在转变过程中具有放大作用。下面举两个实例。

一是振动转化为滚动。假设使一个板作垂直于板面的振动，另外在板上放一可滚动的圆筒，如图 2-7 所示。当平板作垂直振动时，滚筒微量跳起。但由于平板上不是绝对平整，而滚筒面也不是绝对光滑，这样滚筒跳起后再落下时其接触点不正好通过滚动重心，于是滚筒就滚动了。若在滚动时又跳起，再落下时接触点又偏离重心，则两次滚动相加，就使滚筒具有了惯性，因之可使滚动加速，其滚动幅度可以达到比振动幅度大得多的程度。

二是振动转化为曲线位移。在一个很缓的斜面平板上放置一个小木块，此木板由于其与平板之间的摩擦力而不滑动，但当该平板作垂直振动时， 则此小木块就慢慢滑动。以至于滑动幅度很大，此幅度可远远大于振动的幅度。另外如果平板是双斜的，如图 2-8 所示。当平板作垂直方向振动时，小木块开始运动，其运动轨迹是曲线的。曲线式位移幅度不但比振动幅度大，而且其方向也变化了，不只有位移，而且有转动。

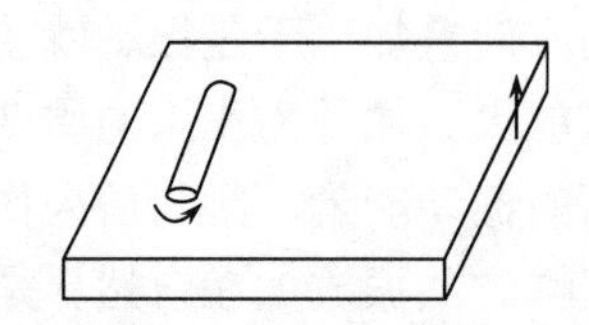

图 2-7　振动变为滚动的实验

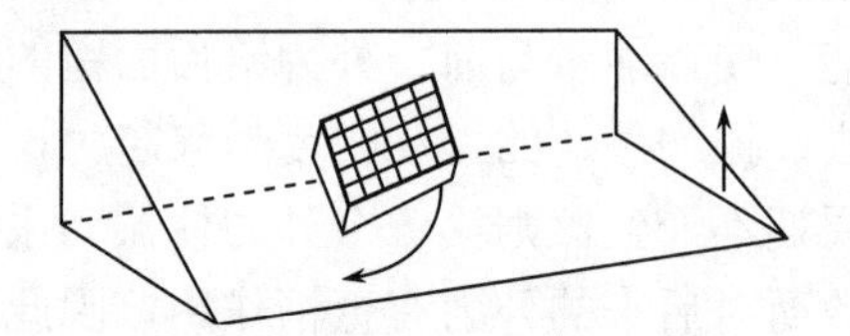

图 2-8　双斜平板上的小木块运动

（7）新物质介入的物理放大　氟利昂是 1928 年问世的，它介入大气，有很严重的温室效应。因为它的热容量比二氧化碳大 10000 倍。这就是说，如果它进入大气较多，则势必加剧温室效应，使地球气候变暖，而导致海平面上升。以上作用引起温度的改变是一种物理放大。

（8）巴克豪森效应　巴克豪森效应是在外磁场变化（加强或减弱）情况下受磁化介质磁化率跃变的现象。这种效应因是在外磁场很强的情况下呈现的，目前在地球灾害中还未找到相应于巴克豪森效应的情况。

2.4.2.2　环境灾害的放大机制

环境灾害系统属于开放系统，其与外界有物质和能量的输入和输出过程，直接或间接的有害过程通过反馈放大或激发新的有害过程而引起连锁反应，即成灾过程的放大机制。

在自然界和人类社会中，经常有很多有害过程属潜在灾害，它们的爆发通常要求创造连锁反应条件或打破其稳态阈值的能量。如燃烧、核反应都有连锁反应能力，在受控条件下可以利用，失控条件下便成为火灾和核爆炸。

（1）化学放大机制　化学放大就是某种微量化学元素的变化，可引起大量化学元素的破坏。例如，在平流层中臭氧的损耗就是典型的化学放大作用。

在平流层中存在一些直接参加破坏臭氧的催化循环的活性物种或催化性物种，能使 O 与 O_3 转换成 O_2，使臭氧遭到破坏，而本身只起催化剂的作用。已知的物种有 NO_x（NO、NO_2）、HO_x（H、OH 与 HO_2）、ClO_x（Cl、ClO）等。它们有时也被称为奇氮、奇氢和奇氯。这些活性物种在平流层中的浓度很低，仅有 1×10^{-6} 量级，被称为微量成分，但是由于它们以循环方式进行反应，往往一个活性分子将导致上百、上千乃至上万个 O_3 的破坏。

人类活动产生的氟利昂在平流层中的光化学反应可使 Cl 浓度大大增加。从而加快了臭氧破坏的反应。氟利昂在对流层很难光解，进入平流层中可发生光解，而产生 Cl。

$$CF_2Cl_2 + h\nu \longrightarrow CF_2Cl + Cl$$

$$CFCl_3 + h\nu \longrightarrow CFCl_2 + Cl$$

在平流层催化反应中一个氯原子可以与 10 万个 O_3 分子发生链反应。因此，即使排入大气进入平流层的氯利昂量极微，也能导致臭氧层的破坏。随着大气臭氧层的破坏，到达地球表面的太阳紫外线，特别是 UV-B（波长在 295～320 nm 的 B 段紫外线）会迅速增加，这将对地球上的生物和人类生态环境造成一系列严重的灾难。

（2）地球能量的放大机制　对于地球来说，穴位地区的放大性可能是因为这一地区地下易于松动，存在不稳定的流体及对热和力敏感的物质等。如果这一地区地下有过热液体存在，则地下变形或加热就可使过热液体暴沸，因此放大了该地区的前兆反应。

（3）灾害的放大效应　任何两种以上的灾害过程的相互影响和放大作用可称为灾害放大效应。如人类对大气层的污染，对植被的破坏，可以影响或导致气象异常，造成旱、洪、风等灾害，而这些灾害过程反过来可能会放大大气层的异常，甚至触发地震。水库蓄水可以诱发地震，地震反过来又会破坏水库。总之，人为作用越大，越能触发不稳定的自然过程。更重要的是很多自然或人为过程均属耗散系统，在其远离平衡条件下，触发作用往往有可能导致人们难以预料的灾害过程。

2.4.3　环境灾害发生过程中的熵增原理

2.4.3.1　熵增原理

熵是描述复杂系统状态的一个优秀的物理量，熵的大小是无序度的一种量度。熵的概念起源于经典热力学，是指系统热量转变为功的能力，用公式表示为

$$\Delta E = Q - W \tag{2-18}$$

对一微变化过程可以写为

$$dE = dQ - dW \tag{2-19}$$

$$dE = dQ - PdV \tag{2-20}$$

式中：ΔE 为系统初态到终态的内能增量；Q 为外界传递给系统的热量；W 为系统对外界所做的功；P 为系统内部的压强；V 为系统的体积。

根据热力学第二定律，任何不可逆过程都是沿着单向进行的。在这单向进行过程中，不可能把热从低温物体传到高温物体而不产生其他影响。Clausius 找到了一个适当的态函数来描述这一不可逆过程的单向性，这个态函数称为熵，用 S 表示

$$\Delta S = \frac{\Delta Q}{T} \tag{2-21}$$

式中：ΔS 为熵增；ΔQ 为系统的热量增量；T 为温度。

对于一个微变化过程的熵变满足

$$dS \geqslant \frac{dQ}{T} \tag{2-22}$$

这一表述称为熵增加原理。

对于远离平衡态的开放系统，系统的熵变可由以下两项来构成，即

$$dS = d_eS + d_iS \tag{2-23}$$

式中：d_eS 为系统与外界交换物质和能量引起的熵交换，其值可正、可负或为零；d_iS 为系统内部各种不可逆过程所产生的熵，熵产生具有非负性。具体到某系统状态的变化是系统内熵随时间变化而产生的熵流的变化。

物质系统的热力学状态函数，其值与系统间以做功的方式传递的能量有关。对于能量固定的系统，当其熵等于零时可以转化为功的能量等于它的全部能量；熵达到最大时可以转化为功的能量等于零，因此，可以把熵看作“有效能”的测度，即熵越大，有效能越小；熵越小，有效能越大。

系统中能量转化为功的前提是必须有“温度梯度”存在。随着每一时刻热能的转换，两端间的冷热差异也相应减少。最后，当熵达到最大时，差异消失，系统达到完全均衡的混乱状态，变成随机的、无方向选择的无序的极限。因此，把熵看作“有序或无序”程度的测度，即熵越大，系统越无序，意味着系统结构和运动的不确定和无规则；反之，熵越小，系统越有序，意味着具有确定、整齐的结构和有规则的运动状态。

2.4.3.2　耗散结构

耗散结构是指在开放的远离平衡条件下，在与外界交换物质和能量的过程中，通过能量耗散和内部非线性动力学机制的作用，经过突变而形成持久稳定的宏观有序结构。

耗散结构理论可概括为：一个远离平衡态的非线性的开放系统通过不断地与外界交换物质和能量，在系统内部某个参量的变化达到一定的阈值时，通过涨落，系统可能发生突变即非平衡相变，由原来的混沌无序状态转变为一种在时间上、空间上或功能上的有序状态。这种在远离平衡的非线性区形成的新的稳定的宏观有序结构，由于需要不断与外界交换物质或能量才能维持，因此称为耗散结构。

（1）远离平衡态　远离平衡态是相对于平衡态和近平衡态而言的。平衡态是指系统各处可测的宏观物理性质均匀的状态，它遵守热力学第一定律：$dE = dQ - PdV$，即系统内能的增量等于系统所吸收的热量减去系统对外所做的功；热力学第二定律：$(dS/dt) \geqslant 0$，即系统的自发运动总是向着熵增加的方向；玻尔兹曼（Boltzmann）原理：$S = k_B \ln W$，式中：k_B 为玻尔兹曼常量，W 为系统宏观状态的热力学概率。它表示熵是系统的分子热运动所引起无序性的一种度量；昂萨格（Onsager）倒易关系，即线性唯象系数的一个重要性质是它的对称性，$L_{kl} = L_{lk}$，其物理意义是第 k 种不可逆力对 l 种不可逆流的影响与第 l 种不可逆力对第 k 种不可逆流的影响相同；最小熵产生原理：只要在非平衡线性区，昂萨格倒易关系成立，在稳恒外界条件下，系统定态产生的局域熵就一定比非定态的小。

远离平衡态是指系统内可测的物理性质极不均匀的状态，这时其热力学行为与用最小熵产生原理所预言的行为相比，可能颇为不同，甚至实际上完全相反，正如耗散结构理论所指出的，系统走向一个产生高熵的、宏观上有序的状态。

（2）非线性　系统产生耗散结构的内部动力学机制，正是子系统间的非线性相互作用，在临界点处，非线性机制放大微涨落为巨涨落，使热力学分支失稳，在控制参数越过临界点

时，非线性机制对涨落产生抑制作用，使系统稳定到新的耗散结构分支上。

（3）开放系统　热力学第二定律告诉我们，一个孤立系统的熵一定会随时间的延长，熵达到极大值，系统达到最无序的平衡态，所以孤立系统绝不会出现耗散结构。根据熵增加原理，在开放的条件下，系统的熵增量 dS 是由系统与外界的熵交换 d_eS 和系统内的熵产生 d_iS 两部分组成的，即 $dS=d_eS+d_iS$。在 $d_eS<0$ 的情况下，只要这个负熵流足够强，它就除了抵消掉系统内部的熵产生 d_iS 外，还能使系统的总熵增量 dS 为负，总熵 S 减小，从而使系统进入相对有序的状态。因此，对于开放系统来说，系统可以通过自发的对称破缺从无序进入有序的耗散结构状态。

（4）涨落　一个由大量子系统组成的系统，其可测的宏观量是众多子系统的统计平均效应的反映。但系统在每一时刻的实际测度并不都精确地处于这些平均值上，而是或多或少有些偏差，这些偏差称为涨落，涨落是偶然的、杂乱无章的、随机的。

在正常情况下，由于热力学系统相对于其子系统来说非常大，这时涨落相对于平均值是很小的，即使偶尔有大的涨落也会立即耗散掉，系统总要回到平均值附近，这些涨落不会对宏观的实际测量产生影响，因而可以被忽略掉。然而，在临界点附近，情况就大不相同了，这时涨落可能不自生自灭，而是被不稳定的系统放大，最后促使系统达到新的宏观态。

（5）突变　阈值即临界值对系统性质的变化有着根本的意义。在控制参数越过临界值时，原来的热力学分支失去了稳定性，同时产生了新的稳定的耗散结构分支，在这一过程中系统从热力学混沌状态转变为有序的耗散结构状态，其间微小的涨落起到了关键的作用。这种在临界点附近控制参数的微小改变导致系统状态明显的大幅度变化的现象，称为突变。耗散结构的出现都是以这种临界点附近的突变方式实现的。

2.4.3.3　环境灾害的熵增表现

环境灾害系统是一个复杂的系统，灾害的发生是系统无序的表现，因此可以应用熵增原理和耗散结构理论分析环境灾害发生的动态过程和环境灾害系统的无序程度。

人类是靠索取外界自然资源来维持人类自身的有序与进化，索取的结果必将导致自然生态环境熵增。尽管太阳能流是“无限”的，它可以通过负熵流的注入，使自然生态环境形成新的有序结构，但组成地表的物质与能量却是有限的。自然循环只能部分回收用过的物质和能量，其余部分则不可挽回地耗散掉。所以，不管太阳能照耀多久，人类开发与利用物质和能量的强度越大，人类赖以生存的物质与能量资源将越早被耗尽。一旦人类作用强度超过这一有限的外界条件，以此为约束条件的自然生态环境通过耗散结构向有序方向进化的过程将被打乱，人类将面临熵增的危机，或称熵增灾害。

在环境灾害系统各子系统间相互作用过程中，一方面通过人-机系统直接的物质与能量消耗造成自然生态环境的熵增；另一方面由于其行为不当，在很大程度上阻碍自然生态环境在太阳能作用下，向更有序、更复杂、更高级的方向进化的进程。这主要表现在植被的破坏、物种的灭绝与环境污染等方面。生物多样性是自然生态环境在太阳能的强大外界约束条件下，通过一次又一次的涨落与耗散结构分支的选择形成的，这是一个漫长的演化过程，一旦被破坏，短期内是无法恢复的。

植被破坏与物种灭绝显然是自然生态环境从有序向无序发展的熵增过程，而由此造成的水土流失，自然生态环境的“生物金字塔”的破坏，同样也是熵增过程。污染物在环境中的扩散过程是熵增过程，而由此造成的危害后果（环境灾害）：如酸雨腐蚀建筑物与植被，水污染造成大量水生生物灭绝……同样也是熵增过程。尽管在太阳能这一强大的外界约束条件下，自然生态环境对此有一定承受能力（环境通过微生物利用太阳能同化污染物能力与植被利用太阳能生长恢复能力等），但这一承受能力（环境承载力）是有限的。人-机系统对自然生态环境的压力一旦超过自然生态环境的这一承受能力，由强大太阳能所维持的这一有序结构就将被破坏。

环境灾害产生的根本原因在于：在环境灾害系统各子系统间相互作用过程中，贪婪索取与行为不当，造成自然生态环境的熵增过程，致使由太阳能维持的自然生态环境向有序、复杂与高级方向进化的过程被破坏，取而代之的是向无序、简单与低级的方向退化过程。

自然生态环境系统在长期的演化过程中，由于太阳能这一强大约束条件的存在，一直通过涨落与耗散结构分支的选择向有序、复杂与高级方向进化。只是人类活动作用不断加强，使其内部熵增过程大于在太阳能这一强大约束条件下由耗散结构产生的熵减过程，而在总体上表现出熵增过程。无疑熵增将给人类带来巨大的灾难。摆脱熵增灾难的途径有两条：一是降低自然生态环境内部的熵增过程；二是加强外界约束条件，在强大的外界条件作用下，自然生态环境系统通过涨落与耗散结构分支的选择向有序、复杂与高级方向进化的熵减过程超过其熵增过程，以达到维持自然生态环境总体上向熵减方向发展的最终目的。

尽管第二条途径是积极的，人类通过科学技术的革命，更充分地利用太阳能，以维持自身的有序发展，但可利用的太阳能毕竟有限，因此，第二条途径不是长久之计。维持人类持续发展的唯一途径是降低自然生态环境内部的熵增过程，这要求人类在可能的条件下，尽可能降低物质和能量消耗。

课堂讨论话题

1. 引入“人-社会环境-自然环境”系统概念对研究环境灾害的形成理论有何意义？
2. 环境灾害的放大效应表现在哪些方面？举例说明。
3. 人为失误与人的素质、掌握的技术、人的心理特征间的关系。

课后复习思考题

1. 污染物聚散机制主要有哪些？
2. 阐述环境灾害的突变机制。
3. 应用熵增原理解释人类面临的主要环境问题。
4. 分析环境灾害系统的特点和演变规律。

第3章 环境容量和环境承载力

内容提要

本章主要是基于环境灾害形成过程的量变和质变的演进关系，根据环境容量和环境承载力的内涵与环境指示作用，首先，列表展示我国主要环境要素的环境标准等级和极限容量，以及相应标准的分布区域；其次，讲述大气、水、土壤环境容量的计算方法和应用模型，各环境容量的计算思路和步骤；最后，从系统的角度出发，阐述环境承载力的计算方法和计算模型，讨论了环境承载力的应用领域和应用前景。

重点要求

- ✧ 掌握我国现行的主要环境要素的质量标准；
- ✧ 理解水环境、大气环境和土壤环境容量的计算思路；
- ✧ 学会环境承载力的计算方法和应用；
- ✧ 学会水环境、大气环境和土壤环境容量的计算方法。

3.1 环境质量标准

3.1.1 环境质量标准的定义

3.1.1.1 环境质量

环境质量是环境科学中的一个重要的概念。目前，对于环境质量一词存在着许多解释和定义，流行的最广泛的有：环境的优劣程度，对人群的生存和繁衍及社会发展的适宜程度等。但有的学者认为这种定义不科学，不准确，把主体对客体的直觉和评论定义为客体的质量，而忽视了环境质量的客观性。他们提出："环境质量是环境系统客观存在的一种本质属性，是能够用定性和定量的方法加以描述的环境系统所处的状态"。由此看来，环境质量这个概念，既有客观性又有主观性，人们认识客观世界是一个由浅入深、由表及里的过程。环境质量是客观存在的，但由人们来描述即带来了主观因素。问题是怎样使主观认识和客观存在更加接近和趋于一致，这就需要使用科学的方法和手段，使人们的认识不断地发展。

3.1.1.2 环境质量标准

环境质量标准是为了保护人群健康、社会物质财富和维护生态平衡，对一定空间和时间内的环境中的有害物质或因素的容许所做的规定。它是环境政策的目标，是制定污染物排放标准的依据，是评价环境质量的标尺和准绳。环境质量标准包括大气环境质量标准、水环境质量标准、土壤环境质量标准、环境噪声标准。

3.1.1.3　我国现行的环境质量标准

我国已颁布的环境质量标准有：《环境空气质量标准》（GB 3095—2012）、《室内空气质量标准》（GB/T 18883—2002）、《地表水环境质量标准》（GB 3838—2002）、《地下水质量标准》（GB/T 14848—2017）、《海水水质标准》（GB 3097—1997）、《渔业水质标准》（GB 11607—1989）、《农田灌溉水质标准》（GB 5084—2005）、《土壤环境质量　农用地土壤污染风险管控标准（试行）》（GB 15618—2018）、《声环境质量标准》（GB 3096—2008）、《机场周围飞机噪声环境标准》（GB 9660—1988）、《城市区域环境振动标准》（GB 10070—1988）等。

3.1.2　环境质量标准的制定原则和依据

3.1.2.1　制定原则

第一，保障人群的身体健康，使人群不因环境质量的变化而受到损害。

第二，保障自然生态系统不受破坏。

第三，与当前的社会经济水平相适应。

第四，因地制宜，切实可行。

3.1.2.2　制定依据

（1）以环境质量基准值为依据　环境质量基准是环境中的污染物在一定的条件下，作用于特定对象，不产生不良或有害影响的最大剂量或浓度，因此这个最大剂量或浓度应当是环境质量标准最低一级的值。环境质量标准必须受环境质量基准值的制约，必须以长期、慢性、低浓度的基准资料为依据。

（2）以环境、经济、社会效益的协调统一作为制定标准的依据　要求既要保证人群和生态系统不受破坏，又要避免标准过高、过严而脱离现实，造成经济、技术力量的浪费，达到经济技术合理。因此，在制定标准时，要进行详细的经济损益分析。

（3）以国家环境保护法作为法律依据　环境质量标准是国家环境保护法的一个重要组成部分，必须以国家环境保护法中的有关准则作为法律依据。

3.1.3　环境质量标准的分级和分类

在环境质量评价中，根据区域或河流的社会功能，将标准值分为若干个级别。主要环境质量标准如下。

3.1.3.1　我国大气环境质量标准

我国环境空气质量标准，首次发布是在 1982 年，第一次修订是在 1996 年，第二次修订是在 2000 年，目前使用的标准是 GB 3095—2012，属于第三次修订。

我国现行的环境空气质量标准值分为两级，一级标准为对一类区的要求，即对国家规定的自然保护区、风景旅游区、名胜古迹和疗养地的要求；二级标准为对二类区的要求，即对城市规划中确定的居民区、商业、交通和居民混合区、文化区及农村等的要求。表 3-1 和表 3-2 列出了一些常用的环境空气质量标准。

表 3-1　常规污染物的浓度限值

序号	污染物项目	平均时间	浓度限值		单位
			一级	二级	
1	二氧化硫（SO_2）	年平均	20	60	μg/m³
		24 h 平均	50	150	
		1 h 平均	150	500	
2	二氧化氮（NO_2）	年平均	40	40	
		24 h 平均	80	80	
		1 h 平均	200	200	
3	一氧化碳（CO）	24 h 平均	4	4	mg/m³
		1 h 平均	10	10	
4	臭氧（O_3）	日最大 8 h 平均	100	160	μg/m³
		1 h 平均	160	200	
5	颗粒物（粒径小于等于 10 μm）	年平均	40	70	
		24 h 平均	50	150	
6	颗粒物（粒径小于等于 2.5 μm）	年平均	15	35	
		24 h 平均	35	75	

表 3-2　环境空气污染物其他项目浓度限值

序号	污染物项目	平均时间	浓度限值		单位
			一级	二级	
1	总悬浮颗粒物（TSP）	年平均	80	200	μg/m³
		24 h 平均	120	300	
2	氮氧化物（NO_x）	年平均	50	50	
		24 h 平均	100	100	
		1 h 平均	250	250	
3	铅（Pb）	年平均	0.5	0.5	
		季平均	1	1	
4	苯并[α]芘（BaP）	年平均	0.001	0.001	
		24 h 平均	0.0025	0.0025	

3.1.3.2　我国水环境质量标准

（1）地表水环境质量标准　我国 2002 年 6 月 1 日起实施的《地表水环境质量标准》，将地表水质量标准分为五类：Ⅰ类标准适用于源头水和国家自然保护区；Ⅱ类标准适用于集中使用生活饮用水水源地的一级保护区、珍贵鱼类保护区及鱼虾产卵场；Ⅲ类标准适用于集中使用生活饮用水水源地的二级保护区、一般鱼类保护区和游泳区；Ⅳ类标准适用于一般工业用水区及人体非直接接触的娱乐用水区；Ⅴ类标准适用于农业用水区及一般景观要求水域。水环境质量评价分为三级。表 3-3 和表 3-4 列出了一些常用的水环境质量标准。

表 3-3 地表水环境质量标准基本项目中的常用项目标准限值 （单位：mg/L）

项目	Ⅰ类	Ⅱ类	Ⅲ类	Ⅳ类	Ⅴ类
水温	人为造成的环境水温变化应限制在：周平均最大温升≤1℃；周平均最大温降≤2℃				
pH（无量纲）	6～9				
溶解氧≥	饱和率 90%（或 7.5）	6	5	3	2
高锰酸盐指数≤	2	4	6	10	15
化学需氧量（COD）≤	15	15	20	30	40
五日生化需氧量（BOD_5）≤	3	3	4	6	10
氨氮（NH_3-N）≤	0.15	0.5	1.0	1.5	2.0
总磷（以 P 计）≤	0.02（湖、库 0.01）	0.1（湖、库 0.025）	0.2（湖、库 0.05）	0.3（湖、库 0.1）	0.4（湖、库 0.2）
总氮（湖、库，以 N 计）≤	0.2	0.5	1.0	1.5	2.0

表 3-4 地表水中有害物质的最高允许浓度

物质名称	最高允许浓度/（mg/m^3）	物质名称	最高允许浓度/（mg/m^3）	物质名称	最高允许浓度/（mg/m^3）
乙腈	5.0	甲基对硫酸	0.02	钼	0.1
乙醛	0.05	甲醛	0.5	铅	1.0
二乙烯基乙炔	0.001	丙烯腈	2.0（1.0）	铝	0.0002
二硫化碳	2.0	丙烯醛	0.1（0.02）	铍	0.01
二硝基苯	0.5	对硫磷	0.003	硒	0.5
二氯苯	0.02	乐果	0.08	铬（三价）	0.05
丁基黄原酸盐	0.005	异丙苯	0.25	铬（六价）	1.0（0.1）
二硝基氯苯	0.5	汞（无机化合物）	0.001	锌	0.1（0.01）
三氯苯	0.02	吡啶	0.2	铜	0
三硝基氯苯（INT）	5.0	钒	0.1	硫化物	0.05
马拉硫磷（4049）	0.25	松节油	0.2	氯化物	1.0
己内酰胺		苯	2.5	氯丁二烯	0.002
六六六	0.02	苯乙烯	0.3	氯苯	0.02
六氯苯	0.05	苯胺	0.1	硝基氯苯	0.05
内吸磷（1059）	0.03	苦味酸	0.5	滴滴涕	0.2（0.001）
水合肼	0.01	氟	0	镍	0.5（0.1）
四乙基铅	0	活性氯	0.01	镉	0.01
四氯苯	0.02	挥发性酚	0.04	五氯酚钠	0.005
石油（煤油、汽油）	0.3（0.05）	砷化物	0.5		

（2）地下水环境质量分类指标及标准　依据我国地下水水质现状、人体健康基准值及地下水质量保护目标，并参照生活饮用水、工业、农业用水水质最高要求，将地下水质量划分为以下五类。

Ⅰ类：地下水化学组分的天然背景含量低。适用于各种用途。

Ⅱ类：地下水化学组分的天然背景含量较低。适用于各种用途。

Ⅲ类：地下水化学组分的天然背景含量中等。以人体健康基准值为依据。主要适用于集中式生活饮用水水源及工农业用水。

Ⅳ类：地下水化学组分的天然背景含量较高。以农业和工业用水要求及一定水平的人体健康基准值为依据。适用于农业和部分工业用水，适当处理后可作生活饮用水。

Ⅴ类：地下水化学组分的天然背景含量高。不宜作为生活饮用水水源，其他用水可根据使用目的选用。

根据地下水各指标含量特征，分为五类，它是地下水质量评价的基础。以地下水为水源的各类专门用水，在地下水质量分类管理基础上，可按有关专门用水标准进行管理。

3.1.3.3　我国土壤环境质量标准

我国土壤环境质量标准应用最多的是 GB 15618—2018。本标准适用于农田、蔬菜地、茶园、果园、牧场、林地、自然保护区等地的土壤。

（1）土壤环境质量分类　根据土壤应用功能和保护目标划分为三类：第一类主要适用于国家规定的自然保护区（原有背景重金属含量高的除外）、集中式生活饮用水源地、茶园、牧场和其他保护地区的土壤，土壤质量基本上保持自然背景水平。第二类主要适用于一般农田、蔬菜地、茶园、果园、牧场等的土壤，土壤质量基本上对植物和环境不造成危害和污染。第三类主要适用于林地土壤及污染物容量较大的高背景值土壤和矿产附近等地的农田土壤（蔬菜地除外）。土壤质量基本上对植物和环境不造成危害和污染。

（2）标准分级　一级标准为保护区域自然生态、维持自然背景的土壤环境质量的限制值。二级标准为保障农业生产、维护人体健康的土壤限制值。三级标准为保障农林业生产和植物正常生长的土壤临界值。

（3）各类土壤环境质量执行标准的级别规定　第一类土壤环境质量执行一级标准；第二类土壤环境质量执行二级标准；第三类土壤环境质量执行三级标准。表 3-5～表 3-7 列出了一些常用的土壤环境质量标准。

表 3-5　土壤环境质量标准值　（单位：mg/kg）

项目	一级	二级			三级
	自然背景	pH<6.5	pH6.5～7.5	pH>7.5	pH>6.5
镉≤	0.20	0.30	0.30	0.60	1.0
汞≤	0.15	0.30	0.50	1.0	1.5
砷（水田）≤	15	30	25	20	30
砷（旱地）≤	15	40	30	25	40
铜（农田等）≤	35	50	100	100	400
铜（果园）≤	—	150	200	200	400

续表

项目	一级	二级			三级
	自然背景	pH<6.5	pH6.5～7.5	pH>7.5	pH>6.5
铅 ≤	35	250	300	350	500
铬（水田）≤	90	250	300	350	400
铬（旱地）≤	90	150	200	250	300
锌≤	100	200	250	300	500
镍≤	40	40	50	60	200
六六六≤	0.05		0.50		1.0
滴滴涕 ≤	0.05		0.50		1.0

注：1. 重金属（铬主要是三价）和砷均按元素量计，适用于阳离子交换量＞5 cmol(+)/kg 的土壤，若阳离子交换量≤5 cmol（+）/kg，其标准值为表内数值的半数。

2. 六六六为四种异构体总量，滴滴涕为四种衍生物总量。

3. 水旱轮作地的土壤环境质量标准，砷采用水田值，铬采用旱地值。

表 3-6　确定重金属土壤临界含量的依据

体系	土壤-植物体系		土壤-微生物体系		土壤-水体系	
内容	农产品卫生质量	作物效应	生化指标	微生物计数	地下水	地表水
标准	国家或政府部门颁发的粮食卫生标准	生理指标或产量降低程度	凡 1 种以上的生物化学指标在 7d 以上出现的变化	微生物计数指标在 7d 以上出现的变化	不导致地下水超标	不导致地表水超标
标准级别	仅 1 种	减产 10% 减产 20%	≥25%	≥50%	仅 1 种	仅 1 种
			≥15%	≥30%		
			≥10%～15%	≥10%～15%		
目的	防止污染食物链，保证人体健康	保持良好的生产力和经济效益	保持土壤生态处于良性循环		不引起次生水环境污染	

表 3-7　我国主要土壤重金属临界含量　（单位：mg/kg）

元素	黑土	灰钙土	黄棕壤	砖红壤	赤红壤	红壤	紫色土（中性）	潮土
Cd	1.42	2.30	0.30	0.63	0.46	0.56	0.74	0.64
Pb	530	300	586	243	287	345	430	366
As	42	25	51	45	38	47	11	35
Cu	298	110	99	80	45	104	110	104

3.2　环境容量概述

3.2.1　环境容量的概念

环境容量是指人类和自然环境不致受害的情况下或者具体来说是在保证不超出环境目标值的前提下，区域环境能够容纳的污染物最大允许排放量。特定环境的容量与该环境的社会功能、环境背景、污染源位置、污染物的物理化学性质及环境的自净能力有关。一般的环境系统都具有一定的自净能力和自我修复外界污染物所致损伤的能力。例如河流系统，在河中各种物理、化学和生物因素作用下，进入河中的污染物浓度可迅速降低，保持在环境标准以下。这就是河流环境的自净作用使污染物稀释或转化为非污染物的过程。环境的自净作用越强，环境容量就越大。

影响环境容量的因素有两个方面：一是环境本身的特征；二是污染物的特性。不同的污染物，环境对它的净化能力不同。例如，同样数量的重金属和有机污染物排入河道，重金属容易在河底积累，有机污染物可很快被分解，河流所能容纳的重金属和有机污染物的数量不同。

研究环境容量对控制环境污染、提高经济效益、减少环境灾害具有重要的意义。①环境具有一定自净能力，可允许部分污染物稍加处理后排入环境，让环境将这些污染物消化掉，可以减少不必要的污染处理费用；②因为环境容量总是有限的，如果污染物的排放量超出它的限度，环境就会被污染，因此环境容量是环境质量控制主要指标；③了解不同污染物的特性、它们在环境中的转化过程、停留时间，对于控制污染物的累积程度、毒性聚集、减少环境灾害的暴发具有不可替代的作用。

3.2.2　绝对环境容量模型

绝对环境容量模型是指环境系统中所能容纳某种污染物的最大负荷量。它包含两个组成部分：一是基本环境容量（差值容量）；二是变动环境容量（同化容量）。

基本环境容量是指静态条件下环境所能容纳的污染物的最大负荷，该最大负荷是指环境中污染物浓度达到规定的环境标准时的负荷，一般基本环境容量模型由以下模型表示

$$\mathrm{EC}_0=\frac{V(C_\mathrm{S}-C_\mathrm{B})}{1000} \tag{3-1}$$

式中：EC_0为绝对基本环境容量（kg）；V为环境系统内某种环境介质的体积（m^3）；C_S为规定的环境标准（mg/L）；C_B为某种污染物的环境背景值（mg/L）。

变动环境容量（同化容量）是指环境的自净能力。一般在管理实践中用年环境容量来表示，它是环境中污染物的累积浓度不超过规定的容许标准值的情况下，环境系统每年所能净化的污染物的最大量。年环境容量除与规定的环境标准值和本底值有关外，还与环境对污染物的自净能力有关。若某污染物输入系统的单位负荷为A，经过一年后，被净化为A'，则该污染物的净化率（k）：$k=A'/A$，所以，年环境容量（$\mathrm{EC_a}$）为

$$\mathrm{EC_a}=k\cdot\frac{V(C_\mathrm{S}-C_\mathrm{B})}{1000} \tag{3-2}$$

因此，总的绝对环境容量为

$$\mathrm{EC_T}=\mathrm{EC}_0+\mathrm{EC_a}=(1+k)\frac{V(C_\mathrm{S}-C_\mathrm{B})}{1000} \tag{3-3}$$

绝对环境容量反映未受人类活动影响时，环境系统的自然纳污能力，是环境容量的最大值。如果输入环境系统的污染物负荷量超过了绝对环境容量，那么环境系统就要受到危害或不利的影响。

3.2.3 空间环境容量模型

空间环境容量的概念是日本学者提出来的，是按受纳污染物的环境介质的体积（或环境边界）确定的。表示为

$$EC_V = \frac{1000Q}{C_S} \tag{3-4}$$

式中：Q 为污染物控制总量（kg）；C_S 为环境系统中污染物的控制浓度（mg/L）；EC_V 为空间环境容量。一般如果用环境质量标准或排放标准代替污染物的控制浓度，那么求出的就是环境容量极限值。空间环境容量的概念可应用于大气环境的总量控制技术方面。

3.2.4 考虑自净力的环境容量模型

假设环境系统的自净力或污染物的降解速率为 K_r，污染物的允许排出总量为 Q（kg），则环境容量（EC_r）可表示为

$$EC_r = \frac{Q}{K_r} \tag{3-5}$$

实际上在现代大量人工化的环境系统中，环境系统的自净能力已不仅限于自然环境对污染物的环境容量。许多污染物的降解过程是靠大量的环保设施处理完成的，这种能力越大，相当于环境容量越大。可见环境容量不单单是一个纯自然科学的概念，它也受到社会经济技术方面因素的制约，随着经济技术的发展而变化。

3.2.5 有偿使用环境容量的模型

环境容量是一种可再生的资源。有效合理地利用环境容量，不但能够保护环境，而且能够使经济快速发展。为了实行污染物排放总量的控制，必须实行环境容量的有偿使用。

有偿使用环境容量的目的是保证环境法中规定的“谁污染，谁治理”原则及环境经济学中的“污染者付费”得到实现。有偿使用环境容量需要制定出一套科学的管理控制方案，不允许排污者将其使用环境容量的资源补偿费以生产成本的形式转嫁给社会消费者，从经济方面迫使和促进排污者改进生产工艺，提高治理或减少污染的积极性。鉴于此，提出一种环境容量有偿使用的计费模型

$$V = \alpha \cdot \beta \cdot G \cdot J + Z \tag{3-6}$$

式中：V 为使用环境容量补偿费用（元）；G 为使用环境容量的数量（t）；α为环境容量的使用率，α=某污染物的实际负荷浓度/该污染物的标准浓度；β为排放污染物的毒性系数；J 为使用单位环境容量所需的费用或单价（元/t）；Z 为超标排污收费（元）。

该模型可以用于制定有偿使用区域环境容量的费用标准。

3.3 大气环境容量

3.3.1 大气环境容量含义

大气环境容量是指某区域在一定时段内，大气环境质量维持在一定的标准浓度以内时所

允许排放的污染物总量。大气环境容量是一个取决于自然要素、污染物性质、气象常数及经济技术条件的函数。一般而言，污染物在大气环境中通过污染物之间及污染物与其他大气组分之间的化学作用和生物作用进行降解净化的过程是比较微弱的，而污染物在大气中的环境容量应当说主要是扩散稀释过程的作用。也就是说确定大气环境容量最主要的任务应当是计算环境稀释容量，由于污染物在大气环境中迁移转化的生物学和化学过程的复杂性，一般不考虑环境自净容量。对大气环境稀释容量影响较大的因素则是区域主导风向、风速、大气稳定度、污染物本底浓度、污染物排放量、排放浓度等。

3.3.2　大气环境容量模型

关于环境稀释容量的研究比较简单的有箱式模型、*P* 值控制模型，还有根据高斯扩散模型推导出的大气环境容量模型等。

3.3.2.1　大气环境容量的箱式模型

（1）封闭箱式模型　我国和日本一些学者在早期的大气环境容量模型研究中，将区域大气环境作为一个在逆温层下封闭的箱体。风从箱的一侧吹向另一侧，若风速为 u（m/s），垂直于风速方向的区域宽度为 B（m），逆温层高度为 H（m），污染物的环境质量标准为 C_S（mg/m^3），则大气环境容量 EC_{a1}（t/a）的计算模型为

$$EC_{a1} = 31.54 \times 10^{-3} C_S u H B \tag{3-7}$$

（2）开放箱式模型　实际上，自然界很少或几乎不存在封闭式的大气箱体，既有污染物的输入，又有污染物的排出。在污染物进入箱体时，既可有垂直方向的，也可有水平方向的；在污染物排出箱体时，既可以从水平方向随风力而扩散出箱体，又可以有垂直方向的干湿沉降而排出箱体。因此应将区域大气环境的箱体视为一个开放的箱体，进而计算其环境容量，模型可描述为

$$EC_{a2} = 31.54 \times 10^{-3} C_S u H B + 31.54 \times 10^{-3} \times (U_d + W_r R) C_S \tag{3-8}$$

式中：EC_{a2} 为大气环境容量（t/a）；U_d 为干沉降速率（m/s）；W_r 为湿沉降速率（m/s）；R 为降水概率（%）；其他符号的意义同式（3-7）。等式右边第一项表示由于风力输送形成的稀释环境容量，相当于封闭箱式模型中计算的大气环境容量；第二项表示由于干、湿沉降形成的大气环境容量。

3.3.2.2　大气环境容量的 *P* 值控制模型

P 值控制模型规定每个污染源排放量必须小于计算出的环境容量，对不合格的污染源，需要设计烟囱高度或减少排污。*P* 值控制模型是由高斯模式变化而得到的，并考虑了政治经济系数、风力方位系数等因素。*P* 值控制模型对二氧化硫、颗粒物和其他有害气体有三种不同的形式。对二氧化硫的形式为

$$Q = P \times 10^{-3} \times H_e^2 \tag{3-9}$$

式中：$P = P_0 \cdot P_1 \cdot P_2 \cdot P_3 \cdot P_4$，为排放指标[kg/(m^2·h)]；$P_0 = 15.37 C_S u$，为平流稀释系数[kg/(m^2·h)]，$P_1$ 为横向风稀释系数，P_2 为风方位系数，P_3 为多源密集系数，P_4 为政治经济系数；C_S 为环境质量标准（mg/m^3）；H_e 为烟囱有效高度（m）。该式适用于烟囱高度大于 40 m

或源强大于 40 kg/h 的污染源控制。

对颗粒物（一般是电站烟囱）的 P 值控制模型为

$$Q = \frac{P}{1-\eta} \times 10^{-3} \times H_e^2 \tag{3-10}$$

式中：η为除尘器效率（%）；其余符号同前。

对其他有害气体的 P 值控制模型为

$$Q = 12.8 \times 10^{-3} \times C_0 \times u_{10} \times P_2 \times P_3 \times H_e^2 \tag{3-11}$$

该式适用于高度大于 15m 的污染源。

3.3.2.3 大气环境污染物总量控制方法

进行总量控制时，一般是以连续的年平均浓度为计算基础，但计算量很大。为了简化计算，常用从典型日中选择控制日的方法来确定大气环境容量。首先根据控制日的气象条件，计算污染源对各控制点的浓度贡献，并计算出 i 污染源对 k 控制点的分担浓度 C_{ik} 和浓度分担率 P_{ik}

$$P_{ik} = C_{ik}^2 / \sum_{i=1}^{n} C_{il}^2 \tag{3-12}$$

在上述计算的基础上，可得削减后 i 污染源对 k 控制点的分担浓度 C'_{ik}

$$C'_{ik} = C_{ik} - P_{ik}(C_{0i} - C_{Si}) \tag{3-13}$$

式中：C_{0i} 为削减前日均浓度；C_{Si} 为标准规定的日均浓度。

将各污染源对 k 控制点的削减后分担浓度相加，可得削减后 k 控制点的日均浓度 C_k

$$C_k = \sum_{i=1}^{n} C'_{ik} \tag{3-14}$$

根据 i 污染源削减前后对控制点 k 的分担浓度差，可得到 i 污染源对 k 控制点的削减率（D_{ik}）

$$D_{ik} = (C_{ik} - C'_{ik}) / C_{ik} \tag{3-15}$$

从每个污染源对所有控制点的削减率中选出最大值作为该污染源的削减率。根据削减前污染源排污强度（Q）计算出该污染源的允许排放量，即环境容量 EC_{a3}

$$EC_{a3} = Q[1 - \max(D_{ik})] \tag{3-16}$$

计算出区域所有污染源的允许排放量，相加便可得到区域大气环境容量。

3.3.2.4 大气环境污染物总量分配方法

计算出以功能小区为单位的环境容量后，需对该功能区的大气环境容量进行分配。在分配中应考虑特定工厂的占有比例，中小工厂、民用取暖和其他设施的占有比例。还需要留有一定的余地，以供未来新建工厂的需要。区内各污染源的削减率与允许排放指标的分配，一般采用燃料使用法进行，其分配模型为

$$EC = AW^b \tag{3-17}$$

式中：EC 为规定的允许排放量；W 为燃料使用量；A 为计算参数，由区域总允许排放量与燃

料使用总量确定；b 为计算参数，一般 $b=0.8\sim0.9$。

3.3.3　大气环境容量计算

大气环境容量计算的技术流程包括污染因子的确定、大气环境质量现状数据收集和分析、气象数据收集和分析、大气污染源数据收集和分析、模型选取、环境容量计算。

3.3.3.1　大气环境容量计算污染因子的确定

确定大气环境容量计算基准年。在大气环境容量计算中，大气环境容量计算污染因子确定为 SO_2、PM_{10}、NO_x 等。

3.3.3.2　大气环境容量计算相关资料的收集和分析

（1）大气环境质量现状数据收集和分析　第一，原有国控点例行监测数据收集。收集所在地区近 1～5 年的环境监测资料，分析污染物的来源、大气环境质量达标情况及变化趋势。第二，大气环境质量现状监测。根据模型验证需要，如原有国控点数据密度不够，无法满足需要的，需进行大气环境质量现状监测（如风速、风向、云量和温度等气象参数）。第三，清洁对照点。对于起不到对照作用的清洁对照点，要与环境监测总站协商，进行重新调整，以真正起到清洁对照的作用。容量计算规划中应说明大气污染背景值。

（2）气象数据收集和分析　第一，气象数据收集。收集可代表该区气象条件的气象台站最近 3 年气象资料；收集的内容包括每日风向、风速、总云量、低云量，年、季（月）降水量、气压、气温、湿度等，主要目的是满足模型计算需要。如果选用相关气象台站的观测资料，还需分析该区域相关气象台站所在地区气候异同。各地区还应根据模型计算的实际需要，增加必要的气象条件实测，对大气混合层高度、逆温情况进行分析。第二，气象数据分析。利用收集的或观测的气象数据分析该地区的气象特征、大气扩散规律，给出风向频率玫瑰图、风速、大气稳定度联合频率等，选取合适的大气扩散参数，为容量计算提供必要的参数。

（3）大气污染源数据收集和分析　第一，污染源划分。一般将污染源划为面源、点源和线源。一般划分原则如下：①将居民生活和零散商业排放源作为第一类面源，其平均排放高度为 7～10 m；②将烟囱几何高度小于 30 m，且无法进一步实施控制的排放源划为第二类面源；③将烟囱几何高度大于或等于 30 m，或者虽然几何高度小于 30 m，但可以找到一种以上更有效的控制措施的排放源作为点源；④开放源、机动车排放等按面源处理。有条件的城市可以考虑增加大气污染物二次转化等因素。第二，点源调查内容。排气筒底部中心坐标（相对值或经纬度）、排气筒高度（m）及出口内径（m）、排气筒出口烟气温度（℃）、烟气出口速率（m/s）、各主要污染物正常排放量（t/a, t/h 或 kg/h）。第三，面源调查内容。将研究区在选定的坐标系内网格化。一般可取 1000 m×1000 m，城市较小时可取 500 m×500 m，按网格统计面源的下述参数：①各主要污染物排放量的时变化值，时排放系数可按各季或各月给出典型日的时变化系数；②面源排放高度（m），如网格内排放高度不等时，可按排放量加权平均取平均排放高度；③面源分类，如果源分布较密且排放量较大，当其高度差较大时，可酌情按不同平均高度将面源分为 2～3 类；④面源分布一般处理办法，面源污染源在网格中比较均匀时，采用单位面积的平均源强处理办法，其坐标采用网格中心点的 X、Y、Z 值。如果其中某一类面源在某一网格中分布非常不均匀，即相对集中而且排放量大时，为了提高计算精度，需要特殊处理，给出相对集中的面源的面积（X 和 Y 值）和该面积的中心坐标值。或者在面源非常不均匀的网格，采用加密网格的方法处理。对于排放强度大的开放源作为点源或单独的面源。第四，线源调查内容。对于机动车排放污染较重的地区，需要将高速路、快速路和主干路作为线源，选用合适的模型进行处理。机动车源的排放高度定为 1 m。将各个区域按照划分标准参考指标（表 3-8）进行等级值折算，折算值总和 $S=P+V+A$，当 $S\geqslant7$ 时，该区域被划分为机动车排放污染程度较重地区。第五，污染源分析。对重点污染源和未达标污染源进行排序并分析其贡献情况。

表 3-8　机动车排放污染程度划分标准

参考指标	划分建议限值——折算等级值	备注
人均国内生产总值（GDP）水平 P/（元/人）	$P\geqslant25000$——3；$8000\leqslant P<25000$——2；$P<8000$——1	
机动车保有量 V/万辆	$V\geqslant100$——3；$50\leqslant V<100$——2；$V<50$——1	包括摩托车
空气质量 A（NO_2 年均浓度，mg/m^3）	$A>0.08$——3；$0.04<A\leqslant0.08$——2；$A\leqslant0.04$——1	以各城市环境空气质量监测数据为准

3.3.3.3　模型选取

大气污染物的扩散规律，除了与气象条件有关外，还与区域面积的大小、下垫面即地形条件有关。一般情况，建成区面积大于 150 km^2，并且 GDP 在 500 亿元以上、第二产业占 GDP 的比例不低于 42%，或其中某项指标略低，但其他两项指标较高的区域，可选用大气扩散模型（ADMS）软件和国家环境保护部环境规划院的“大气扩散烟团轨迹模型”。建成区面积大于 100 km^2，并且 GDP 在 2000 亿元以上、第二产业占 GDP 的比例不低于 42%，或其中某项指标略低，但其他两项指标较高的区域。除了上述模型外，还可选用美国国家环境保护局推荐的“ISC-AERMOD”大气扩散模型、多维多箱空气质量预测模型、高斯模型等。当建成区面积大于 40 km^2 时，并且 GDP 在 100 亿元以上、第二产业占 GDP 的比例不低于 42%，或其中某项指标略低，但其他两项指标较高的地区。除了上述模型外，还可选用宁波市环境保护科学研究设计院六五软件工作室开发的“EIAA 环评助手”“区域大气环境总量控制管理模型”“ADMS-环评”版。在面积小于 40 km^2 时的区域，还可选用 A-P 值法。

3.3.3.4　环境容量计算

在确定地区空间内，大气环境容量并不是唯一的常量。在大气的环境目标值确定以后，当污染源的排放量一定时，大气环境容量可以随污染源的位置和排放高度、气象条件、季节、地形条件等的不同而变化。

对于具有高架源影响的区域，要分析高架源对本地区造成的影响。由于高架源参与远距离输送，对本地区影响的程度比较复杂。因此，对有排放高度高于（含）180 m 高架源的地区，在容量测算时，要分时间段分别测算：①包含所有污染源时；②去除排放高度高于（含）180 m 高架源时。

（1）现状环境容量计算　在现状排放量的基础上，利用控制点的现状浓度值，首先对模型进行验证，然后计算在原有污染源位置不变情况下的现状环境容量、各类污染源的允许排放率。在计算各污染源允许排放率时，不应采取等比率削减法确定削减量，应采取可行的、科学的削减法方案，重点考虑削减未达标源。

（2）规划年环境容量计算　根据规划期的时间和目标，调整污染物的排放标准，对污染源进行重新布局规划，进而计算规划期的环境容量。

3.4　水环境容量

水环境容量是在对流域水文特征、排污方式、污染物迁移转化规律进行充分科学研究的基础上，结合环境管理需求确定的管理控制目标。水环境容量既反映流域的自然属性（水文特性），又反映人类对环境的需求（水质目标），水环境容量将随着水资源情况的不断变化和人们环境需求的不断提高而不断发生变化。

3.4.1　水环境容量概述

3.4.1.1　定义

在给定水域范围和水文条件、规定排污方式和水质目标的前提下，单位时间内该水域最大允许纳污量，称为水环境容量。水环境容量的确定是水污染物实施总量控制的依据，是水环境管理的基础。按照污染物衰减机理，水环境容量可划分为稀释容量（$W_{稀释}$）和自净容量（$W_{自净}$）两部分（图3-1）。稀释容量是指在给定水域的来水污染物浓度低于出水水质目标时，依靠稀释作用达到水质目标所能承纳的污染物量。自净容量是指由于沉降、生化、吸附等物理、化学和生物作用，给定水域达到水质目标所能自净的污染物量。在其他条件不变的情况下，污染物排放方式的改变将影响水域的环境容量，因此水环境容量往往是一组数值。实际水环境容量的确定，是在分析稀释容量与自净容量的基础上，根据排污方式的限定与环境管理的具体需求，即在不改变排污口位置和水质目标等情况下，确定水域的环境容量（W）。

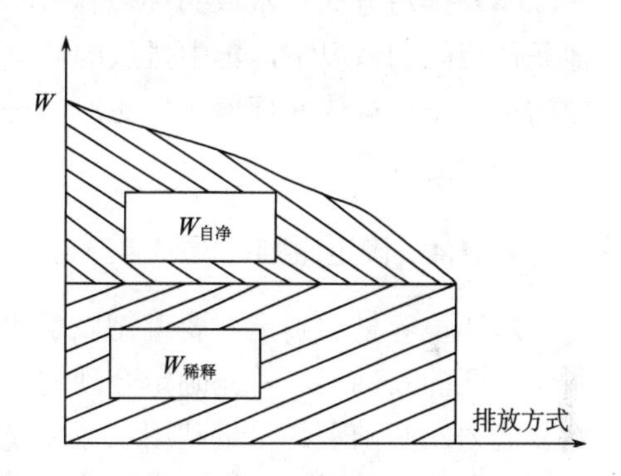

图3-1　水环境容量概念示意图

3.4.1.2　基本特征

水环境容量具有以下三个基本特征：①资源性。水环境容量是一种自然资源，其价值体现在对排入污染物的缓冲作用，即容纳一定量的污染物也能满足人类生产、生活和生态系统的需要；但水域的环境容量是有限的可再生自然资源，一旦污染负荷超过水环境容量，其恢复将十分缓慢与艰难。②区域性。受到各类区域的水文、地理、气象条件等因素的影响，不同水域对污染物的物理、化学和生物净化能力存在明显的差异，从而导致水环境容量具有明显的地域性特征。③系统性。河流、湖泊等水域一般处于大的流域系统中，水域与陆域、上游与下游、左岸与右岸构成不同尺度的空间生态系统，因此在确定局部水域水环境容量时，必须从流域的角度出发，合理协调流域内各水域的水环境容量。

3.4.1.3　影响要素

影响水域水环境容量的要素很多，概括起来主要有以下四个方面。

（1）水域特性　水域特性是确定水环境容量的基础，主要包括：几何特征（如岸边形状、水底地形、水深或体积）；水文特征（如流量、流速、降雨、径流等）；化学性质（如pH、硬度等）；物理自净能力（如挥发、扩散、稀释、沉降、吸附）；化学自净能力（如氧化、水解等）；生物衰减（如光合作用、呼吸作用）。

（2）环境功能要求　不同的水环境功能区具有不同的水质功能要求。水质要求高的水域，水环境容量小；水质要求低的水域，水环境容量大。例如，对于化学需氧量（COD）环境容量，要求达Ⅲ类水域的环境容量仅为要求达Ⅴ类水域环境容量的1/2。

（3）污染物　不同污染物具有不同的物理化学特性和生物反应规律，对水生生物和人体健康的影响程度不同。因此，不同的污染物具有不同的环境容量，但又具有一定的联系和影响，提高某种污染物的环境容量可能会降低另一种污染物的环境容量。因此，对单因子计算出的环境容量应作一定的综合影响分析，较好的方式是联立约束条件，同时求解各类需要控制的污染物质的环境容量。

（4）排污方式　水域的环境容量与污染物的排放位置和排放方式有关。一般来说，在其他条件相同的情况下，集中排放的环境容量比分散排放的小，瞬时排放的环境容量比连续排放的小，岸边排放的环境容量比河心排放的小。因此，限定的排污方式是确定环境容量的一个重要确定因素。

3.4.1.4　确定原则

水环境容量的确定，要遵循以下两条基本原则：一是保持环境资源的可持续利用。要在科学论证的基础上，首先确定合理的环境资源利用率，在保持水体有不断的自我更新与水质修复能力的基础上，尽量利用水域环境容量，以降低污水治理成本。二是维持流域各段水域环境容量的相对平衡。影响水环境容量确定的因素很多，筑坝、引水、新建排污口和取水口等都可能改变整个流域内水环境容量分布。因此，水环境容量的确定应充分考虑当地的客观条件，并分析局部水环境容量的主要影响因素，以利于从流域的角度合理调配环境容量。

3.4.2　水环境容量模型

污染物进入水体后，在水体中进行平流输移、纵向离散和横向混合，同时与水体发生物理、化学和生物作用，使水体中污染物浓度逐渐降低。为了客观描述水体污染物衰减规律，可以采用一定的数学模型来描述，主要有零维模型、一维模型、二维模型等。

3.4.2.1　零维模型

污染物进入河流水体后，在污染物完全均匀混合断面上，污染物的指标无论是溶解态的，还是颗粒态的，总浓度均可按节点平衡原理来推出。对于河流，零维模型常见的表现形式为河流稀释模型；对于湖泊与水库，零维模型的主要表现形式为盒模型。

符合下列两个条件之一的环境问题可概化为零维问题：第一，河水流量与污水流量之比在10～20；第二，不考虑污水进入水体的混合距离。

对于河流，常用零维模型解决的问题有：①不考虑混合距离的重金属污染物、部分有毒物质等其他保守物质的下游浓度预测与允许纳污量的估算；②有机物衰减性物质的衰减项可忽略；③对于有机物衰减性物质，需要考虑衰减。要求计算精度高和实用性较好时，最好用一维模型求解。

对于湖泊、水库，常用零维模型解决的问题类型有：①不存在分层现象且无须考虑混合区域范围的湖泊、水库中的富营养化问题和热污染问题；②可依据流场、浓度场等分布规则进行分盒的湖泊和水库，其环境问题均可按零维盒模型处理。常见的零维模型如下。

（1）定常设计条件下河流稀释混合模型　定常是指计算中假设河水流量、河水中某种污染物浓度、污水流量、污水中污染物的浓度都是常量。在完全混合的情况下，污水排入河流后，对于点源河水的稀释混合模型为

$$C=\frac{QC_P+qC_E}{Q+q} \tag{3-18}$$

式中：C为完全混合后河水中的污染物浓度（mg/L）；Q、q分别为河水和污水流量（m^3/s）；C_P、C_E分别为混合前河水、污水污染物浓度（mg/L）。

令C为一定的水质标准值（C_S），则污水排放量与水质标准的关系式为

$$qC_E=C_S(Q+q)-QC_P$$

令$qC_E=EC_1$，则有

$$EC_1=C_S(Q+q)-QC_P \tag{3-19}$$

EC_1就是定常稀释水环境容量。一般情况下河水流量Q远远大于污水流量q。所以式（3-19）可写为

$$EC_1=(C_S-C_P)Q \tag{3-20}$$

由于污染源作用可线性叠加，多个污染源排放对控制点或控制断面的影响等于各个污染源单个影响作用之和，符合线性叠加关系。单点源计算可叠加使用，计算多点源条件。

对于沿程有非点源分布入流时，可按下式计算河段污染物的浓度

$$EC_2=\frac{QC_P+qC_E}{Q_{控}}+\frac{W_S}{86.4Q_{控}} \tag{3-21}$$

$$Q_{控}=Q+q+(Q_S/x_S)x \tag{3-22}$$

式中：W_S为沿程河段内非点源汇入的污染物总负荷量（kg/d）；$Q_{控}$为下游x距离处河段流量（m^3/s）；Q_S为沿程河段内非点源汇入的污染物总负荷量（m^3/s）；x_S为控制河段总长度（km）；x为沿程距离（$0<x\leqslant x_S$，km）。

上游有一点源排放，沿程有非点源汇入，点源排污口与控制断面之间的河流水环境容量EC_3计算模型

$$EC_3=C_S(Q+q+Q_S)-QC_P \tag{3-23}$$

上述方程虽然既适合于溶解态、颗粒态的指标，又适合于河流中的总浓度，但是要将溶解态和吸附态的污染指标耦合考虑，应引入分配系数的概念。

分配系数K_P的物理意义是在平衡状态下，某种物质在固液两相间的分配比例。

$$K_P = \frac{X}{C} \tag{3-24}$$

式中：C 为溶解态浓度（mg/L）；X 为单位质量固体颗粒吸附的污染物质量（mg/kg）。

对于需要区分出溶解态浓度的污染物，可用下式计算

$$C = \frac{C_T}{1+K_P} \cdot SS \cdot 10^{-6} \tag{3-25}$$

式中：C 为溶解态浓度（mg/L）；C_T 为总浓度（mg/L）；SS 为悬浮固体浓度（mg/L）；K_P 为分配系数（L/kg）。

（2）概率分布设计条件下的河流稀释混合模型　概率稀释混合模型与定常稀释混合模型的区别在于：概率稀释混合模型把定常稀释混合模型中的输入变量 Q_P、C_P、Q_E、C_E 等设定为独立的随机变量，并服从对数正态分布，估算污水、河水混合浓度的概率分布。其基本表达式为

$$P_r\{C_0 > S\} = P\left\{\frac{C_P \cdot Q_P + C_E \cdot Q_E}{Q_P + Q_E} > S\right\} \tag{3-26}$$

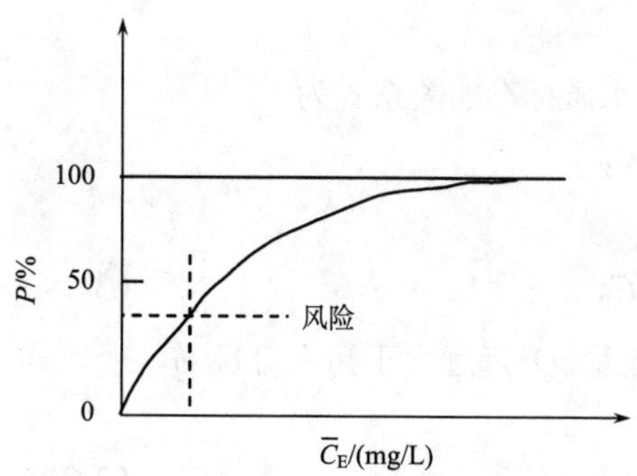

图 3-2　排放浓度与超标率（P_r）关系

通过矩量近似法或求积法，可以对公式进行求解，得出河水浓度的概率分布图 3-2。由于在超标率计算时，假定排污总量中排污水量不变，改变排污浓度。因此在给定达标率（或超标率）的条件下反推 $\overline{C}_E$，乘以排污水量，可求出允许纳污量。

（3）湖泊、水库的盒模型　当我们以年为时间尺度来研究湖泊、水库的富营养化过程时，往往可以把湖泊看作一个完全混合反应器，这样盒模型的基本方程为

$$\frac{V\mathrm{d}C}{\mathrm{d}t} = QC_E - QC + S_C + r(c)V \tag{3-27}$$

式中：V 为湖泊中水的体积（m^3）；Q 为平衡时流入与流出湖泊的流量（m^3/a）；C_E 为流入湖泊的水量中水质组分浓度（g/m^3）；C 为湖泊中水质组分浓度（g/m^3）；S_C 为非点源一类的外部源和汇（m^3）；$r(c)$为水质组分在湖泊中的反应速率。

式（3-27）为基本方程。如果反应器中只有反应过程，则 $S_C = 0$，则式（3-27）变为

$$\frac{V\mathrm{d}C}{\mathrm{d}t} = QC_E - QC + r(c)V \tag{3-28}$$

当所考虑的水质组分在反应器内的反应符合一级反应动力学，而且是衰减反应时，则

$$r(c) = -KC$$

式（3-27）又变为以下形式

$$\frac{V\mathrm{d}C}{\mathrm{d}t} = QC_E - QC - KCV \tag{3-29}$$

K 是一级反应速率常数（$1/t$）。当反应器处于稳定状态时，$\mathrm{d}C/\mathrm{d}t = 0$，可得到下式

$$QC_E - QC - KCV = 0$$

$$C = \frac{QC_E}{Q + KV} \tag{3-30}$$

3.4.2.2 一维模型

对于河流而言，一维模型假定污染物浓度仅在河流纵向上发生变化，主要适用于同时满足以下条件的河段：①宽、浅河段；②污染物在较短的时间内基本能混合均匀；③污染物浓度在断面横向方向变化不大，横向和纵向的污染物浓度梯度可以忽略。

如果污染物进入水域后，在一定范围内经过平流输移、纵向离散和横向混合后达到充分混合，或者根据水质管理的精度要求允许不考虑混合过程而假定在排污口断面瞬时完成均匀混合，即假定水体内在某一断面处或某一区域之外实现均匀混合，则不论水体属于江、河、湖、库的哪一类，均可按一维问题概化计算条件。在一维情况下，河水中污染物的衰减符合一级动力学规律。

（1）点源排放下一维河流的水环境容量模型 如果某河段上有 n 个污染源，河流的流量为 Q，平均流速为 u，则将河段分为相应的 n 个小段 L_i，每一断面 x_i 处的浓度形成有两个方面，一是前一河段污染源排出污染物到达该断面时经过自净降解后的浓度，二是该河段污染源排放的污染物经稀释混合后的浓度。根据一级反应动力学衰减规律，某一河段末浓度$[C(x_i)]$与河段初始浓度$[C(x_{i-1})]$有如下关系

$$C(x_i) = C(x_{i-1})\exp\left(-\frac{k}{u}\cdot\frac{l}{n}\right) \tag{3-31}$$

式中：k 为污染物的综合降解速率；l 为河段的长度。

若取 C_S 为规定的水质标准，则该河段的总的自净力 E 为

$$E_n = \sum\left|C(x_{i-1}) - C(x_i)\right| = nC_S\left[1 - \exp\left(-\frac{k}{u}\cdot\frac{l}{n}\right)\right] \tag{3-32}$$

当 n 趋向无穷大时，则

$$E = \lim_{n\to\infty} E_n = \lim_{n\to\infty} C_S\left\{n\left[1 - \exp\left(-\frac{k}{u}\cdot\frac{l}{n}\right)\right]\right\} = C_S kl/u \tag{3-33}$$

如果河长 l 单位为 km，u 单位为 m/s，C_S 单位为 mg/L，河流自净力极大值 E 单位为 mg/L，经过量纲换算，则式（3-33）可写为

$$E = C_S kl/86.4u \tag{3-34}$$

将稀释容量公式和自净容量公式联合，可得一维河流的总环境容量模型

$$\mathrm{EC}_1 = [86.4(C_S - C_P) + kC_S l/u]\cdot Q \tag{3-35}$$

如果该河段有 n 条支流汇入，其流量分别为 Q_1，Q_2，…，Q_n，各支流段的长度分别为 x_1，x_2，…，x_n，并且假设流速 u 和背景值 C_P 相同，则干流的水环境容量模型可描述为

$$\mathrm{EC}_{总} = 86.4[(C_S - C_P)Q + (C_S - C_P)Q_1 + \cdots + (C_S - C_P)Q_n] + \frac{kC_S l}{u}Q + \frac{kC_S l}{u}Q_1 + \cdots + \frac{kC_S l}{u}Q_n \tag{3-36}$$

（2）沿程有面源汇入情况下的河流水环境容量模型 流域面源污染是河水被污染的又一

主要原因，而且面源污染存在许多不确定性，其产生和迁移机制远比点源污染复杂得多，牵涉的因素众多。为了能了解面源污染对河水所造成的污染贡献程度，在此我们假设河流断面上游有一点污染源流，沿程有面源汇入，并且流域面源的分布比较均匀，此时，河流的水环境的自净容量（EC_r）模型可写为

$$EC_r=(Q+q)\left[\left(C_S-\frac{C_r}{E_r}\right)\cdot\left(\frac{Q_0+Q_S}{Q_0}\right)^{E_r}-\frac{C_r}{E_r}-C_S\right] \tag{3-37}$$

式中：C_r为沿程面源汇入的某种污染物的平均浓度（mg/L）；Q_0为点源排水流量（q）和河流上游来水流量（$Q_上$）之和（m^3/s）；Q_S为沿程面源汇入的流量（m^3/s），$Q_S=[(Q_i-Q_0)x]/x_i$，其中 Q_i 为下游控制断面处的流量（m^3/s），x_i 为排污口到下游控制断面之间的距离（km），x 为沿程距离（km）；E_r为面源污染系数，$E_r=(116500KA+Q_S)/Q_S$，其中 A 为河段平均断面面积（km^2）。

河流的总容量包括稀释容量和包含面源污染的河流自净容量，所以点源排污口与控制断面之间的河段水环境容量总量（EC_t）模型为

$$EC_t=(q+Q)\left[\left(C_S-\frac{C_R}{E_r}\right)\cdot\left(\frac{Q_0+Q_S}{Q_0}\right)^{E_r}-\frac{C_r}{E_r}\right]-QC_P \tag{3-38}$$

在一个深的有强烈热分层现象的湖泊或水库中，一般认为在深度方向的温度和浓度梯度是重要的，而在水平方向的温度和浓度则是不重要的，此时湖泊、水库的水质变化可用一维模型来模拟。

3.4.2.3　二维模型

当水中污染物浓度在一个方向上是均匀的，而在其余两个方向是变化的情况下，一维模型不再适用，必须采用二维模型。河流二维对流扩散水质模型通常假定污染物浓度在水深方向是均匀的，而在纵向、横向是变化的。

（1）中心排放条件下河流水环境容量模型

$$EC_{xy1}=86.4(C_S-C_P)hu_x\sqrt{4D_y\pi x/u_x}\exp\left(\frac{u_xy^2}{4D_yx}\right)\cdot\exp\left(K\frac{x}{u_x}\right) \tag{3-39}$$

式中：EC_{xy1}为二维河流边界稳定条件下的河流水环境容量（kg/d）；C_S为河流水质标准（mg/L）；C_P为河水中某污染物的背景浓度值（mg/L）；h 为污染带起始断面平均水深（m）；u_x 为污染带内的纵向平均流速（m/s）；D_y 为河流横向弥散系数（m^2/s）；x 为敏感点到排污口的纵向距离（m）；y 为敏感点到排污口所在岸边的横向距离（m）；K 为污染物综合衰减系数（1/s）；π 为圆周率。

（2）边界排放条件下河流水环境容量模型

$$EC_{xy2}=43.2(C_S-C_P)hu_x\sqrt{4D_y\pi x/u_x}\exp\left(\frac{u_xy^2}{4D_yx}\right)\cdot\exp\left(K\frac{x}{u_x}\right) \tag{3-40}$$

式中：EC_{xy2}为二维河流边界稳定条件下的河流水环境容量（kg/d）；其余符号意义同前。

对比式（3-39）和式（3-40）可以发现计算结果前者是后者的 2 倍，这说明中心排放情

况下，河流能够在保证水质要求的前提下容纳更多的污染物。

同一维模型相比，二维模型控制偏严，适合于饮用水水源地河段的纳污能力计算。

3.4.2.4　水环境中重金属的环境容量模型

水环境中重金属的环境容量比较难确定，原因之一是其迁移转化形式比较复杂，包括水解、络合、离解、吸附、沉淀、中和、吸收等各种物理化学和生物化学过程，将这些过程全部精确描述出来，几乎是不可能的，因此在定量描述中一般只考虑主要过程而忽略一些次要的过程。原因之二是由于水环境中的重金属具有不同的形态，不同形态的重金属的生态毒性差别很大。原因之三是重金属在水环境中被悬浮物或底泥吸附后，其毒性并不降低，随后被逐渐释放到水中，仍旧具有毒性。原因之四是由于重金属在生物链的食物传递过程中具有逐渐累积和浓缩的作用，最终必然对人类产生危害。原因之五是由于重金属在水环境中迁移转化的过程以悬浮物为载体，水中胶体化学过程对其影响较大。

鉴于上述原因，至今尚无理论上十分成熟的重金属水环境容量计算模型，一些具体流域的重金属水环境容量模型也都具有一定的经验性。根据水环境中重金属存在的 3 种状态——溶解态、以悬浮物为载体随水移动、被底泥吸附，可将水环境中重金属容量的计算分为两个方面。

一是在底泥以上的水体中的重金属水环境容量，这包括溶解态重金属和以悬浮态存在的重金属。其中溶解态重金属的含量不能超过规定的水质标准。这部分重金属的水环境容量计算模型为

$$EC_{m_1}=86.4\times\left[C_S(Q+q)-C_PQ-(Q+q)\frac{\Delta SS\cdot K_P\times10^{-6}}{1+K_P\cdot SS_P\times10^{-6}}\right] \tag{3-41}$$

式中：EC_{m_1} 为底泥以上水体中的重金属水环境容量（kg/d）；Q 和 q 分别为河流干流流量和外部支流汇入量（m^3/s）；C_P、C_S 分别为水环境中某种重金属的背景浓度和水质标准（mg/L）；SS_P 为未发生冲刷前悬浮物浓度（mg/L）；ΔSS 为排污口与控制断面之间悬浮物浓度差（mg/L）；K_P 为重金属的固液相分配系数（L/kg）。

二是底泥中重金属的含量不能超标。由于目前关于底泥中重金属的含量尚无权威性标准，因此一般以底泥与水体吸附达到平衡后，底泥中重金属含量不超过水质标准为准，有些专家推荐以不超过当地土壤重金属背景值的两倍标准差为宜。于是考虑量纲换算后，底泥中重金属水环境容量计算模型为

$$EC_{m2}=(C_SAH\rho)/500 \tag{3-42}$$

式中：EC_{m2} 为底泥中的重金属水环境容量（g）。这里需要注意，由于考虑的是底泥和水体达到吸附平衡后的情况，因此没有考虑水中重金属的沉降和底泥中重金属的再悬浮和再溶解过程，所以底泥中重金属的容量以质量单位表示，没有时间上的概念。C_S 为当地土壤重金属背景值的标准差（mg/kg）；A 为河床底泥的面积（m^2）；H 为底泥平均深度（m）；ρ 为污染带底泥的密度（kg/m^3）。

3.4.2.5　衰减系数确定方法

污染物的生物衰减、沉降和其他物理化学过程，可概括为污染物综合衰减系数，主要通

过水团追踪实验、实测资料反推法、类比法、分析借用法等方法确定。计算模型参数可采用经验法和实验法确定，应进行必要的论证和检验。

（1）水团追踪实验 选择合适的河段，布设监测断面，确定实验因子。测定排污口污水流量、污染物浓度（实验因子），测定实验河段的水温、水面宽、流速等。根据流速，计算流经各监测断面的时间，按计算的时间在各断面取样分析，并同步测验各监测断面水深等水文要素。整理分析实验数据，计算确定污染物综合衰减系数。

（2）实测资料反推法 用实测资料反推法计算污染物综合衰减系数，首先要选择河段，分析上、下断面水质监测资料，其次分析确定河段平均流速，利用合适的水质模型计算污染物综合衰减系数，最后采用邻近时段水质监测资料验证计算结果，确定污染物综合衰减系数。

（3）类比法 搜集国内外河流已有研究成果资料，结合各研究河段的具体情况，类比分析确定各研究河段污染物衰减系数。一般情况五日生化需氧量（BOD_5）衰减系数 K 值的下限或变化范围≤0.35 d^{-1} 的占 70.8%。根据以往的研究成果可知，COD_{Cr} 衰减系数比 BOD_5 要小，为 BOD_5 衰减系数的 60%～70%。以此推断，大约有 70%以上的河流，其 COD_{Cr} 衰减系数为 0.20～0.25 d^{-1}。

（4）分析借用法 对于以前在环境影响评价、环境规划、科学研究、专题分析等工作中可供利用的有关数据、资料经过分析检验后采用。

3.4.3 水环境容量计算

3.4.3.1 计算步骤

通常情况下，水域的环境容量计算可以按照以下 5 个步骤进行。

（1）水域概化 将天然水域（如河流、湖泊、水库）概化成计算水域，例如，天然河道可概化成顺直河道，复杂的河道地形可进行简化处理，非稳态水流可简化为稳态水流等。水域概化的结果，就是能够利用简单的数学模型来描述水质变化规律。同时，支流、排污口、取水口等影响水环境的因素也要进行相应的概化。若排污口距离较近，可把多个排污口简化成集中的排污口。

（2）基础资料调查与评价 包括调查与评价水域水文资料（如流速、流量、水位、体积等）和水域水质资料（如多项污染因子的浓度值），同时收集水域内的排污口资料（如废水排放量与污染物浓度）、支流资料（如支流水量与污染物浓度）、取水口资料（如取水量、取水方式）、污染源资料（如排污量、排污去向与排放方式）等，并进行数据一致性分析，形成数据库。

（3）选择控制点（或边界） 根据水环境功能区划和水域内的水质敏感点位置分析，确定水质控制断面的位置和浓度控制标准。对于包含污染混合区的环境问题，则需根据环境管理的要求确定污染混合区的控制边界。

（4）建立水质模型 根据实际情况选择建立零维、一维或二维水质模型，在进行各类数据资料的一致性分析的基础上，确定模型所需的各项参数。

（5）容量计算分析 应用设计水文条件和上、下游水质限制条件进行水质模型计算，采用试算法（根据经验调整污染负荷分布反复试算，直到水域环境功能区达标）。

3.4.3.2　计算方法

（1）河流水环境容量计算　河流是最常见、最基本的纳污水域。河流的水环境容量所占比例很大。在此简要介绍河流稳态情况下水环境容量计算的基本方法。

第一，不考虑混合区的水环境容量。河流一维水质模型由河段和节点两部分组成，节点指河流上排污口、取水口、干支流汇合口等造成河道流量发生突变的点，水量与污染物在节点前后满足物质守恒规律。河段指河流被节点分成的若干段，每个河段内污染物的自净规律符合一阶反应规律。如图 3-3 所示，假定功能区内有 i 个节点，则将河流分成 $i+1$ 个河段。在节点处，要利用节点均匀混合模型进行节点前后的物质守恒分析，确定节点后的河段流量和污染物浓度。节点后的河段要以节点平衡后的流量和污染物浓度为初始条件，按照一维衰减规律计算到下一个节点前的污染物浓度。

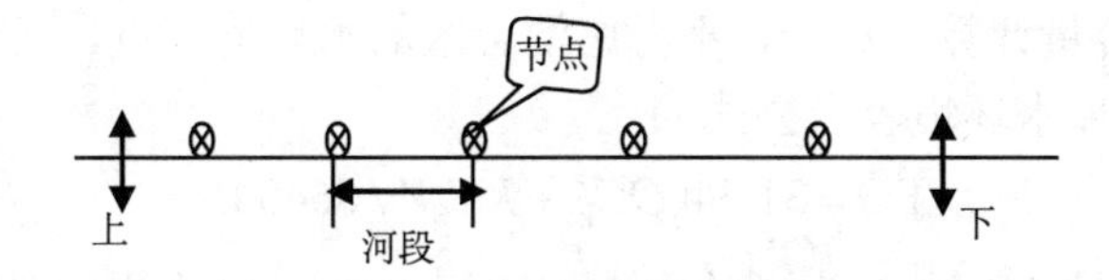

图 3-3　河流一维模型概化示意图

首先计算干流、支流、取水口、排污口均在同一节点的最复杂情况下的水量平衡，方程为

$$Q_{干流混合后} = Q_{干流混合前} + Q_{支流} + Q_{排污口} - Q_{取水口} \tag{3-43}$$

再计算污染物的平衡，方程为

$$C_{干流混合后} = \frac{C_{干流混合前} \cdot Q_{干流混合前} + C_{支流} \cdot Q_{支流} + C_{排污口} \cdot Q_{排污口} + C_{取水口} \cdot Q_{取水口}}{Q_{干流混合前} + Q_{支流} + Q_{排污口} + Q_{取水口}} \tag{3-44}$$

最后将 $C = C_i + (W_i / 31.54) / (Q_i + Q_j)$ 代入模型，得到一维水环境容量模型的计算公式

$$W_i = 31.54[C \cdot e^{Kx/(86.4u)} - C_i] \cdot (Q_i + Q_j) \tag{3-45}$$

式中：W_i 为第 i 个排污口允许排放量（t/a）；C_i 为河段第 i 个节点处的水质本底浓度（mg/L）；C 为沿程浓度（mg/L）；Q_i 为河道节点后流量（m^3/s）；Q_j 为第 i 节点处废水入河量（m^3/s）；u 为第 i 个河段的设计流速（m/s）；x 为计算点到第 i 节点的距离（m）；K 为综合衰减系数（d^{-1}）。

第二，考虑混合区的水环境容量：在排放口下游指定一个限定区域，使污染物进行初始稀释，在此区域内可以超过水质标准，这个区域称为混合区。在排放口与取水口发生矛盾时，在预测向大水体排放污水的影响范围及在研究改变排放方式的效果时，都必须进行混合区范围计算。

混合区具有位置、大小和形状三个要素。混合区位置是指按照国家的有关规定确定的，有些严格保护的水域不允许混合区存在。混合区大小，是指允许混合区存在的水域面积，混合区边界不应该影响鱼类洄游通道和邻近功能区水质，一般来说，湖泊、海湾内可存在总面积不大于 3 km^2 的混合区，河口、大江、大河的混合区可根据具体情况确定。混合区形状，是指为便于混合区的管理，将混合区划定为比较简单的形状设置在水中，湖泊中一般允许一定半径的圆形或椭圆形水域；在河流中，河道中一般允许一定范围的岸边窄长水域。

计算混合区的方法很多，有解析法、紊流模型法。由于简化了河岸、地形等多项边界条件，利用解析法虽然能够得出初步的计算结果，但往往误差较大。利用二维紊流模型进行数值计算，由于涉及的计算条件比较复杂，可能需要大量的实测资料来校正模型，不具备普遍推广应用的条件。因此，建议在实际工作时可先利用解析法求解得出一些初步的结果，然后根据实际监测情况对初步结果进行修正。

$$[W]=86.4\exp\left(\frac{z^2u}{4E_y x_1}\right)\left[C_S\exp\left(K-\frac{x_1}{86.4u}\right)-C_0\exp\left(-K\frac{x_2}{86.4u}\right)\right]h\cdot u\sqrt{\pi E_y\frac{x_1}{1000u}} \tag{3-46}$$

式中：86.4 为单位换算系数；W 为水环境容量（kg/d）；C_S 为控制点水质标准（mg/L）；C_0 为上游断面来水污染物设计浓度（mg/L）；K 为污染物综合衰减系数（d^{-1}）；h 为设计流量下污染带起始断面平均水深（m）；x_1、x_2 分别为概化排污口至上、下游控制断面的距离（km）；u 为设计流量下污染带内的纵向平均流速（m/s）；E_y 为横向扩散系数（m^2/s）；z 为水深度（m）。

（2）湖库水环境容量计算　第一，不考虑混合区的水环境容量。当 C 为湖泊功能区要求浓度标准 C_S 时，则湖库水环境容量公式为

$$\mathrm{EC}=31.54(QC_E+KC_SV/86400) \tag{3-47}$$

式中：EC 为水环境容量（t/a）；V 为湖泊中水的体积（m^3）；Q 为平衡时流入与流出湖泊的流量（m^3/s）；C_E 为流入湖泊的水量中水质组分浓度（mg/L）；K 为一级反应速率常数（d^{-1}）。

第二，考虑混合区的水环境容量。在实际计算湖泊水环境容量时，利用上述方法得出的环境容量往往误差较大，类似河流的情况，需要限定污染混合区边界进行混合区内的二维水质模拟计算分析，以混合区边界为约束，得出环境容量。

3.5　土壤环境容量

3.5.1　土壤环境容量含义

目前，关于土壤环境容量的概念可概括为两种观点。一种观点认为，污染物质在土壤中的含量未超过一定浓度时，在作物体内不会产生明显的累积或造成危害作用，只有当含量超过一定浓度之后，才有可能产出超过食品卫生标准的作物或使作物受到危害而减产。因此，土壤存在一个可承纳一定污染物而不致污染作物的量。一般将土壤所允许承纳污染物质的最大负荷量称为土壤环境容量。另一种观点是从生态学观点出发，认为在不使土壤生态系统的结构和功能受到损害的条件下，土壤中所能承纳污染物的最大负荷量。从这一概念出发，必须确定污染物对土壤生态系统的结构和功能的影响，以及系统结构和功能方面的要求，从而确定土壤环境容量。

土壤临界容量是确定土壤环境容量的一个十分重要的因素，它在很大程度上决定着土壤的容纳能力。土壤生态系统对污染物的容量是有限的。因此，在获得土壤污染的各种生态效应、环境效应及各种单一体系的临界含量后，应采用各种效应的综合临界指标，得出整个生态系统的临界含量，以此作为环境标准的依据和确定土壤环境容量的依据。

土壤是一个复杂的系统，进入土壤的污染物会发生一系列的物理、化学和生物化学反应过程，从而降低了污染物的浓度或改变其形态，进一步使得污染物的毒性降低或消除。土壤的这一作用称为自净作用。由此可知，土壤环境容量可分为动容量和静容量。土壤静容量是

指衡量土壤允许量时需要的基准含量水平，也称标准容量。此容量没有考虑土壤的自净作用。将土壤自净作用降低的污染物量和静容量相加就得到了土壤动容量。

在确定土壤环境容量时，应充分考虑污染物的特性，对非积累性的污染物，它们在环境中停留时间短，依据土壤环境的绝对容量参数来控制这类污染有重要意义。积累性的污染物在土壤环境中能产生长期的毒性效应，对这类污染物主要根据年容量这个参数来控制，使污染物的排放与土壤环境的净化速率保持平衡。总之，污染物的排放，必须控制在环境的绝对容量和年容量之内，才能有效地消除或减少污染危害。

3.5.2 土壤元素的背景值

土壤元素的背景值是研究土壤环境容量的基础，是制定环境质量标准的主要依据之一。在理论意义上讲，土壤元素的背景值是指土壤在自然成土过程中所形成的固有的地球化学组成和含量。但是，土壤是一个复杂的开放系统，它一直处在不断的发展和演化中，随着人类对土壤的需求加大，地球上很难找到不受人类影响的土壤。因此，土壤元素的背景值只能代表土壤某一发展演变阶段的一个相对意义上的数值。我国土壤元素的背景值有 60 余种元素，还包括稀土元素。土壤是地壳表层岩石风化与成土作用的产物，化学组成相对稳定，元素含量变化水平与变化幅度也相对固定。除了污染点外，世界各地同一类土壤的化学元素之间有较高的可比性。

3.5.3 土壤环境容量模型

土壤对污染物具有一定容量的基础是土壤的缓冲性能。这种缓冲性能包括土壤本身对污染物的自净能力，反映化学物质进入土壤后，由一系列化学反应和物理、生物过程所控制的物质形态、转化性质等行为。

据研究认为，土壤环境容量是通过特定的参比手段而得到的，它随条件而变。土壤环境容量是一个范围值，而不是一个确定的值。它受土壤性质、环境条件等多种因素的影响和制约。但一般为了研究和应用方便起见，人们仍将土壤环境容量作为一个特定的值看待，只不过在使用这个特定的土壤环境容量值时，强调研究的环境条件、土壤性质等的一致性。

研究土壤环境容量，构造数学模型是重要的方法。由于大多数情况下，土壤污染是由污水灌溉引起的，因此一般的土壤环境容量数学模型都是针对污灌而得出的研究成果。

3.5.3.1 静态土壤环境容量模型

静态土壤环境容量是以静止的方法来度量在不危害土壤生态系统及不影响土壤中生长的农产品质量的前提下，土壤中能够容纳污染物的量。可用如下的公式计算

$$\mathrm{EC_{S1}} = 10^{-6} \times M(C_\mathrm{S} - C_\mathrm{B}) \tag{3-48}$$

式中：C_B 为土壤中某种污染物的背景含量（mg/kg）；C_S 为某种土壤的环境质量标准（mg/kg）；M 为耕作层土壤的质量（kg/hm^2）；$\mathrm{EC_{S1}}$ 为静态土壤环境容量（kg/hm^2）。

如果考虑人为污染的因素，如污水灌溉一定年限后的静态土壤环境容量模型，或称土壤存留容量模型，将式（3-48）改写为

$$\mathrm{EC_{S2}} = 10^{-6} \times M(C_\mathrm{S} - C_\mathrm{B} - C_\mathrm{w}) \tag{3-49}$$

式中：C_w为人为因素导致的土壤中污染物增加量（mg/kg）；其余符号意义同式（3-48）。

式（3-49）说明受人为因素污染的土壤，其存留的静态环境容量将变小，更容易被污染到有害的程度。

对比 EC_{S1} 和 EC_{S2}，我们可以得到土壤静态环境容量的存留百分数，以此来衡量土壤中尚剩余的静态环境容量（PC），计算式如下

$$PC = \frac{EC_{S2}}{EC_{S1}} \times 100\% \tag{3-50}$$

3.5.3.2　动态土壤环境容量模型

土壤环境容量的变化主要反映在耕作层中所含有的污染物的量的变化上。一方面，土壤耕作层是土壤和外部环境进行物质交换和能量转换的重要场所。另一方面，由于土壤是一种三相共存体系，各种物质在土壤中进行的迁移、累积、转变等过程是十分复杂的，甚至对许多种物质在土壤三相体系中的物理、化学行为还不是十分清楚，因此要完全由污染物在土壤中的物理、化学过程导出其环境容量模型是困难的，甚至是不可能的。

但是，我们将土壤三相体系作为一个黑箱系统，不关心系统内部的具体物理、化学过程，而只注重其输入-输出的变化，则可得出比较简单的结论。其实物质在土壤耕层中的变化取决于以下三个方面的因素：①污染物在土壤中的背景值，它是自然的、相对稳定的。如果某种污染物在土壤中背景值越高，则其环境容量就越小。②外界环境的输入导致土壤中污染物质含量的增加，这种外部输入一般包括大气干湿沉降、污水灌溉、污泥肥田、化肥施用、地表汇水等几种因素。③土壤向外界环境系统的输出，包括作物吸收、淋溶渗透、地表径流、蒸发扩散等。

综合考虑上述因素，在一定时间内，土壤耕层系统中污染物的输入-输出的动态关系可用下述数学模型表示

$$M\frac{dC}{dt} = K_1 + K_2 + K_3 + K_4C_w - MK_5C - MK_6C - K_7C \tag{3-51}$$

式中：M为耕作层土壤质量（kg/m^2）；C为土壤中某种污染物（一般指重金属元素）的含量（mg/kg）；t为时间（a）；K_1为每年由大气干沉降带入的污染物量[$mg/(m^2·a)$]；K_2为每年由大气湿沉降（如降雨、降雪）带入的污染物量[$mg/(m^2·a)$]；K_3为每年通过施肥带入的污染物量[$mg/(m^2·a)$]；K_4为每年的污水灌溉量[$m^3/(m^2·a)$]；C_w为污灌水中污染物的浓度（mg/m^3）；K_5为土壤中污染物的年渗透率（%）；K_6为作物富集系数（%）；K_7为径流系数[$kg/(m^2·a)$]。

对上述模型，令 $a = \frac{K_1 + K_2 + K_3 + K_4C_w}{M}$，$b = K_5 + K_6 + \frac{K_7}{M}$，则式（3-51）可变为

$$\frac{dC}{dt} = a - bC \tag{3-52}$$

这是一个一阶线性微分方程，可用易变系数法求解得

$$C(t) = C_1e\int -bdt + e\int -bdt \cdot \int a \cdot e\int bdtdt = C_1e^{-bt} + \frac{a}{b} \cdot e^{-bt} \cdot (e^{bt} + C_2) = \frac{a}{b} + C_{12}e^{-bt}$$

其中的 C_1、C_2、C_{12} 均为常数项，将初始条件 $C_{(t=0)}=C_0$ 代入上式可得

$$C(t)=C_0\mathrm{e}^{-bt}+\frac{a}{b}(1-\mathrm{e}^{-bt}) \tag{3-53}$$

这就是土壤中某种污染物的动态含量变化预测模型。将式（3-52）和式（3-53）相结合，便可得到动态土壤环境容量模型

$$\mathrm{EC_{S3}}(t)=10^{-6}\times M[C_\mathrm{S}-C(t)] \tag{3-54}$$

3.5.3.3　土壤污染的累积模型

目前，许多城市的近郊农村地区开展了污水灌溉。污水中含有的污染物逐渐在土壤中累积，短时间内土壤污染现象并不明显，但是经过长时间的累积作用，土壤中污染物的含量逐渐提高，以至于超过粮食生产安全标准或作物生长可忍受的极限。因此，根据土壤中某种污染物的背景含量、污灌水中该污染物的浓度及该污染物在土壤中的残留率等因素，可建立预测土壤污染累积的数学模型。

设 B 为土壤中某种污染物的背景含量（mg/kg），C 为污灌水中该污染物的浓度（mg/L），K 为污染物在土壤中的残留率（%），Q 为每年的污灌水量[$\mathrm{L/(hm^2\cdot a)}$]，M 为每公顷耕作层土壤的质量（$\mathrm{kg/hm^2}$），n 为灌溉年限，则每年进入土壤的污染物量 R[$\mathrm{mg/(kg\cdot a)}$]为

$$R=\frac{Q\times C}{M} \tag{3-55}$$

由于该污染物的土壤残留率为 K，所以，污灌一年后土壤中的污染物含量为

$$W_1=K(B+R)=KB+KR$$

污灌两年后土壤中的污染物含量为

$$W_2=K[K(B+R)+R]=K^2B+K^2R+KR$$

污灌三年后土壤中的污染物含量为

$$W_3=K\{K[K(B+R)+R]+R\}=K^3B+K^3R+K^2R+KR$$

以此类推，污灌第 n 年后土壤中该污染物的含量为

$$\begin{aligned}W_n&=K^nB+K^nR+K^{n-1}B+K^{n-1}R+\cdots+K^2R+KR\\&=K^nB+KR\frac{1-K^n}{1-K}\\&=K^nB+\frac{KQC}{M}\times\frac{1-K^n}{1-K}\end{aligned} \tag{3-56}$$

利用式（3-56）可预测污灌 n 年后土壤中污染物的含量。如果将 W_n 换成粮食品质安全的土壤污染物含量标准或作物生长可忍受的限度值，则可以估算一定灌溉年限下，污水中污染物的最高浓度。

3.6　环境承载能力分析方法

3.6.1　基本原理

承载能力分析基于许多环境和社会经济系统中存在固有的限制或阈值这一事实。生态学意义上的承载能力定义为：“维持种群和生态系统正常功能的最大压力阈值”。在社会学意

义上，一个区域的承载能力是当提供公众期望的服务水平（包括生态服务）时能够维持的人类活动总和。当一个拟议规划产生的累积影响超过一个环境资源、生态系统或人类社会的承载能力，后果是严重的。

环境承载能力：在一定时期与一定范围内，以及最不利的自然环境条件下，维持环境系统结构不发生质的改变，环境功能不遭受破坏的前提下，环境系统所能承受的人类社会经济活动的最大阈值。其实质含义：①强调的是人与自然的相互作用，而不只是人为因素；②强调的是后果的严重性；③强调时间作用的特点。所造成的损失分为直接和间接损失，或有形损失和无形损失。

3.6.2　应用领域

承载能力分析能够识别有关环境资源和生态系统的阈值（作为发展的限制）及提供各种机制来监测剩余承载能力的容许使用量。承载能力分析是从识别潜在限制因素（例如，一个流域允许受纳的，按一定条件分布的 BOD_5 排放总量）开始的；根据各种限制因素的数值限制列出数学方程来描述资源或系统的承载能力。通过这种方法，可以根据限制因素的剩余能力来系统地评估一个规划施加于资源的允许总体影响。

承载能力分析对评价一项规划的以下各种类型的影响更为适用：基础设施或公共设施；空气和水体质量；野生生物数量；自然保护区域的休闲使用；土地利用等。

3.6.2.1　对公共设施的影响分析

对于公共设施，如给水系统、污水处理系统和交通系统，承载能力的确定较简单。一个水库只能供给有限数量用户的用水。在空气和水体控制规划中，法定限值（或标准）就是该地区空气或水体承载能力的规定阈值。累积影响可通过物理、化学和生物的机理模型评估，并与这些标准进行比较。与工程系统能定量评价不同，人类的许多行动对公共设施的间接影响， 例如，城市的扩张对公共交通供应的影响，可以采用调查表、访问和德尔菲法等带有直观性的方法来确定人类利用资源的阈值，并据此建立承载力阈值，且附有详细的说明或论证。

在自然系统中，生物群体的承载能力（通常是动植物种群）是可以被模拟的，但是整个生态系统抵抗压力和恢复受损环境的承载能力（如它们的弹性）需要做大量研究工作才能正确模拟，并且宜以概率形式表达一系列事件发生的可能性。区域水质和空气的承载能力可依据国家和地方的环境标准与总量控制标准来估算。

3.6.2.2　野生生物及渔业管理方面

承载能力分析在野生生物及渔业管理方面有指导作用，特别是使用最大持续产量的概念来确定不会导致种群退化的鱼类或动物种群的捕获量减少（如不超过种群自我更新的量）。

美国森林管理局颁布的《美国西南部苍鹰的管理介绍》，指出苍鹰这种森林栖息的杂食型动物正在面临衰退，这与树木的大量砍伐及其他影响西部森林承载能力的因素有关；这些结果已被用于美国西南地区的国家森林规划，以维持苍鹰种群持续发展需要的森林承载力（例如，林区特殊栖息属性的保持及重要的苍鹰猎物种类和数量的维持），阻止人类活动的各种影响和减轻自然扰乱的累积影响，包括草本植被和灌木的丧失、较老的林木数量的减少及密集树木再生地区的增加。

3.6.2.3　自然区域管理

承载能力的概念用于自然区域管理可防止公园和其他休闲区域过度使用，用于评估休闲活动对名胜古迹区的累积影响的技术，包括建立在社会价值（如独处的机会）基础上的使用阈值和生态学因素（例如，稀有和濒危物种的种群数量的保存）。休闲活动承载能力的概念与无退化的概念是不同的，但是明显相关的。在无退化的概念中，当前条件为环境质量设置了一条基线或标准。

例如，美国森林管理局的研究人员起草了《容许变化极限》，用于建立和监测荒野地区的休闲活动承载能力，同时设立了社会承载能力和资源承载能力。社会承载能力是以人们感到拥挤为基础来确定的。例如，在应用社会承载能力概念确定一条运河的开放区域的水上游艇的承载能力时，通过计算得到极限值大约为 854 艘汽艇和 236 架喷气式快艇。但是使用植物生长所需的透明度阈值为基础，则该运河的资源承载能力被确定为 350 艘游艇（即超过这个数字时不能维持水域光敏感植物的数量）。

3.6.2.4　土地利用规划

承载能力分析是可持续发展土地利用规划的关键性部分。理想情况下，一个区域承载能力的知识可以为发展的可持续性提供依据，指导未来的发展。承载能力用于人类社会时可以被定义为“一个自然或人造系统容纳人口增长或物质发展而不发生明显退化或崩溃的能力”。

在美国佛罗里达桑尼贝岛综合规划中，土地承载能力分析的结果被用于确定规划的开发行动对于该岛地区型生态结构和功能不造成重大的负面累积影响的依据。通过分析推导出一套以这些自然系统能维持人类发展的承载能力为基础的综合管理导则。

3.6.3　分析方法及步骤

常用的环境承载能力分析的方法和步骤如下：

第一，建立环境承载能力指标体系，一般选取的指标与承载能力的大小呈正比关系；

第二，确定每一指标的具体数值（通过现状调查或预测）；

第三，针对多个小区或同一区域的多个发展方案对指标进行归一化。m 个小区的环境承载能力分别为 $E_1, E_2, \cdots, E_m$，每个环境承载能力由 n 个指标组成 $E_j=\{E_{1j}, E_{2j},\cdots, E_{nj}\}$，$j=1, 2, \cdots, m$；

第四，第 j 个小区的环境承载能力大小用归一化后的矢量的模来表示

$$\left|\tilde{E}_j\right|=\sqrt{\sum_{i=1}^{n}E_{ij}^2} \tag{3-57}$$

第五，根据承载能力大小对区域生产活动进行布局或选择环境承载能力最大的发展方案作为优选方案。

课堂讨论话题

1. 环境容量极限与环境灾害的关系如何？
2. 环境承载能力在哪些领域应用最多？举例说明。

3. 我国环境质量标准随时代的变化更新说明了什么问题？

课后复习思考题

1. 阐述环境标准在环境灾害学中的重要性。
2. 环境容量和环境承载能力有何区别?
3. 谈谈环境容量在总量控制中的作用。

中　篇

环境灾害评估与应急处理

第4章　环境灾害评估

内容提要

本章首先从灾害评估的基础知识入手，讲述了灾害评估的基本知识、相关专业术语及环境灾害评估的意义；其次针对环境灾害发生的特殊性，系统归纳了环境灾害评估的指标体系、不同指标值定性与定量的获取方法；最后重点阐述了环境灾害所涉及的6种评估计算方法，包括线性分析的方法、模糊评价的方法、概率统计的方法、非线性估算的方法等。

重点要求

- ✧ 掌握有关环境灾害评估所涉及的相关术语；
- ✧ 理解环境灾害评估指标体系及各指标的实际含义；
- ✧ 学会环境灾害各指标的计算和获取方法；
- ✧ 学会环境灾害评估的六种评估计算方法。

4.1　环境灾害评估概述

任何灾害的孕育、发生、发展都具有一定的过程和相应的后果，不同灾害事件的后果强度和严重性差异很大，所采取的相应的应急救灾方案也各不相同，这就涉及灾害的评估问题。对灾害的损失进行估算与测算是制定防灾、抗灾、救灾、减灾及灾后重建方案的重要依据。灾害评估是灾害学研究的重要内容，是灾害的预测、防治乃至灾害补偿研究的基础。

4.1.1　灾害评估的定义和分类

4.1.1.1　定义

灾害评估也可以称为风险评估或灾害事件的危险性评估，它以环境系统的安全分析为基础，是为了防止灾害对人类造成损失的综合分析、预测方法。

环境灾害评估主要解决两类主要问题：一是对现存的环境系统作全面的分析、衡量，提出环境所存在的潜在性和隐伏性的问题；二是确认人类活动对环境的干扰程度，分析具体人类工程项目对人类生存所造成的危险性程度，从而进行评估预测，以便能预防灾害的发生，或使灾害损失降低到最低程度。因此，环境灾害评估的根本问题是确定环境安全和危险的临界，确定灾害的严重程度及其衍生影响，进而确定预防或控制灾害发生的措施，或制定灾害发生的应急方案。

4.1.1.2　分类

灾害评估按灾害客观的发展过程可分三种：灾前预评估；灾期跟踪或监测性评估；灾后

实测评估。

灾前预评估要考虑三个因素，一是未来灾害可能达到的强度与频度；二是本区历史上的灾度与成灾率；三是灾区的人口密度、经济发达程度和防灾、抗灾能力。灾期跟踪或监测性评估主要是根据灾害发展的情况和灾区的承灾能力，对已经发生的灾害损失和可能继续遭受的损失进行评估，对可能发生的次生灾害则要进行预评估。灾后实测评估是在灾后现场对直接的和间接的灾害损失逐区、逐片、逐点、逐项的实际测算，同时对可能发生的衍生灾害进行预评估。

针对不同的研究角度和评估目的，灾害评估可概括为灾害风险评估、灾害损失评估、灾害生态环境评估和减灾效益评估等。灾害风险评估是从灾害致灾因子和孕灾环境角度，通过分析导致灾害发生的频度和强度，建立和保存历史灾害记录，对各种灾害绘制危险性区划图，对易损性及潜在影响进行估计；灾害损失评估是对灾害造成的人员伤亡、直接经济损失及间接经济损失进行评估；灾害生态环境评估主要针对灾害的发生对生态环境的影响进行评估；减灾效益评估是对减灾工程和措施在减轻灾害所造成的损失的效益评估。

4.1.2 相关专业术语

4.1.2.1 环境灾害的危险性

危险是指某一系统的内部和外部的一种潜在条件，其发生可导致意外事件，造成人员伤害、疾病或死亡，或者财产损失、生态环境破坏。危险性是危险程度的度量。环境灾害的危险性则是指环境灾害发生所造成的危害程度。

4.1.2.2 灾级与灾度

灾级与灾度是衡量环境灾害灾情、环境灾害所造成社会财富损失的综合指标。灾级表示的是环境灾害所造成社会财富损失的绝对规模与数量，可分为巨灾、大灾、中灾、小灾和微灾， 而灾度则表示受灾地区的破坏深度，即受灾地区由于环境灾害所造成的社会财产损失的相对程度，可分为极重灾、重灾、一般灾与轻灾。灾害等级的划分见表 4-1。

表 4-1 灾害损失分级表

等级（G）	死亡人数/人	重伤人数/人	直接经济损失/亿元
一级（G_1）	>100000	>150000	>1000
二级（G_2）	10000～100000	100000～150000	500～1000
三级（G_3）	5000～10000	10000～100000	100～500
四级（G_4）	1000～5000	5000～10000	10～100
五级（G_5）	500～1000	1000～5000	1～10
六级（G_6）	100～500	500～1000	0.1～1
七级（G_7）	50～100	100～500	0.01～0.1
八级（G_8）	10～100	50～100	0.0005～0.01
九级（G_9）	3～10	10～50	0.0001～0.0005
十级（G_{10}）	<3	<10	<0.0001

环境灾害与自然灾害不同，除个别特大环境灾害以外，很少造成大规模人员伤亡，如按上述的五级（巨灾、大灾、中灾、小灾、微灾）灾度划分，所有环境灾害均只能列为中、小灾，而事实并非如此，有些环境灾害所造成的经济损失并不亚于重大自然灾害。鉴于此，在定义环境灾害灾度时，重点考虑经济损失，对于那些环境灾害造成人员伤亡所导致的经济损失，采用人力资本法计算。由此得到的灾级与灾度，避免了由于人员伤亡与经济损失两个没有必然联系、相互独立因素无法叠加的问题，便于灾级与灾度定量化。

4.1.2.3　灾度指数

灾度指数是指承灾体在现有生产力发展水平下，要消除灾害影响所需要的社会平均劳动力投入量。根据灾度指数的定义所得出的数学表达式为

$$D=\frac{\left(x_{\mathrm{e}}+x_{n}\right)P}{\mathrm{GNP}} \tag{4-1}$$

式中：D 为灾度指数；x_{e} 为灾度所造成的社会财产损失量；x_n 为由因伤亡折算成的损失量；P 为承灾区人口数；GNP 为承灾区受灾当年国民生产总值。

但是受灾当年国民生产总值不容易准确快速地得出，为了方便评估，我们可以用承灾区前一年的国民生产总值乘以物价指数和生产指数取代受灾当年的 GNP。

$$D=\frac{\left(x_{\mathrm{e}}+x_{n}\right)P}{k_1\cdot k_2\cdot \mathrm{GNP}} \tag{4-2}$$

式中：k_1 为承灾区受灾当年相对于前一年的物价指数；k_2 为承灾区受灾当年相对于前一年的生产指数；其他符号同式（4-1）。

其中在折算伤亡损失量时，首先应考虑死亡损失率折算在现有生产力水平下，培养相应知识水平和工作能力的人所需的投入和在正常情况下其可能为社会创造的财富；其次应考虑伤亡损失率折算其医疗费用和因灾影响工作（如请假、休养、丧失劳动力等）所造成的损失。

利用灾度指数进行等级判别方法是把灾度指数 D 为 1 万人年的灾度等级定为 1 级，设灾级为 M，则有

$$M=\lg D-3 \tag{4-3}$$

4.1.3　环境灾害评估的意义

灾害评估是指以对人和社会的危害性影响为中心，对灾害所造成的危害程度、范围和规模做出的评定与估计。其意义如下。

4.1.3.1　全面、准确地反映灾情

灾害本身是一个以人为中心的系统，在由“灾害–受体”所构成的系统中，包含三个子系统：产生危害的灾害主体；作为灾害受体的人类和人类社会；介于两者之间的中间物，即人的生存环境，包括自然环境和社会环境。灾害评估就是对这三方面因素进行综合分析后做出的受灾程度评价，因而可以全面、准确地反映灾情。

4.1.3.2　为灾害防治提供客观依据

灾害防治的每一项活动都必须以对灾害本身的切实了解与掌握为前提条件。了解了致灾因素与成灾条件，就能为预防灾害的再次发生找到正确的方向与合理的途径。掌握了灾害发生的程度、范围和规模，才能有效地制定灾害的应急预案，组织对灾害的后果进行削减或消除的工作。

4.1.3.3　有利于对灾害的科学研究

准确、及时、全面地预测和掌握灾害发生的机理和概率，确定引发灾害的因子、各因素之间的相互关系，建立灾情评定指标体系、量化程度和测定方法等，这些都是灾害研究的重要内容。

4.1.4　环境灾害评估步骤

4.1.4.1　设立评估目标

不同评估目标下的评估结果是不相同的，如灾害保险与灾害救济就有不同的目标，二者的评估范围、评估项目明显不同。灾害保险评估目标只关心其保险目标的受害程度，对其他灾损不予考虑;而灾害救济评估更关心灾害对受害区域的居民生活和恢复简单再生产的影响。为了反映这种差别，一般灾害评估均设有评估前提或假定，如保险前提、救济前提、综合减灾前提等。

4.1.4.2　选择评估模式

评估模式是评估方法的设定。如世界银行《工业污染事故评价技术手册》和我国《建设项目环境风险影响评价技术导则》中都推荐用事件树分析法和事故树分析法两种技术方法。这就是典型的评估模式例子。同样，灾害评估也有自身的评估模式，但由于环境灾害系统的复杂性，其评估模式较多，应根据具体评价内容确定。常用的评价模式有：概率统计模式、灾害敏感性与建地安全评估模式、多因子系统模糊评估模式、减灾效益分析模式等。

4.1.4.3　建立评估指标体系

根据评价目的，系统分析灾害的致灾因子和导致的灾害损失，选择评价指标，建立评估指标体系。

4.1.4.4　计算评估指标的权重

权重是指影响某一灾害发生的多个因素各自所占的影响比重。众多的参评因素，对灾害发生所起的作用不同。在评价之前，必须先确定每个因子对灾害发生、发展及后果严重程度的贡献，即权重。确定权重的方法很多，有专家评分法、层次分析法、最大特征值和特征向量求解法、模糊判断法等。

4.1.4.5　确定评估指标值

反映灾害系统本质特征的指标可分为两类，一类是能准确用数字表示的定量指标，如灾害所造成的死亡人数、伤害数、财产损失金额等，这些我们可以通过对灾害事件的调查直接获得；另一类是不能准确用数字来表示的定性指标，我们只能借助于专家的丰富经验，根据好坏程度标定相应的数值，以便进行模型程序运算，如灾害对社会组织的破坏程度就是定性指标。

在专家评分的过程中，为了避免不同专家的价值偏好，应设定一套行为规范来约束评估主体的行为，并采用多专家评分概率折算的方法，确定最终评分数值，使其主观偏好的影响降到最低程度。

4.2　环境灾害评估指标体系

环境灾害评估指标体系结构，主要是指指标组成的逻辑结构。在指标体系建立过程中，要求：①环境灾害系统的指标体系的逻辑结构应与现今固有的、公认的客观结构相吻合；②环境灾害系统指标体系的逻辑结构应具有最大的兼容性，可囊括环境灾害系统研究的所有内容；③环境灾害系统指标体系的逻辑结构的表现形式，必须便于描述与组织，并且各项指标必须具有明确的含义。

环境灾害评估指标体系分为：孕灾环境指标、承灾体指标、致灾因子指标与灾情指标四部分，每部分又由多项分指标组成，各分指标之间相互联系、相互作用，构成一系列综合指标（如灾度、灾级、承灾能力与环境灾害控制指标），每一综合指标均是根据研究需要指定的。此结构具有较大的灵活性与兼容性，同时基本上囊括环境灾害系统研究的所有内容，并且便于描述与组织，每项指标均有明确的含义（图 4-1）。

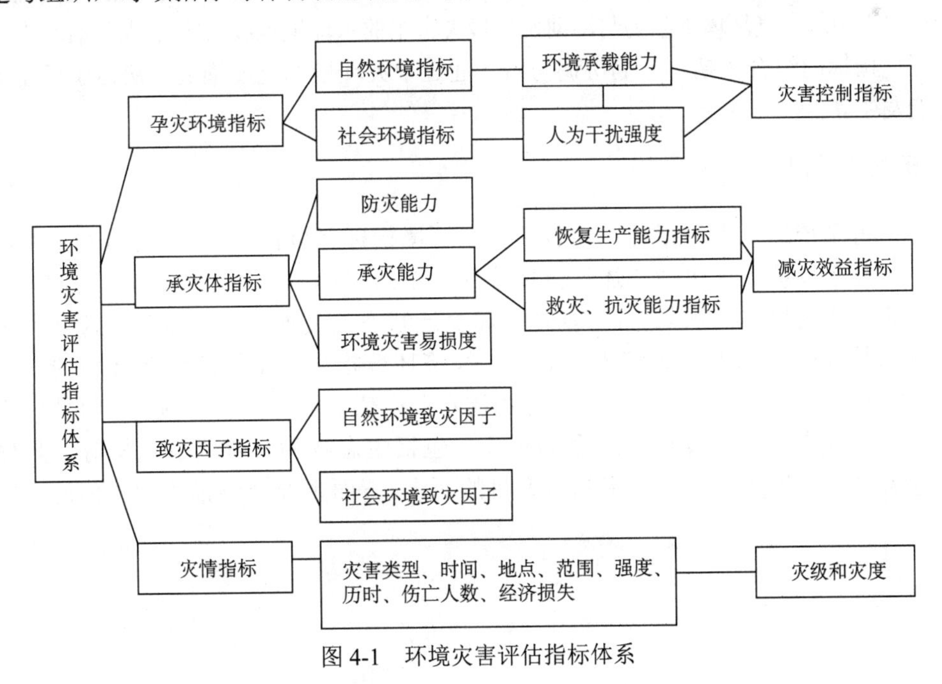

图 4-1　环境灾害评估指标体系

4.2.1　孕灾环境指标

孕灾环境既包括自然环境要素，同时也包括社会环境要素，由此决定了环境灾害的孕灾环境指标同样也包括两部分：自然环境指标与社会环境指标。不同种类环境灾害的孕灾环境指标也有所不同。例如，城市烟雾灾害的孕灾环境指标主要由一系列大气环境指标（如大气稳定度与二氧化硫浓度等）及城市社会环境指标（如人口分布、工业布局与大气污染物排放量等）。再如，淮河水环境灾害的孕灾环境指标是由一系列水环境指标（包括水量指标与水质指标），以及淮河流域社会环境指标（包括污废水排放量指标等）构成的。因此，此指标很多，需针对不同种类环境灾害具体制定。

孕灾环境稳定度指标是描述人类活动作用强度与环境承载力协调程度，衡量孕灾环境稳定与否的定量指标，是判断环境灾害发生可能性的依据之一。孕灾环境稳定度可表示为人类活动作用强度与环境承载力的比值

$$\text{孕灾环境稳定度}=\frac{\text{人类活动作用强度}}{\text{环境承载力}} \tag{4-4}$$

在确定孕灾环境稳定度时，人类活动作用强度与环境承载力的量纲需一致，否则需先进行归一化，再确定孕灾环境稳定度。以上只是孕灾环境稳定度的最简单的表示方法，孕灾环境稳定度的表示方法还有待进一步研究确定。

对于某一环境大系统，其外部作用（主要指人类活动作用）包括人类生活活动作用与经济开发活动作用两部分。人类生活活动作用是指人类直接消耗资源与向环境排放污染物等方式对环境施加影响，它可通过一定生活水平下的人口作用强度（包括人口数量与人口分布，以及由此派生的一系列资源利用量与废物发生量）度量。经济开发活动作用是指人类为提高生存条件，通过一些间接手段利用资源、排放污染物对环境的作用。

环境承载力是自然环境指标的综合概括，它可通过一系列数学与物理方法具体确定（如城市烟雾灾害中的大气环境承载力与淮河水环境灾害中的水环境承载力等）；人类活动作用强度是社会环境指标的综合概括，它们协调与否（通过孕灾环境稳定度描述）决定了环境灾害是否有可能发生。

4.2.2　承灾体指标

环境灾害系统的承灾体指标主要包括社会环境指标、经济环境指标与自然生态环境指标三部分。社会环境指标包括描述社会环境的一系列指标，如描述人口分布的人口密度、描述农田的农作物耕种面积与单产、描述道路交通状态的交通干线密度与描述环境灾害发生后的应急救助能力的人均医疗床位数等。经济环境指标包括描述经济环境的一系列指标，包括描述工业产值的工业产值密度与描述农业产值的农业产值密度等。自然生态环境指标则是指描述自然生态环境的一系列指标，包括生态物种、食物链结构等。具体选择哪些指标需根据具体类型环境灾害的研究目的而定。下面主要介绍描述承灾体的一些综合指标。

4.2.2.1　环境灾害易损度

环境灾害易损度是反映某一地区对环境灾害的敏感程度。对于特定地区，其经济发达与否，人口分布是否稠密，以及生态系统结构是否完善等都决定其对环境灾害是否敏感。在经济欠发达、人口分布稀疏的地区，环境灾害的影响可能是微不足道的，甚至是可以忽略不计的；而在经济发达、人口分布稠密的地区，环境灾害所造成的危害性后果必然是非常严重的。另外，承灾体的某些组成要素也决定了其对环境灾害的易损程度，例如，酸雨灾害对不同土壤类型、地质条件的地区的危害差异很大，也就是说土壤类型、地质条件决定酸雨灾害的易损性。

4.2.2.2　承灾能力指标

承灾能力是承灾体对某一种或多种环境灾害的抗御能力、救助能力与恢复能力的综合概括，它由抗灾能力指标、救灾能力指标与恢复能力指标组成。承灾能力大小决定环境风险的最终演变结果，承灾能力大的地区，即使存在环境风险，也不至于爆发环境灾害。

第一，抗灾能力是指防灾工程与承灾体抗御某种或多种环境灾害的能力。抗灾能力指标可以用设防标准及相应的损失率表示。设防标准是根据某类环境灾害的强度、频度、对承灾体所造成的危害等预测结果，以及承灾体的功能要求，而采取的设防要求。

设防标准只反映了对承灾体设防能力的要求，而实际的设防是否达到要求，尚需预测一定受灾强度情况下的损失率。损失率是指在一定受灾强度下，承灾体的损失值与承灾体价值之比的百分率

$$损失率=\frac{承灾体的损失值}{承灾体价值}\times 100\% \tag{4-5}$$

应说明的是：如此确定的损失率只能在同种灾害间进行，目的在于建立某种环境灾害在一定强度作用下的损失率指标，从而分析承灾体抗灾能力的强弱。

第二，救灾能力是指环境灾害一旦发生，使环境灾害所造成的损失降到最低程度的能力，它包括受灾人员的救护能力，以及生命线工程、交通枢纽与社会治安维护能力。救灾能力是承灾体对环境灾害应变能力的体现，它与灾害发生后所采用的救灾措施、救灾效果有关。

救灾能力可以采用定性指标描述承灾体在环境灾害发生前的救灾预案，即救灾人力、救灾物力、快速反应救灾技术水平、通信水平与自救自助能力，以定性分析承灾体综合救灾能力的强弱。也可以用人均医疗床位数定量反映承灾体救灾能力的强弱。

第三，恢复能力是指承灾体遭受环境灾害以后，快速恢复正常生产与生活秩序的能力。恢复能力与承灾体的经济实力有很大关系，是可以用来反映承灾体经济实力的指标，如国民生产总值或人均国民生产总值，以及固定资产总值等。

4.2.2.3　防灾能力指标

防灾能力是对承灾体防御环境灾害的能力的描述，它与抗灾能力有所不同，它们之间有治标与治本之分。防灾主要是从防止环境灾害发生角度考虑具体实施策略，以治本策略为主，兼顾治标策略；抗灾则是从环境灾害发生后，抵抗环境灾害的危害性影响，降低环境灾害所

造成的损失角度考虑实施策略，大多只是治标策略。例如，对于淮河水环境灾害，防灾能力是指城市污水处理能力、水闸调控能力等；而抗灾能力则是指在突发型水环境灾害发生以后，为最大限度地降低由水环境灾害所造成的危害性后果所必要的应急能力，包括水源调度能力、给水厂处理能力、应急供水能力及污水应急分流与净化能力等。不同类型环境灾害的防灾措施差异很大，防灾指标也不尽相同，通常将其归结为减灾效益指标。

4.2.2.4 减灾效益指标

无论是防止、抗御环境灾害，还是灾害发生后的救助，其目的都在于通过一定投资，减少环境灾害所造成的经济损失与人员伤亡，而灾后快速恢复正常生产与生活秩序也有同样的目的。减灾效益指标是衡量防止环境灾害发生、抗灾、救灾与灾后恢复正常秩序的投资效果指标，它是确定最佳减轻环境灾害策略的科学依据。通常采用投资净效益与投资效益比两个综合指标表示。

投资净效益是指减轻环境灾害影响措施（包括防灾、抗灾与救灾等治理措施）所减少的经济损失与治理环境灾害的投资的差额

$$\text{投资净效益} = \text{减少的经济损失} - \text{净投资} \tag{4-6}$$

投资效益比是指减少的经济损失与减轻环境灾害措施的投资的比值，能反映减轻环境灾害措施投资净效益，是一个效果指标

$$\text{投资效益比} = \frac{\text{减少的经济损失}}{\text{净投资}} \tag{4-7}$$

如果在诸多可行的减轻环境灾害策略中，某策略以上两个指标均为最大，无疑此策略就是最佳策略；否则，尚需在综合分析基础上，选择最佳策略。

4.2.2.5 环境灾害控制指标

环境灾害控制指标是在孕灾环境的稳定度指标与承灾能力指标确定的基础上，根据环境灾害孕灾环境所孕育的灾害类型与承灾体承灾能力等实际情况，做出的控制环境灾害发生的目标，如各国规定的各种污染物排放总量控制目标和各种污染物排放极限浓度标准等。在制定环境灾害控制目标时，应规定上限和下限，以便在一定阈值范围内选择最佳的减轻环境灾害策略。

4.2.3 致灾因子指标

致灾因子是指孕灾环境中的诸多变异因子。鉴于环境灾害的致灾因子由自然环境致灾因子与社会环境致灾因子两部分组成，环境灾害的致灾因子指标也分为自然环境致灾因子指标与社会环境致灾因子指标。自然环境致灾因子指标包括：气象因子指标、水文因子指标、地质与地貌因子指标和生物因子指标等。社会环境致灾因子指标包括：工业致灾因子指标、农业致灾因子指标与居民生活致灾因子指标等。不同种类环境灾害的致灾因子指标有很大差异，应根据具体研究内容确定。

4.2.4　灾情指标

灾情指标是指那些对灾情做出准确恰当的描述，以使人们对环境灾害所造成的破坏规模与强度具有清晰认识的一系列指标。环境灾害系统的灾情指标包括环境灾害类型、发生地点、历时、规模、强度、范围、伤亡人数与所造成的经济损失等直接描述指标，还包括灾度与灾级等综合指标。

4.2.4.1　环境灾害的时空与强度指标

灾害发生的时间、地点、影响范围及强度等均是灾害评估、灾害危机管理与减轻环境灾害策略分析等必不可少的基础性资料。

4.2.4.2　环境灾害损失指标

灾害所造成的损失包括直接经济损失与间接经济损失两部分。

直接经济损失是指环境灾害发生直接造成的动产与不动产的损失。直接经济损失的大小除与环境灾害自身的物理强度密切相关外，还与承灾体的人口密度、经济发展状况、防灾与救灾能力等诸多因素有关。

间接经济损失是指社会生产与商品流通领域因受灾影响带来的损失及救灾活动的非生产性消耗。此外，还包括次生灾害与衍生灾害所造成的损失，以及自然生态环境破坏、居民心态影响造成的间接损失等。

应指出的是环境灾害的发生具有随机性与重现性，对生态环境影响具有滞后性、持续性与可叠加性，而且生态环境受环境灾害冲击造成的破坏会逐渐恢复，所造成的损失值随时间按负指数衰减，即 t=0 的损失值为 D，则在 t 时损益值为 D_{e}^{-at}，其中 a 为损益衰减系数。因此某次环境灾害所造成的损失应为受此次环境灾害影响若干年的损失总和的折现值 L

$$L=\sum_{t=0}^{n}\frac{D_{\mathrm{e}}^{-at}}{(1+r)^{t}} \tag{4-8}$$

式中：r 为贴现率；n 为承灾体受环境灾害影响的年数。

4.3　环境灾害评估计算方法

4.3.1　灾级评估的指数计算方法

灾害不论是成因还是形式都是复杂多样的，但它所造成的社会损失最终可以归结为人员伤亡和财产损失两个方面。在人员伤亡中，死亡是一种重大损失，但伤害（包括受伤、毒害和病害）也不容忽略，因为一次灾害中往往都伴有人员伤害，有时是伤多亡少，甚至是有伤无亡（表 4-2）。财产损失包括直接经济损失和间接经济损失两部分，由于间接经济损失难以估算，所以只考虑直接经济损失。这样，在计算指数时，一般考虑死亡、伤害和直接经济损失三个因子。

表 4-2　不同灾害的灾级

年份	地区	灾因	死亡/人	伤害/人	直接经济损失/亿元	灾级/级
1976	唐山	地震	242000	164000	100	11.6
1989	中国	自然灾害	5952	78639	525	10.4
1988	中国	交通事故	54814	170598	3.09	9.5
1991	安徽、江苏	洪涝	801	14478	450	8.7
1988	中国	25 种传染病	16090	5000000		7.9
1989	四川	风雹	259	10900	15	6.6
1986	广西、海南	台风	88	2208	11.2	5.3
1987	大兴安岭	火灾	193	226	5	4.2
1987	辽宁丹东	暴雨滑坡	63	800	1.1	3.5
1988	中国	破坏水利设施			1.54	2.2
1943	美国多诺拉镇	工业烟雾	17	5511		1.9
1988	中国	放射事故		706		0.8

为了进行灾害损失的定量计算，首先把死亡、伤害和直接经济损失数目折算成规范化指数。图 4-2 是规范化指数与各因子分界值的关系图。当死亡 $d \geqslant 100$ 人、伤害 $h \geqslant 1000$ 人、直接经济损失 $e \geqslant 1000$ 万元时，利用对数函数关系，把各因子的数目折算成规范化指数

$$I_{\mathrm{d}} = \lg d - 1 \quad I_{\mathrm{h}} = \lg h - 2 \quad I_{\mathrm{e}} = \lg e - 2$$

式中：I_{d}、I_{h}、I_{e} 分别为死亡、伤害、直接经济损失的规范化指数。当 $d<100$ 人、$h<1000$ 人、$e<1000$ 万元时，利用线性函数关系，把各因子的数目折算成规范化指数

$$I_{\mathrm{d}} = \frac{d}{100} \quad I_{\mathrm{h}} = \frac{h}{1000} \quad I_{\mathrm{e}} = \frac{e}{1000}$$

然后把各因子的规范化指数直接相加，作为灾害损失的定量指标

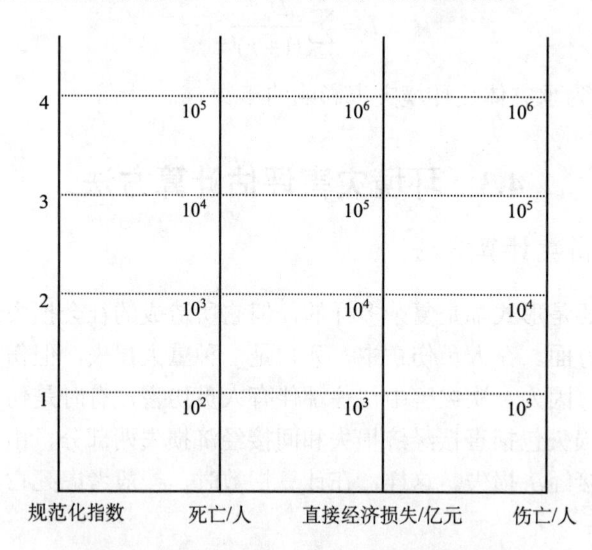

图 4-2　规范化指数与各因子分界值的关系

$$G = I_{\mathrm{d}} + I_{\mathrm{h}} + I_{\mathrm{e}} \tag{4-9}$$

由于该指标具体地反映了灾情的大小，即灾情等级，因此可以称为灾级。

从表 4-2 中可以看到，灾情大小不同，灾级也不同，因此可以根据计算的灾级来比较不同灾情的大小。例如，唐山地震的灾级为 11.6 级，而我国 1989 年自然灾害的灾级为 10.4 级，所以前者的损失比后者还要大。

4.3.2　灾级评估的模糊分级统计

4.3.2.1　评估指标

（1）灾害损失的构成要素　灾害损失的构成要素分析是建立灾害损失评估指标体系的基础。我们将灾害损失分为自然环境和社会环境两方面的损失。具体内容如图 4-3 所示。

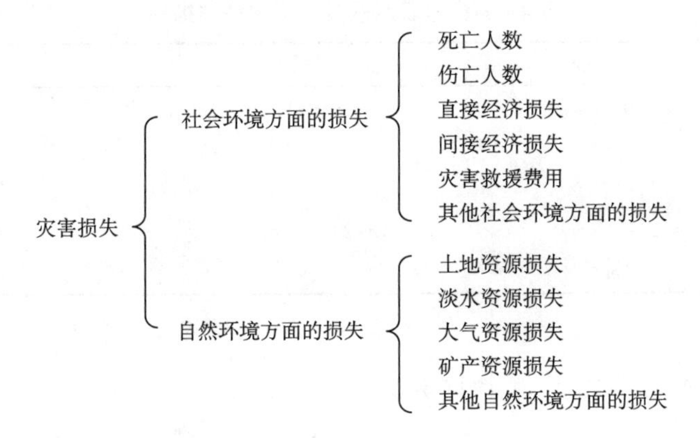

图 4-3　灾害损失的构成要素

（2）灾害损失定量评估指标　致灾因子的不同及承灾体系的差异，导致灾害损失特征千差万别，若采用相同的指标体系对各类灾害损失进行定量评估，难以取得满意的效果，即对灾害损失的各类构成要素给出可以相互比较的定量评价指标是不可能的。所以一般不使用统一灾害损失定量评估指标体系，而是给出适用于不同致灾因子和不同承灾体系的灾害损失评估指标体系的一般形式。表 4-3 中的指标既可表示绝对灾害损失指标，又可表示相对灾害损失指标。需要说明的是，为了不失一般性，灾害损失的指标因子取 n 项，灾害损失的等级划分为 m 级，n、m 都是正整数。评估指标种类的选取及其临界值的确定可视灾种和评价目的而定。

表 4-3　灾害损失评估指标

灾害等级	指标 1	指标 2	…	指标 n
1	$a_{01} \sim a_{11}$	$a_{02} \sim a_{12}$	…	$a_{0n} \sim a_{1n}$
2	$a_{11} \sim a_{21}$	$a_{12} \sim a_{22}$	…	$a_{1n} \sim a_{2n}$
⋮	⋮	⋮		⋮
$m-1$	$a_{(m-2)1} \sim a_{(m-1)1}$	$a_{(m-2)2} \sim a_{(m-1)2}$	…	$a_{(m-2)n} \sim a_{(m-1)n}$
m	$\geqslant a_{(m-1)1}$	$\geqslant a_{(m-1)2}$	…	$\geqslant a_{(m-1)n}$

4.3.2.2　计算方法

假定灾害损失有 n 项指标，灾害损失分为 m 个等级，第 i 项指标为 $X_i(i=1,2,\cdots,n)$，用符号 g_t 表示与指标 X_i 对应的灾级，我们给出灾级计算公式如下

$$
\begin{aligned}
&g_t=(j-1)+(X_i-a_{(j-1)i})/(a_{ji}-a_{(j-1)i}) \quad a_{(j-1)i} \leqslant X_i \leqslant a_{ji} \\
&g_i=m, \quad X_i \geqslant a_{(m-1)}; \quad j=1,2,\cdots,(m-1); \quad i=1,2,\cdots,n
\end{aligned}
\tag{4-10}
$$

利用上述灾级计算公式可以算出灾害损失单一因子所属的灾级。

我们将表 4-3 中的指标代入式（4-10），将灾害损失指标体系换算为用灾级表示的形式（表 4-4），我们看到，灾级表示的灾害损失等级指标全为整数。

表 4-4　灾级表示的灾害损失评估指标

灾害等级	指标 1	指标 2	…	指标 n
1	0～1	0～1	…	0～1
2	1～2	1～2	…	1～2
⋮	⋮	⋮		⋮
m–1	（m–2）～（m–1）	（m–2）～（m–1）	…	（m–2）～（m–1）
m	m	m	…	m

4.3.3　危险度评估的多因子评分计算方法

将生产安全科学中对作业条件（劳动环境）危险性评价的方法引用到环境灾害的危险度评估中，将其评价范围扩大，使其不仅可以用于劳动环境，还可以涉及人类的所有活动环境，即可作为人类生存环境（生活环境、劳动环境）的危险评价方法。

采用定性与定量相结合的方法，首先确定某些参考环境，指定自变量以分数或相对评分标准表示；然后将被评价环境与所确定的参考环境对比并评分；最后根据总的危险分数来评价其危险性。

为了计算方便，将影响环境危险性的主要因素归纳为三类：①发生灾害（或称危险）的可能性，以符号 L 表示；②暴露于这种危险环境的频率，以符号 E 表示；③灾害一旦发生，可能造成的后果，以符号 C 表示。前两项可视为危险频率，第三项相当于危险的严重度。于是可用下式表示环境的危险性

$$
危险性=L \times E \times C \tag{4-11}
$$

根据被评价环境的具体情况，分别对上述三个因素 L、E、C 打分，如环境存在多种灾害的可能，则应算其平均分，然后按式（4-11）计算的结果来评价环境的危险性。L、E、C 的分数可参照表 4-5 选取，最终计算出的危险分数可参照表 4-6 进行分级。

例如，对民航旅行环境危险性进行评价。

由于民航坠落事件是客观存在的，但是高度不可能的，因此取 L=0.5；对于一般人来说，通常一年也只有几次出差旅行，因此暴露于民航飞行的机会是较少的，这样可取 E=1；一旦飞机坠毁，灾害的结果是非常严重的，所以取 $C=100$，则有

$$乘坐民航的危险性=0.5\times1\times100$$

根据表 4-6，认为民航旅行是有一定危险的，需要引起注意。

这种评价方法的意义不在于其计算结果是较为精确的，而在于为我们的决策提供了分析、对照的手段和依据。

为便于上述方法的应用，可将表 4-5 和式（4-11）做成图 4-4 的诺模图。

表 4-5　灾害发生危险度评估主要参评因素的评分表

灾害发生的可能性分数值（L）		暴露于危险环境的分数值（E）		可能后果的分数值（C）	
分数值	灾害事件发生的可能程度	分数值	出现危险环境的情况	分数值	可能的后果
10	完全会被预料到	10	连续暴露于潜在危险环境	100	大灾难，很多人死亡
6	相当可能	6	逐日在工作时间内暴露	40	灾难，数人死亡
3	不经常，但可能	3	每周一次或偶然的暴露	15	非常严重，一人死亡
1	完全意外，极少可能	2	每月暴露一次	5	严重，严重伤害
0.5	可以设想，但高度不可能	1	每年几次出现潜在危险	3	重大，致残
0.2	极不可能	0.5	非常罕见的暴露	1	值得注意，需要营救
0.1	实际上不可能				

表 4-6　危险度分级参照分数值

危险分数	危险程度	对策
>320	极其危险	不能继续活动
160～320	高度危险	需要立即整改
70～160	显著危险	需要整改
20～70	可能危险	需要注意
<20	稍有危险	或许可被接受

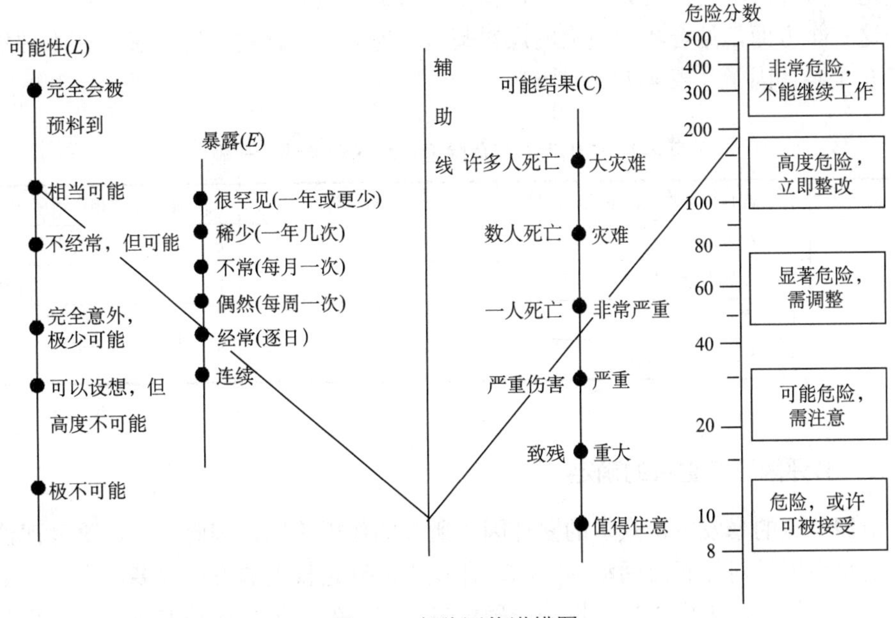

图 4-4　危险评价诺模图

使用此诺模图时，首先在灾害“可能性”线上找出对应点（如“相当可能发生”）；在“暴露”线上找到相应点（如“经常暴露”）；两点画直线，并延长至辅助线上，得到一交点；从这点出发，与“可能结果”线上点（如“严重”与“重大”点中间一点）相连画一直线，在“危险分数”线上相交的点，即评价结果。

4.3.4 危险度评估的层次分析法——以矿山泥石流为例

泥石流危险度的模糊评价，是借助模糊数学原理建立泥石流危险度评价模型，进行危险度评价。根据模糊数学原理、模型、危险度评价的目的，危险度评价首先必须选择参评因子，建立参评因子的模糊子集。评价流程图见图 4-5。

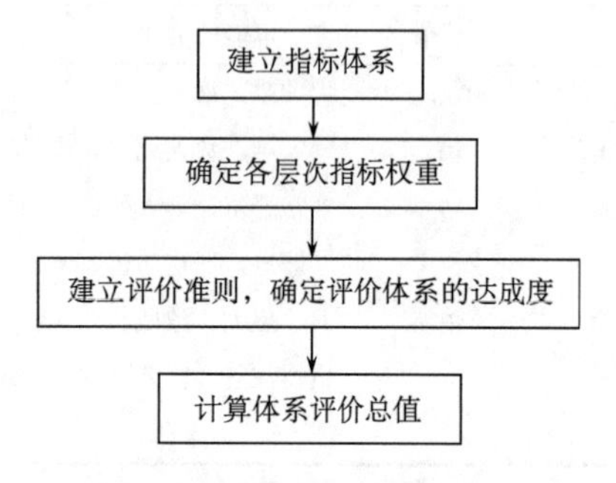

图 4-5 危险度评价流程图

4.3.4.1 参评因子的选择

参评因子的选择和量化是危险度类型区划的基础，因子选择和量化的合理与否，直接关系到类型区划的成功与否。

（1）基本条件因子 泥石流形成的三大基本条件是直接参评因子。松散固体物质储量和动储量能预示泥石流的潜在规模；流域地形高差、沟道比降在某种程度上代表泥石流活动的潜在势能。

（2）区域性因子 各种泥石流分布的相对密度反映了破坏的严重程度，可以用泥石流沟之间的距离来反映。

（3）经济区位因子 人为活动在矿山泥石流的形成过程中起到了主导作用。泥石流的爆发又直接造成了巨大的经济损失，而危险度评价正是受灾程度的反映，并能预测潜在的灾害严重性。如果不针对人类活动，则泥石流就不能称为灾害，因此，泥石流与居民点、工矿建设、交通运输等经济活动的关系是评价过程中不可缺少的。

根据这三个方面，结合我国最大的煤炭基地神府东胜矿区的实际情况，在本评价过程中共选取了 9 个参评因子（表 4-7）。

表 4-7 矿山泥石流危险度类型区划参评因子表

<table>
<tr><td rowspan="5">基本条件因子</td><td>R_1：固体松散物质储量及动储量</td><td>区域性因子</td><td>R_6：泥石流沟相对距离</td></tr>
<tr><td>R_2：流域面积</td><td rowspan="4">经济区位因子</td><td>R_7：距矿区中心的距离</td></tr>
<tr><td>R_3：流域沟道信息维</td><td>R_8：距主要交通线路的距离</td></tr>
<tr><td>R_4：降雨量</td><td rowspan="2">R_9：开发方式和规模</td></tr>
<tr><td>R_5：物质岩性组成比例</td></tr>
</table>

4.3.4.2 参评因子权重值的确定

在矿山泥石流的暴发中，众多的参评因子所起的作用不同，因此，在危险度评价之前，必须先确定每个因子对泥石流活动的贡献，即权重。确定权重的方法很多，本书为了与随后的危险类型区划接轨，采用层次分析法来确定参评因子的权重。这种方法可以使复杂问题简单化、层次化，并把数据系统与专家系统有效地结合起来，就每一层次的相对重要性给予定量表示；然后，利用数学方法确定每一层次全部因子的相对重要性值。层次分析法采用 1～9 的标度方法（表 4-8）。步骤如下。

表 4-8　标度及其含义

标度	定义	说明
1	两个元素相同重要	两个元素对于某个性质具有相同的贡献
3	一个元素比另一个元素稍微重要	从经验判断，两个元素中稍微偏重于一个元素
5	一个元素比另一个元素较强重要	从经验判断，两个元素中较强偏重于一个元素
7	一个元素比另一个元素强烈重要	一元素强烈偏重，其主导地位在实际中显示出来
9	一个元素比另一个元素绝对重要	两元素中绝对偏重于一个元素，是偏重的最高等级
2，4，6，8	两相邻判断的中值	需要取两个判断的折中值
倒数	元素 i 与 j 比较得 a_{ij}，则 j 与 i 比较得到判断 $1/a_{ij}$	

（1）以 A 表示目标，R_i 表示评价指标（i=1, 2, 3, …, n），R_{nm} 表示 R_n 对于 R_m 的重要性值，R_{nm} 的取值是根据表 4-9 由专家判断而得。于是就得判断矩阵 **A-*R***。

表 4-9　A-*R* 判断矩阵

评价指标	R_1	R_2	R_3	R_4	R_5	R_6	R_7	R_8	R_9
R_1	1	7	2	3	9	5	4	5	2
R_2	1/7	1	1/5	2	7	1	1/5	1/3	1/3
R_3	1/2	5	1	5	7	5	1	1/2	1
R_4	1/3	1/2	1/5	1	4	2	1	1/3	1
R_5	1/9	1/7	1/7	1/4	1	1/5	1/7	1/5	1/5
R_6	1/5	1	1/5	1/2	5	1	1/4	1/2	3
R_7	1/3	3	1	1	7	4	1	3	3
R_8	1/5	3	2	3	5	2	1/3	1	1
R_9	1/2	3	1	1	7	5	1/3	1	1

（2）相容性检验。为了保证计算方案的可信度，将对所求特征向量进行相容性检验。

$$\mathrm{CI}=\lambda_{\max}-\frac{n}{n-1} \tag{4-12}$$

根据这一公式，对判断矩阵 **A-*R*** 进行检验，结果得相容性指标 CI=0.0856<0.1，说明所给出的 81 个数值（除 9 个是自身外，36 对比较的 72 个数值）是基本相容的，可以用于计算各元素的权重。

（3）计算特征向量。**A-*R*** 判断矩阵特征向量可用方根法求出，即令

$$\overline{B_i}=\left(\prod_{j=1}^{n}R_{ij}\right)^{1/n} \tag{4-13}$$

得特征向量

$$\overline{B}_i = (\overline{B}_1, \overline{B}_2, \cdots, \overline{B}_n)^{\mathrm{T}} \tag{4-14}$$

（4）将上述特征向量作正规化处理，即

$$B_i = \frac{\overline{B_i}}{\sum_{j=1}^{n} \overline{B_i}} \tag{4-15}$$

则

$$\boldsymbol{B} = (B_1, B_2, \cdots, B_n)^{\mathrm{T}}$$

为所求特征向量，即权重值。

根据这一计算过程，计算出判断矩阵 **A-*R*** 中各元素的权重值为

R=（0.288，0.049，0.150，0.063，0.017，0.057，0.153，0.109，0.114）

4.3.4.3　危险度的模糊评价

设评价域 U 为参评的泥石流沟的集合，本评价中选用的是神府东胜矿区的 43 条泥石流样沟。

U = {泥石流样沟} = $\{u_1, u_2, u_3, \cdots, u_m\}$，$m$ 为样沟数，m=43；

$V=\{R_1, R_2, R_3, \cdots, R_n\}$，$V$ 为泥石流危险度模糊评价参评因子集合。

一条泥石流沟的因素指标向量

$$\boldsymbol{u}_j = (R_{1j}, R_{2j}, R_{3j}, \cdots, R_{nj})^{\mathrm{T}} \quad (j=1, 2, 3, \cdots, m) \tag{4-16}$$

则 m 条泥石流沟 n 个因素指标矩阵为 $\boldsymbol{F}=[R_{ij}]_{n\times m}$，即第 j 条泥石流沟的第 i 个因素指标。

为了消除量纲差异，我们对矩阵 $\boldsymbol{F}=[R_{ij}]_{n\times m}$ 进行了极差标准化处理

$$R'_{ij} = \frac{\left|R_{ij} - R_{i\max}\right|}{R_{i\max} - R_{i\min}} \qquad (i = 1, 2, 3, \cdots, 9;\quad j = 1, 2, 3, \cdots, 43) \tag{4-17}$$

从而得模糊矩阵 $\boldsymbol{W}=[R'_{ij}]_{n\times m}$。

参评因子中，R_1、R_2、R_3、R_6、R_7 是实际测量值；由于矿区范围内雨量观测站少，各条样沟的 R_4 降雨量是根据矿区降雨量等值线图，采用插值法来确定的；开发方式是根据排放的弃土、石、渣量来经验确定的。发生在露天煤矿附近，周围有采石场的泥石流，R_4 取值定为 1～0.85；发生在露天煤矿附近，周围没有采石场的泥石流，取值定为 0.85～0.8；发生在地下开采的矿井附近，周围有采石场的泥石流，取值定为 0.8～0.78；由采石场弃土、石、渣而诱发的泥石流定为 0.8～0.75；只有地下采煤的煤矿，取值小于 0.7。参评因子 R_8，虽有实际量测数字，但是由于交通线路种类和等级的不同，对其参照线路标准进行了分等。在铁路、公路附近定为 1～0.9，其间由距离远近进一步划分；在铁路或者主公路附近定为 0.9～0.8，其间由距离远近进一步划分；在次一级公路沿线定为 0.8～0.65，然后再根据距主公路和次一级公路的远近进一步细分；如果是发生在乡村沟道，按其距主要交通线路的远近计算其所得值。参评因子 R_5 物质岩性组成比例也是一个较难确定的因子，但根据实际情况，黄土和石渣混合构成泥石流的组成物质，如只有流沙或沙多石渣少形成泥石流的概率较小，而容易形成泻沙流，因而将物质岩性组成比例定为以下几种：黄土多并有大量的石渣或黄土和石渣相差不大定为 1～0.8，石渣多黄土较少或三种物质并存而且相差不大定为 0.8～0.73，沙多而黄土和石

渣较少定为 0.73～0.65，沙和石渣并存定为 0.65～0.5，沙多而石渣少定为小于 0.5。

由参评因子的权重特征向量 **R** 与正规划后的模糊矩阵 **W** 相乘，进行模糊评判，即

$$\boldsymbol{C}=\boldsymbol{R}\cdot\boldsymbol{W} \tag{4-18}$$

$$\boldsymbol{C}=(C_1, C_2, C_3, \cdots, C_m)$$

C=（0.280，0.263，0.281，0.294，0.299，0.277，0.362，0.396，0.347，0.351，0.364，0.448，0.354，0.402，0.399，0.455，0.362，0.374，0.337，0.316，0.373，0.301，0.321，0.261，0.372，0.294，0.324，0.334，0.528，0.409，0.467，0.626，0.704，0.337，0.472，0.308，0.562，0.418，0.428，0.366，0.363，0.334，0.347）

根据实际情况，由模糊评判所得结果截取矿山泥石流模糊危险度等级：＞0.43 为极度危险、0.43～0.354 强度危险、0.353～0.308 中度危险、0.307～0.261 轻度危险、＜0.261 无危险。

上述计算结果显示，在神府东胜矿区，参加矿山泥石流危险度模糊评价的 9 个主导因子的权重排序为：固体松散物质储量及动储量（0.288）>距矿区中心的距离（0.153）＞流域沟道信息维（0.150）＞开发方式和规模（0.114）＞距主要交通线路的距离（0.109）＞降雨量（0.063）＞泥石流沟相对距离（0.057）＞流域面积（0.049）＞物质岩性组成比例（0.017）。

参加危险度模糊评价的 43 条泥石流样沟的危险程度归属见表 4-10。所选 43 条泥石流样沟中，都是具有明显的泥石流活动，而且代表性很强，所以在 43 条样沟中没有无危险这一等级。

表 4-10　43 条样沟危险度分级

危险度等级	模糊判断	样沟号	占总样沟数/%
极度危险类型区	＞0.43	16、24、26、29、31、32、33、35、37	20.93
强度危险类型区	0.43～0.354	7、8、10、11、12、13、14、15、17、18、21、25、30、38、39、40、41	39.53
中度危险类型区	0.353～0.308	9、19、20、22、23、27、28、34、36、42、43	25.58
轻度危险类型区	0.307～0.261	1、2、3、4、5、6	13.59
无危险类型区	＜0.261		

采用模糊数学层次分析原理和模糊信息评判相结合的方法，进行危险度评价，所得结果与实际情况基本吻合。

4.3.5　灾害风险评估的统计对比法——以切尔诺贝利核事故为例

概率统计和定常对比分析的方法就是要领会这些灾害风险对一个人造成的死亡概率，以及与人们常规认为的危险事故所造成的死亡概率进行比较，从而确定这些灾害的风险程度。我们以切尔诺贝利核事故几十年里引起的长期癌症致死的数目为例，说明这一方法的分析过程。

1986 年，发生在苏联切尔诺贝利核电站的一次爆炸和大火把大量的放射性同位素抛散到空气中。立即的伤亡数字是 237 例，31 例在一个月内死去，他们都是反应堆的工作人员或应付紧急状态的人员，如消防队员。来自事故地点的放射性尘埃散布到欧洲的许多地区，许多

欧洲人接收到的个人总剂量的范围从 10 mrem① （相当于一次 X 射线透视诊断）到大于 1 rem。越靠近切尔诺贝利，尘埃的剂量就越大。在事故发生后几天内，每人受到大约 20 rem 的照射，从事故地点周围 30 km 的地带内撤出了 10 万多人。

在这次事故中，最有害的同位素是放射性 ^{131}I 和放射性 ^{137}Cs。两者在生物学上都是活性的。虽然 ^{131}I 的半衰期只有 8 天因而很快就衰减到无害的水平，但是它在事故后的 8 天内已经被吸入人体，并且落在奶牛吃的草上，从而进入牛奶供应，在前 8 天内大部分被消费掉。^{137}Cs 的半衰期是 30 年，因此它将在土壤中存留几十年仍然危险。预期这两种同位素都会导致癌症死亡。

大约有 17000 个额外的癌症死亡病例可能由切尔诺贝利核事故引起，其中大约一半是在苏联的俄罗斯、乌克兰和白俄罗斯，其余的在欧洲。若根据当时人口数（大约 7.5 亿）计算，死亡率为 2×10^{-5}。这个数字表明，这些人中每个人平均在 10 万个机会中大约有两个机会死于切尔诺贝利引起的癌症。

对于同一人口数目，正常情况下预计将来会死于癌症的有 1.3 亿人。因此额外的死亡病例数肯定是个大数目，它们代表的癌症死亡率的增加却只有大约 0.01%。百分率的这个小小变化在癌症总的统计数字中是检测不出来的，因为它远小于总的癌症发病率的不可预言的自然涨落或“噪声”。居住在切尔诺贝利周围 500 km 以内的儿童甲状腺癌的发病率升到 1986 年以前发病率的数倍，这个后果在数据中显得很突出。在白俄罗斯的 100 万受辐射的儿童中，预计有百分之几最终将患上这种疾病，这是一个非偶然的和可以检测出来的后果。

体会这些数字的意义的一个方法是与其他的灾害风险进行数值比较。如长期的世界范围内由切尔诺贝利引起的死亡病例数为 17000，比美国一年内死于汽车车祸的人数（接近 50000）的一半还少，与美国一年内的谋杀案件数（20000）大致相近。再如氡气的照射使美国每年有 5000～20000 个肺癌患者死亡。由于这个数字和美国每年的车祸死亡人数与谋杀案件数可以相比，而一般都认为车祸和谋杀是严重问题，因此也应当认为氡气是个严重问题。像这样的比较有助于把抽象的数字具体化，能够确定风险的严重程度。

4.3.6 灾害损失评估示例——海平面上升的损失评估

4.3.6.1 评估因子的选择

灾害损失评估因子的选择是灾害评估的首要工作，是建立评估指标体系的基础。海平面上升所造成的环境灾害涉及面很广，灾情的延续性长，所衍生的潜在损失巨大。因此，在选择评估因子时，要从资源开发、施工过程、改良措施的实施、人口问题等方面考虑，并能有利于定量确定各因子的数值。根据上述要求，结合海平面上升的成灾特点，在评估过程中，主要选择的评估因子如图 4-6 所示。

① 1 rem=0.01 Sv。

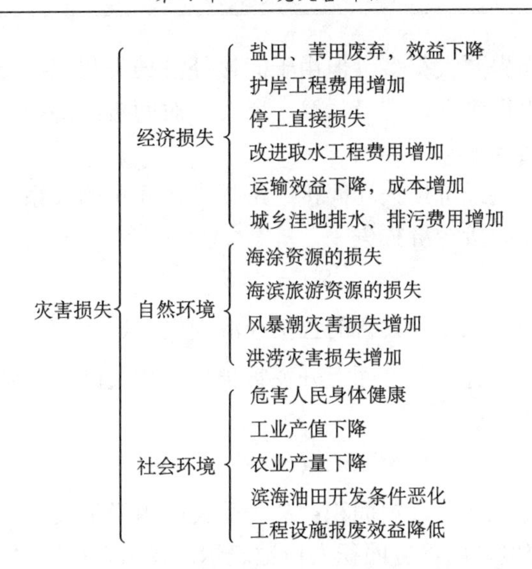

图 4-6　灾害损失评估因子构成体系

4.3.6.2　价值损失核算法

该法不考虑时间因素，假设基准年的社会经济状况不变，核算海平面上升不同情景的价值损失情况。一般将损失分为直接损失和间接损失两部分。直接损失考虑直接影响到的人、财、物本身价值量的损失，是各项动产和不动产的累加数，包括资本损失、产品损失、生产损失等；间接损失指由次生灾害与衍生灾害对经济、社会影响所造成的损失，即国民经济损失，也就是各类生产要素损失而导致的国民经济损失。

（1）直接损失计算　目前，在我国已建立的国有资产数据库中，把资产分为地产、房产和内部资产 3 类，并且对资产的价值或财产的单位造价都有统计，因此，对于突发性灾害型海平面上升的直接损失也可从这几方面进行。

第一，地产：根据海平面上升可能淹没区土地的不同用途，对土地进行分类，各类不同功能性质的土地的资产价值（土地价格）也是不同的。首先根据土地的用途性质划分为不同产业用地，如工业用地、农业用地、林业用地、牧业用地等；其次在每一产业用地范围内，划分功能用地，如生产用地、科研用地、办公用地、文教体医卫用地、生活和服务用地、交通用地和特殊用地；最后依据可能淹没的地产类型分别统计计算其损失的价值。

第二，房产：根据我国具体情况，资产核算中，房产可分为房屋和建筑物两类，在国有资产数据库中，各类不同功能及用途房产的单位造价均有统计，它为各种灾害经济损失的估算提供了基准数据，分析海平面上升可能淹没的房屋和建筑物类型，计算可能造成的房产损失。

第三，内部资产：按照建筑物的使用及分类，可分为工业、农业、矿业、林业、商业、交通业（铁路、航空、公路）、邮电业、行政机关和事业单位、城市和农村等，内部资产价值与资产的类别及自身的价格密切相关。对于缓慢发生的海平面上升，内部资产有充足的时间转移，这一项可按重置完全价值折旧方法计算

$$\text{损失值} = \text{重置完全价值} \times (1 - \text{年均折旧率} \times \text{已使用年限})$$

（2）间接损失计算　间接损失涉及对国民经济的影响沿产业链传递到哪一环，对经济社会的影响从低层次向高层次扩展到哪一级的问题。因此，此项计算比较粗略。一般来说，间

接经济损失比直接经济损失要大得多。但由于间接经济损失与直接经济损失不易区分，即使进行详细的调查统计，也很难准确定量估算，所以，对间接经济损失的估算可用比例系数法和灾害因子分析法进行估算。

比例系数法：根据直接经济损失和间接经济损失之间量的关系和特点，并参照相似地区实际已发生的情况，计算间接经济损失

$$S_{间} = k \times S_{直} \tag{4-19}$$

式中：$S_{间}$为间接经济损失；$S_{直}$为灾害的直接经济损失；k为比例系数。

灾害因子分析法：首先选择海平面上升灾害损失的相关因子，然后求其与经济损失之间的量的关系，再用受灾面积统计

$$S = M \times (E + P + A + R) \tag{4-20}$$

式中：S为间接经济损失；M为成灾面积；E为受灾区内经济发展程度，用单位面积国民生产总值表示；P为人口密度，用单位面积人口数表示，并用人均国民收入将其折合成价值量；A为固定资产及设施密度，用单位面积固定资产现值表示；R为资源丰度，用单位面积资源净价值表示。

4.3.6.3　潜在经济损失的预估

潜在经济损失的预估用于对海平面上升未来若干年后的影响损失预测。海平面上升的发生过程缓慢，其成灾活动具有长期性和累积性等特点，因此，在预估中要考虑经济的增长和损失的累加问题。

按照“IPCC气候影响与适应性评价技术指南”，某单位面积上的价值可用单位面积上的经济价值来表示。因此，海平面上升受灾面积经济损失的计算，先设定计算基准年，再由不同年限的受灾面积与单位产值的积来表示。

$$L_{e} = \sum A_{i}C_{i} \tag{4-21}$$

式中：L_{e}为预测区各评估阶段的累计损失值；A_i为某年受灾（淹没）面积；C_i为某年受灾（淹没）单位面积的价值。

（1）受灾面积的测算　借助于地理信息系统（GIS）的ArcInfo软件，首先，根据要求精度，选择不同精度的地形数据库和数字高程模型（DEM）；其次，依据现有防潮设施情况，按研究区每个验潮站的潮位值及所控区域的DEM值进行海水淹没范围的预测计算，并将栅格数据转换为矢量数据，即可得出某一潮位高度下的海水淹没面积的预测值；最后，将海水淹没面积的范围界线与行政边界进行叠加，便可得出基准年每个县、区、市的海水受灾（淹没）面积

$$A_{i} = A_{0} \times a \tag{4-22}$$

式中：A_0为评价区基准年海水可能淹没的面积；A_i为某预测年海水可能淹没的面积；a为某时间段内该地区海平面上升淹没的速率。

（2）受灾土地价值估算　第一，以受灾（淹没）区各类土地上从事不同活动所创造的产值计算损失。不同的用地从事不同的生产活动，其产值相差很大，即单位面积的价值不同，因此，预测年各类用地单位面积的价值为

$$C_e = \sum_{j=1}^{n} A_j \times a \times C_{0j} \times (1+r)^t \tag{4-23}$$

式中：C_e为预测年各类用地面积的产值；C_{0j}为基准年某类用地单位面积的产值；A_j为某类用地的面积；t为自基准年起到预测年的年数；j为用地类型；r为经济增长率。

第二，以受灾（淹没）土地范围内的社会总产值或国民生产总值计算损失。根据沿海各省区每年的经济统计数据中的社会总产值或国民生产总值进行计算

$$L_e = A_0 \times a \times C_0 \times (1+r)^t \tag{4-24}$$

式中：L_e为预测年受灾区社会总产值或国民生产总值；C_0为基准年内受灾区单位面积社会总产值或国民生产总值；t 为自基准年起到预测年的年数；r为经济增长率。

4.3.6.4　海平面上升的社会影响评价

海平面上升的社会影响评价主要指受灾区人口被迫迁移或用其他方式安置所造成的损失，用受灾土地面积和这些土地上转移的人口数量来估算，在计算过程中要考虑人口的自然增长速率。计算公式为

$$L_S = A_n S_n \tag{4-25}$$

$$S_n = \frac{S_0(1+r_p)^n}{1-na} \tag{4-26}$$

式中：L_S为预测年受灾区生计影响值； A_n为预测年受灾区面积；S_n为预测年单位面积人口；S_0为基准年单位面积人口；r_p为评价区人口增长率。

通过以上评估预测可以看出，海平面上升的社会影响及经济损失与地区的经济发展水平密切相关，经济发达地区一般人口密度大，经济产值高，海平面上升的风险性大，社会影响面广，破坏损失严重，因此，对这类高风险地区采取防护措施非常重要。

课堂讨论话题

1. 灾级与灾度有什么区别？
2. 什么是灾度指数？如何计算？
3. 灾害评估的方法有哪些？

课后复习思考题

1. 熟悉海平面上升损失评估方法和步骤。
2. 试应用灾级评估指数法计算表 4-2 的灾级。
3. 简述新型经济发展形势下环境灾害评估的重要意义。

第5章　环境灾害防治和应急预案

内容提要

本章主要讨论的是环境灾害应急管理方面的内容。首先，从环境灾害预防和治理的角度，阐述了环境灾害的防治原则、内容和方法；其次，论述了环境灾害一旦发生后的应急机制，讲述了应急预案的编写内容、结构体系、应急管理的机制、启动应急预案的程序；最后，实例分析了应急预案启动程序及在各个环节中的作用。

重点要求

- ✧ 掌握应急预案编制的内容和体系；
- ✧ 掌握应急预案启动程序及各个环节的功能；
- ✧ 掌握环境灾害防治的手段。

当今社会正面临日趋严重的各种环境灾害，对环境安全已构成巨大的威胁。环境灾害的防治已成为环境安全领域最热门的问题，安全已经成为当前环境问题的热点而日益受到人们的关注，建立和实施环境安全战略已成为当前环境保护的迫切任务。

5.1　环境灾害的防治

环境灾害的预防和治理，减少环境灾害造成的损失和不良影响是环境灾害学研究的目的，探索减灾、防灾措施，建立相应的减灾、防灾法律法规，建立环境灾害的防治与管理体系，是减少环境灾害损失的重要手段。

5.1.1　环境灾害防治的基本原则

根据环境灾害的特性，在进行政策宣传、规划协调、组织管理、工程实施、监测预报、抢险救灾等一系列防灾、减灾工作中，力求科学，客观高效，应遵循以下基本原则。

5.1.1.1　普及防灾、减灾知识，提高全社会的防灾、抗灾能力

在加强科学研究的同时，大力加强宣传教育工作，普及灾害基本知识，增强全社会的减灾、防灾意识，以科学的态度对待灾害，消除恐慌。通过各种媒介广泛宣传，大力推广灾害防御的成功经验，充分调动广大人民群众的积极性，这是避免和减轻灾害损失的基础。

5.1.1.2　以防为主，防、抗、救结合

在发展经济、保护环境的同时，注意加强防灾工作。逐步建立各类环境灾害灾情信息系统和监测预报网络，不断提高环境灾害的预测预报水平，及时实施防灾工程。积极做好应对重大自然灾害的预案制定工作，以便能及时做出有效的反应，主动抗灾，尽量减轻灾害损失；

当灾害发生后，及时组织强有力的救灾队伍进行抢险救灾，尽快恢复灾区的生产生活。

5.1.1.3　宏观控制和因灾设防的具体部署相结合

一方面通过建立灾害宏观研究管理机构，对宏观环境状况和变化趋势的信息进行收集、处理和储存，并进行深入的研究，有效地部署灾害宏观防治措施；另一方面根据具体地域的具体灾种，在宏观防治的统一指导下，因地制宜地布设防灾措施。

5.1.1.4　群众性与专业性相结合，实现全面的防灾减灾

在减灾工作的全过程中，即灾害调查、监测、预报、防治、抗灾、救灾及灾后重建的各个阶段，都必须依靠科技进步和全民的共同努力，既要有具有较高科技水平的专家队伍，通过专业技术工作，掌握各类灾害在不同地区的群发性、链发性、关联性和周期性规律，充分运用现代科学技术方法和手段，最经济有效地开展灾害综合勘察、评价与防治工作，又要有全民性的"群测群防"，特别是对于大量普遍性的灾害，点多面广，应主要依靠当地人民群众，自觉地组织监测和主动地进行防治。

5.1.1.5　突出重点，兼顾一般

根据灾害的地区性、区域经济性及与社会的同步性、恐慌性特点，对日趋严重、普遍的灾害，要分析灾情大小、防灾效益，以及技术上的可行性、经济上的合理性，有重点地组织防治，同时要兼顾一般。对于生命线工程，要重点防范，确保安全。一般地区，立足于防，防避结合，以尽量减轻灾害损失、获取最大减灾效益为目的。根据灾害的双重性特点，在防灾、减灾的同时，注意趋利，变害为利，造福于民。

5.1.1.6　政府应负责协调防灾、减灾行动，建立法制保障制度

建立有职、有责、有权的灾害防治机构，颁布涉及防灾的法令、法规、条例，投入灾害研究和防治的必要经费。防灾、减灾的各个阶段的工作，都必须在政府部门的统一组织协调下，明确各方面的职责，分工合作，运用行政、经济、计划、法律等多种手段，动员社会力量，多渠道、多层次、多方式投资投劳，尽可能调动各方面的积极性，最大限度地协调好各方面的利益关系，从而科学、高效地实施各项减灾、防灾工作。

5.1.2　防灾、减灾工作的主要内容

防灾、减灾工作的主要内容包括环境灾害预测预报、防灾区划和规划、灾情监测预报、灾害的应急处理、灾后治理和恢复。

5.1.2.1　环境灾害预测预报

对灾害发生及其可能产生的损失的正确预报是实现防灾、减灾的关键。根据预报提前于事件发生的时限，灾害预报一般分为早期预报、中期预报、短期预报和临灾预报。早期预报主要依据灾害事件的发生基础、周期性活动的统计规律及主要诱发因素本身的变化等做出预报。中期和短期预报主要是根据致灾物质运动起动前发生变形的速率与达到的程度，以及对自然灾害事件的发生能起到诱发作用的那部分物质的运动状况及其潜在的诱发作用的强度进

行预报。临灾预报是指致灾物质运动即将起动或者即将到达预定的地点，通常是发出紧急警报。临灾预报能使人们赢得时间保护生命和重要财产。预报的具体要求随灾害种类的不同而有别。实现自然灾害预测预报依赖于多年观测资料、实际经验和科学实验成果的积累，及时的数据处理技巧及正确的数学模型等。

5.1.2.2 防灾区划和规划

防灾区划和规划是预防和治理灾害的长远计划。其目的是将灾害防治由被动、应急、分散变成主动、计划、全面的工作，以减少灾害的损失。编制防灾区划和规划也是灾害防治管理的重要内容和手段，对加强灾害的防治和管理，减轻灾害损失，维护人民生命财产安全，保证灾区社会稳定，促进国民经济健康发展，促进经济可持续发展等都具有重要意义。

编制防灾区划和规划的主要任务是明确灾害防治的目标，各时期的工作重点，各地、各部门的职责，应该采取的主要措施和方法，一定时期内需重点发展的防灾技术手段等。防灾区划和规划应包括下列内容：灾害现状，防治目标，防治原则，易发区和危险区的划定，总体部署和主要任务，基本措施，预期效果。

5.1.2.3 灾情监测预报

灾情监测预报是制定救灾方案的基础，在许多情况下灾害损失过大或受灾人口伤亡过多与没有提供及时的、恰当的、足够的紧急救援有直接的关系，与没有正确的、肯定的救灾方案和灾情监测预报有关。灾情监测预报比上述的早期预报和临灾预报有更高的难度，它以灾害事件发生在什么地点、什么时间、强度多大的中、长期预报为基础。在对成灾背景和成灾机制有充分调查研究的情况下，第一要考虑致灾物质运动波及的范围、发展的时间及扩散发展过程中的能量消耗；第二要考虑人员撤离所需要的时间、建筑物和生产设备等在致灾物质运动冲击下的易损程度；第三要考虑预报灾区的人口密度和经济发展的水平，估算灾害事件可能造成多大的直接损失和间接损失。

5.1.2.4 灾害的应急处理

灾害的应急处理包括启动应急预案、组织专业救援队伍、灾民转移疏散安置、救灾物资调集和运送、医疗救护和卫生防疫等。

政府应具备强有力的组织措施和完善的部门应急预案体系，形成应对突发性灾害情况的应急救援机制。各个相关政府部门，应建立相应的、不同层次的突发性灾害及公共事件应急预案。在政府的组织动员下，各单位按照预案启动应急救援机制，与社区志愿者、学生、部队官兵及红十字会、灾害救助协会等相互配合，全方位开展灾民救援、疏散、安置活动。

抢险救灾专业队伍有较强的应急救援能力。这支队伍应由灾害紧急救援队、当地设施抢险大队及应急救援志愿者飞行队等组成。他们应能通过侦检、电动破拆、起重攀升、个人救助等项目完成各项任务，如石油管道、煤气管道、上水管道爆裂，热力管线破裂等抢险任务；飞机低空勘察、防疫喷洒、伤病员紧急转移等任务。

修建应急避险场所，转移疏散安置灾民。其主要功能有：避险疏散、物资储备、供水系统、排水系统、供电系统、直升机停机坪、应急避险场所指挥系统（包括通信、监控、广播系统），另外还有应急用房（包括卫生防疫、医护等用房）。

5.1.2.5　灾后治理和恢复

灾后的治理和恢复重建往往需要有更高规格的减灾措施和水平，灾后重建的重要原则之一是“安全”。例如，建防洪大堤，总要比原来的大堤更高、更宽、更坚固。然而这样的客观需要往往会受到习惯势力的阻挠。有些人会认为他们已经受了那样的灾害，或许在其有生之年不会再有那样的灾害了，或者他们认为已能够经受住其他任何再来的灾害了。事实是灾后的重建和恢复会对今后几代人产生影响。因此，如何把握灾后重建的规格要求，也是一个需要认真深入研究的问题。

5.1.3　环境灾害的防治手段

5.1.3.1　应有健全的法规体系

减少环境灾害、保障环境安全是保证我国社会可持续发展道路的重要条件，建立健全的防灾、减灾法律法规体系则是防治环境灾害、保障环境安全的首要任务。我国已经制定的有关法律包括《刑法》《矿产资源法》《大气污染防治法》中，对此都有明确的规定。为了更好地减灾防灾，还应制定《环境灾害救助法》《环境灾害对策基本法》以期形成完整、有效、分层次的防灾减灾的法律体系。

5.1.3.2　加强可持续发展的教育和宣传

环境意识具有相对的独立性，任其发展，会在一定程度上滞后于社会环境的实际状况，必须加强环境教育和宣传，才能使人们意识到环境对于人类的重要性，以及人与自然协调发展的必要性和迫切性。要使人们认识到环境灾害的发生和环境安全被破坏给人类带来的巨大损失，只要求局部利益和眼前利益最大化的做法与整个社会的可持续发展是背道而驰的，必须增强国情和忧患意识，在多灾区和潜在危险区设立咨询机构，树立全民防灾意识和全球观念。

5.1.3.3　加强环境灾害的科学研究

任何灾害的孕育和发生都有其内在的客观规律，只有深入地认识这些规律，才能对灾害进行控制、预防，为制定减灾、防灾措施提供科学的依据。根据物质转化和运动规律，正确预测预报灾害事件发生的时间、地点、强度、灾害损失，设法改变、减轻灾害发生的频率和强度，延缓或阻止灾害的发生与蔓延。对已发生的事故的调查和统计是研究工作的第一步，只有掌握了实际情况，才能做出正确的判断。做好调查和统计工作也有利于加强人们对环境灾害和环境安全的重视程度。目前需要加强灾害发生机理及内在规律、灾害风险评价、保险与灾害经济补偿模式等方面的研究。

5.1.3.4　建立信息系统和预警机制

预警机制的运行有赖于完善的信息系统，只有收集了足够的信息，才能对所处的状态做出正确的判断，识别、评估可能发生灾害的类型和区域，制定合理的防灾规划，建立完善的应急机制。预警机制用来预防一些紧急情况的出现，及时采取措施避免灾害的发生，或尽量减少灾害带来的损失。但由于灾害本身的复杂性和科技水平的有限，很难达到完全预防的目的。建立预警机制，首先要选择一些具有代表性的指标建立社会预警系统的指标体系，指标可分为警兆指标和警情指标，再经过研究和调查确定警戒线，用信息系统中收集到的信息对某个区域的现状进行评价。

5.1.3.5　建立快速反应与事后处理机制

突发事件发生时，及时做出反应，采取各项应急措施（包括测报通信、警报系统、疏散计划和工具、灾后紧急救援计划、指挥系统等）进行灾后应急处理，减少灾害损失、防治衍生灾害，对受灾区进行恢复重建，提高各种设施、生态环境抗御灾害的设计标准和技术含量，增强抗御灾害事件再次暴发的能力，避免其再度发生。也可从中总结经验，吸取教训，反馈给预警机制，提高预警精度。这方面的主要工作有建立常设性的防治环境灾害的组织管理和协调机构，其成员要以环保为主，包括多门学科的专家，并组织一支能够快速做出反应的机动队伍。

5.1.3.6　加强国际合作

环境灾害问题越来越具有全球化、国际化的特点，各国都在努力改善本国的环境质量。但很多问题的解决必须采取国际统一行动，必须注意各国主权和公平问题，不能以牺牲别国的环境为代价来改善本国的环境状况，也不能放任一些国家对整个地球环境的破坏，这些都不利于全人类的可持续发展。

5.2　突发性环境灾害的应急机制

近几年来，随着我国工业化程度的不断提高和经济的快速发展，重大突发性环境污染事件已成为一个重要问题呈现在公众面前。特别是近一时期，各地环境污染事件日益频繁发生。例如，吉林石化工厂爆炸引起松花江水污染；太湖严重富营养化导致水质恶化，蓝藻暴发，引发无锡严重水危机；广东中山市小榄镇一公司发生设备安全事故致使 500 L 电镀液（内含 12 kg 氰化物）流入市政下水管道，造成小榄镇的一条河流受到污染；江苏省江都市化工厂丙烯腈储罐爆炸事故造成 6.6 t 丙烯腈起火燃烧；沈阳市东陵区天久化工厂发生液化罐爆炸事故，该厂实验室有机溶剂苯等发生泄漏；江苏省淮安市淮阴区发生交通事故，一辆槽罐车装载的 9 t 甲醛全部泄漏在 205 国道两侧的雨水沟等严重危害生态环境的污染事件。这些重大突发性环境污染事件不但严重影响了当地自然生态环境，而且危害了当地人民群众正常的社会经济活动，更有甚者影响了周围广大地区人们的生存环境。

5.2.1　突发性环境灾害

突发性环境灾害是指违反环境保护法律法规的经济、社会活动与行为、意外因素的影响或不可抗拒的自然灾害等致使环境受到污染的事件，以及其他突发公共事件产生、衍生的环境灾害。突发性环境灾害主要分为三类：突发性环境污染事件、生物物种安全环境事件和辐射环境污染事件。

突发性环境污染事件包括重点流域、敏感水域水环境污染事件，重点城市光化学烟雾污染事件，危险化学品、废气化学品污染事件，海上石油勘探开发溢油事件与突发船舶污染事件等。突发性环境污染事件是一种非正常事件，它的发生往往造成不同程度的污染物异常释放。环境污染事故具有污染影响长远并难以完全消除的特点，它的日益频繁发生，不仅给人民群众的生命、健康和财产造成了极大的损害，使人们赖以生存的生态环境遭到严重破坏，还严重影响了国家的利益及经济发展。

生物物种安全环境事件主要是指生物物种受到不当采集、猎杀、走私、非法携带出入境或合作交换、工程建设危害及外来入侵物种对生物多样性造成损失和对生态环境造成威胁与危害的事件。

辐射环境污染事件是指放射性同位素、放射源、辐射装置、放射性废物辐射所造成的环境污染事件。它还包括核放射源的丢失、被盗和失控。核放射源一旦失控，由于其一般体积小、辐射范围大、认知程度低等因素，它极易对环境和人民群众的生命安全造成严重的威胁。

5.2.2　应急机制

环境应急是指针对可能或已发生的突发环境事件需要立即采取某些超出正常工作程序的行动，以避免事件发生或减轻事件后果的状态，也称紧急状态；同时也泛指立即采取超出正常工作程序的行动。

环境应急机制是指公共组织（尤指政府）应对环境突发性公共事件的工作机理和构造。环境突发性公共危机事件属于非常规决策和非程序性问题。具体而言，它由监测预警、应急信息报告、应急决策和协调、分级负责与响应、公众沟通与动员、应急资源配置与征用、对相关组织和个人的奖励与惩罚等要素组成（图 5-1）。

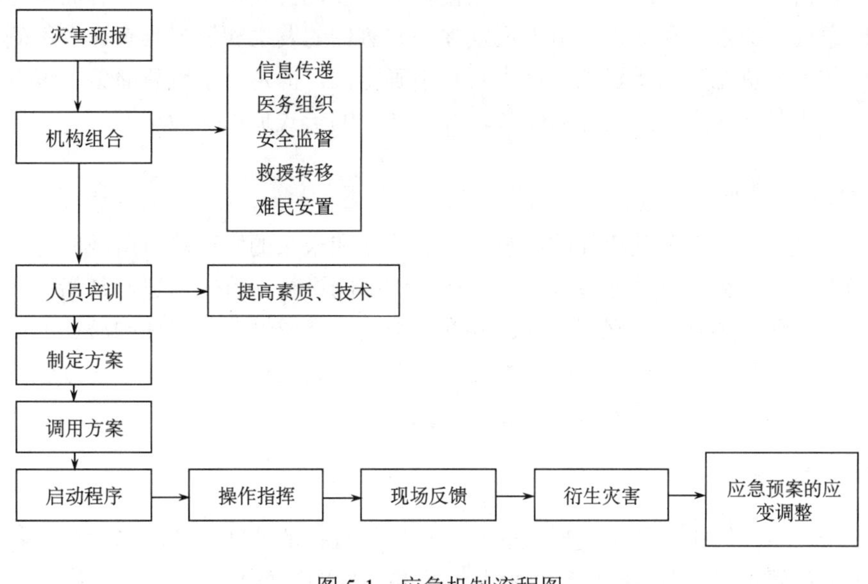

图 5-1　应急机制流程图

突发性环境灾害的应急机制包括：监测预警、应急信息传递、应急储备、应急评估和应急管理。

5.2.2.1 监测预警

监测预警是整个环境突发性事件处置的首要环节，其目的是有效地预防和避免环境突发性事件的发生或发展。环境突发性事件的发生前及升级后不同阶段的预防比单纯解决事件本身显得更为重要。如果能够在环境突发性事件没有发生之前，或者处于较低程度的发展状态时，就及时将产生的根源消除，不仅能够保障有序的社会关系，也可以节约大量的人力和物力。国外有学者就认为，政府管理的目的是使用少量的资金预防，而不是花大量的资金治疗。

5.2.2.2 应急信息传递

应急信息传递是影响突发性事件防治成效的关键性因素，这是因为政府在突发性事件情景下的决策是以客观、真实、及时和充分的应急信息为前提的。如果应急信息不充分和不真实，那么政府选择的行动方案将无从谈起，就会浪费许多资源和时间。同时，应急信息的充分和真实也是公众实现知情权、进行自我救助的基础。但凡应急信息制度比较完善的国家，都有规范和有效的应急信息通报制度，包括通报的种类、范围、时限、方式、途径，特别是建立与新闻单位进行良性合作的机制，并严格规定隐瞒、截留、删改、夸大、臆测、缓报、谎报人员的法律责任。

5.2.2.3 应急储备

应急储备主要包括应对突发性公共事件所需要的人力资源和物质资源，如具备专业知识的应急救援队伍、各类应急物资（如水、电、石油、煤、天然气等）、应急设施（如防灾抢险装备、检测仪器等）和专项应急资金。在处置各类突发性公共事件中，应急储备是否充足，能够影响应急处置的进程和效果。由于突发性公共事件的发生和发展具有许多不确定因素，因此所需要的人力资源和物质资源总量也具有不确定性，但是对于应急储备制度健全的国家而言，往往在平时就注重应急资源的储备，并以法律的形式加以保障。

5.2.2.4 应急评估

应急评估是对突发性公共事件的严重性、紧迫性和未来的发展趋势所做的衡量和评价。严重性是指对突发性公共事件会造成哪些破坏性的影响进行评价。紧迫性是指突发性公共事件处置过程中，哪些事宜应当立即解决。发展趋势是对突发性公共事件的潜在的威胁和发展进行估计。科学的应急评估机制，能够保证人们在处理突发性公共事件中区分轻重缓急，做到从实际出发，突出重点、统筹兼顾、合理决策。

5.2.2.5 应急管理

突发性公共事件对国家和人民群众的利益构成最直接的威胁，政府作为公共物品的提供者和公共事务的管理者，必然要承担对突发性公共事件的管理职责。同时，政府在资源禀赋、人员结构、组织体制等方面具有优势，这就使其在整个突发性公共事件的应对过程中起主导作用。但是，这绝不能成为忽视各类民间组织参与突发性公共事件应对的理由。民间组织由于具有公益性和与民间社会结合紧密等特点，通过人员派遣、物资援助、募集奖金、心理援助和提供信息等手段，在突发性公共事件发生后的灾害救助、事故调查阶段，以及在前期的预警、监控阶段都能够发挥重大作用。

5.2.3　应急管理机制

5.2.3.1　建立应急管理制度

根据我国的国家形式和机构设置情况，可以确立纵向与横向机构相结合的应急管理体制。纵向机构可设为国家、省（自治区、直辖市）、市和县四级应急管理机构。特别是由于自然环境地理位置的特殊性，生态环境部可以建立设置几个大区的管理模式，以便建立跨流域、跨区域的应急机构。横向机构应急管理体制的建立应充分考虑政府各职能部门之间的协调联动，体现在两个层次上，其一是不同行政区域之间的地方人民政府，其二是同一行政区域内或不同行政区域间的环境保护、海洋、林业、渔业、海事、农业、草原、水利、财政等行政主管部门。经过建立多层次、多角度的突发性环境污染事件应急机构，在全国形成一个立体的应急处理网络，保证一旦发生突发性环境污染事件，就能够由相关部门进行妥善处理。

5.2.3.2　建立减灾应急管理的法律法规

虽然，环境突发性公共危机事件属于非常规决策和非程序性问题，政府具有许多即时性和便利性的权力，但是现代民主和法治国家的一个基本要求是，国家应当以法律的形式来规范整个环境应急机制，特别是当政府在行使涉及应急资源的配置和征用，对有关组织或个人的奖惩等强制性权力时，更应当有行为法上的依据。这是因为“在许多可以想象得到的情况下，如果政府被授权可以采取特别行动，而不被迫去行使违法的权力，政府就可以更有效地抵抗内部或外部的攻击，许多生命可以保存并减少损失。预料得到的合法性，因为可以得到更多民众的支持，也可能增加政府紧急处置的效力”。世界上紧急状态法治比较发达的国家，如英国、美国、法国等国家，都是通过统一的《紧急状态法》来规范政府的应急性权力。

目前，我国已完成国家总体应急预案有 25 件专项应急预案、80 件部门应急预案，基本覆盖了我国经常发生的突发性公共事件的主要方面。我国应急预案框架体系已初步建成。

5.2.3.3　建立应急预案制度

应急预案制度主要包括以下内容：应急处理指挥部的组成和相关部门的职责，军事反应部队的组成、任命和训练，信息收集、分析、报告与通报。

应急监测机构及其任务包括以下内容：突发性环保事件的分级和应急处理工作方案，突发性环保事件预防、现场控制，应急设施、设备、救治药品和医疗器械及其他物资和技术的储备与调度，突发性环境污染事件应急处理专业队伍的建设和培训等。

5.2.3.4　应急处置的运行机制

灾难性事故与事件应急处置的运行机制包括协调机制、指挥机制和应急预案启动机制三个方面，这三个方面实际上都属于应急管理的组成部分。

（1）协调机制　协调是指使参与应急处置的各部门和单位产生协作行为的组织管理工作，协作配合是否妥当取决于协调功能发挥得如何。协调的必要性体现在以下几个方面：①应急处置工作是一项多部门联合反应的工作，因此需要组织指挥者进行有效的协调；②为了保证各个应急组织之间保持良好的互动关系；③建立不同层级应急机构之间的合作机制。在多数情况下，对灾难性事故与事件的应急处置工作是在不同级别的应急机构共同参与的情况下进行的，这就需要建立一种多重层级结构的协调机制。

应急机构的重要工作是协调而不是控制。协调机构应履行的职责包括：①明确应急体系框架、组织机构及其各自职责；②合理配置应急资源；③制定应急政策；④获取与沟通各方信息。

为了有效处置灾难性事故与事件，履行好职责，协调机构应当拥有多方面的权力。这些权力包括：①及时获取信息的权力；②请求协助的权力；③请求支援的权力。

（2）指挥机制　指挥是指社会组织和有组织的群体为了协调一致地达到某个目标，由领导者所实施的一种发令调度的活动。指挥活动的发生必须具备四个条件：①存在于群体行动中；②指挥活动是有目的地支配被指挥对象的行为；③指挥活动是一个指令化的过程；④建立等级有序的指挥关系。没有统一的指挥机制，应急处置就没有取得成功的根本保证。

为保证应急处置目标的实现，在灾难性事故与事件的应急处置过程中，现场的指挥机构与指挥人员应当拥有以下的职责与权力：第一，识别紧急情况与潜在的危险，并进行初期处置；启动与指挥、协调现场的应急力量；如果必要，下达人员疏散的命令；向上级领导报告情况；请求支援或其他帮助；做出紧急通告。第二，权力，包括：①紧急征调使用的权力，灾难性事故与事件发生后，指挥机构为抢救群众的生命财产、防止事件的蔓延扩大，可以征集、调用单位或者个人的交通工具、通信设备、场地、建筑物及供水、供电、医疗设施（设备）等；②紧急排险权，为了避免发生重大损失，指挥机构可以行使采取以牺牲小部分利益来保护重大利益的措施的权力；③紧急管制权，在灾难性事故与事件应急处置时，协调机构可以发布通告或下达命令，对有关场所、道路限制通行、停留及对过往人员、车辆实施检查、盘查等行为的权力；④即时强制的权力，为了避免损失的发生或者进一步扩大，或者为了避免事态的进一步恶化，协调机构可以做出一些即时强制行为的权力。

（3）应急预案启动机制　按照我们国家现行法律与政策的要求，尽管应急预案按照制定级别应分为五个层级，即企业事业单位层级，区、县政府层级，地市政府层级，省、自治区、直辖市政府层级，中央政府层级。应急预案的启动应按照分级管理、分级反应、自下而上的程序进行。当然，需要启动哪一级预案，应当从灾难性事故与事件的严重程度和可控性、所需动用的资源、影响区域的大小等因素出发进行综合考虑。无论有多少层级的应急预案，也无论启动哪一级的应急预案，在启动时都应当遵循一定的程序，这是由应急处置的程序性原则所决定的（图 5-2）。

应急预案的启动程序应与发生灾难性事故与事件的报警程序一致。除事件发生的单位要做出初期的应急处置之外，距离事件发生地最近的地方政府的应急资源是第一反应者。但要做到这一点，需要有一定的报警程序，也就是说，在报警程序上应保证第一反应者首先接到报警。

在发生灾难性事故与事件之后，按照一定的程序上报各级政府的有关部门，对于上级政府部门及时掌握信息、了解情况、做出宏观决策都是非常必要的，属于信息报告制度的范畴，即使灾难性事故与事件不需要动用上一级政府或国家的资源，也要按照规定逐级上报。但如果要启动上一级政府的应急预案就需要慎重考虑。一般情况下，请求动用上级政府的应急资源时需要考虑的因素有：①灾难性事故与事件的危害范围已经超出本级政府的管辖范围；

②应急资源严重不足，不足以防止灾难性事故与事件的蔓延扩大；③需要特殊的专家与技术支援；④需要动用上一级政府的权力以做出特殊的决定；⑤重要的灾难性事故与事件的信息源掌握在上一级政府的手中；⑥本级政府没有制定相应的灾难性事故与事件的应急预案。无论是上述情况中哪一种情况出现，如果涉及动用上一级政府的应急预案与应急资源，就应当进行适当的评估，以避免出现反应过度与反应不足两种情况。

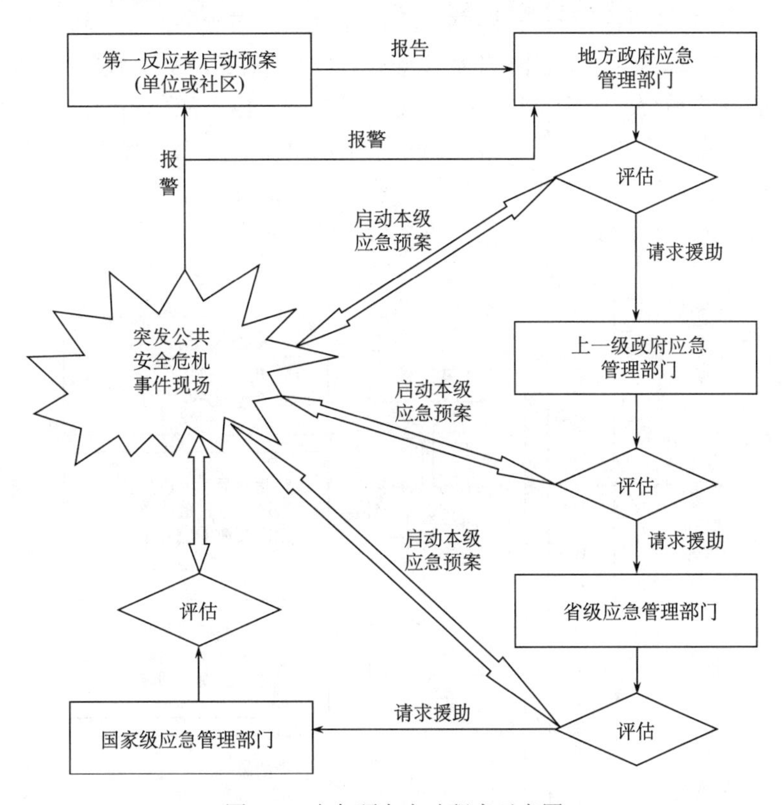

图 5-2　应急预案启动程序示意图

总之，协调机制、指挥机制与应急预案启动机制无疑是灾难性事故与事件应急处置过程中重要的运行机制，其中核心的问题是处理联合反应过程中各个组织机构之间的关系。尽管在各种灾难性事故与事件的应急预案中一般会对各组织机构的责任、任务、角色、相互关系确定得明白无误，但实际运作时的沟通、协调仍然是避免产生冲突的关键因素。协调、指挥、控制的功能应集中在一个机构，而不可分割，探讨它们之间区别的目的在于说明不同的应急处置阶段，或在不同级别的应急管理机构中，指挥与协调的功能应有所侧重。而强调应急预案启动程序的目的在于使应急处置行动更加合法化与规范化，同时使应急资源的使用发挥最优的效果。

5.2.4　应急体系举例——水污染事故应急系统

水污染事故应急系统关注的主要问题是：面对重大水污染事故，如何实现全面监测监控，并快速、动态地全面了解现场的状况；面对不同条件下的突发性水污染事故，如何科学预测其趋势、后果、危险性并快速预警；如何科学决策和高效处置，结合常态时通过风险分析查找隐患和应急后期对应急过程进行评估。

水污染事故应急系统围绕应急预案实施的保障能力体现在对各个应急环节提供科学支撑和技术支持。应急系统一方面作为突发性事故信息的“汇集点”，在汇聚的大量信息中快速有效地整合、分析、提取危险源和事件现场的信息；另一方面作为应对突发性水污染事故的“智能库”（包括数据库、预案库、模型库和决策技术库），提供不同条件下对突发性水污染事故的科学动态预测与危险性分析，判断预警级别并快速发布预警；进而作为整个应急指挥决策的“控制台”，逐步落实应急预案，调整决策和救援措施等，实现科学决策和高效处置。

水污染事故应急系统应由多个子系统构成（图 5-3），由于应急系统的核心在于对信息和事故演化的综合分析，因此水污染事故应急系统中最重要的是应急智能子系统的功能。水污染事故应急系统的信息获取子系统由于应急智能子系统的存在，不同于普通意义上的获取，不仅要注重信号接入，还应具备初步的信息分析和处理功能。

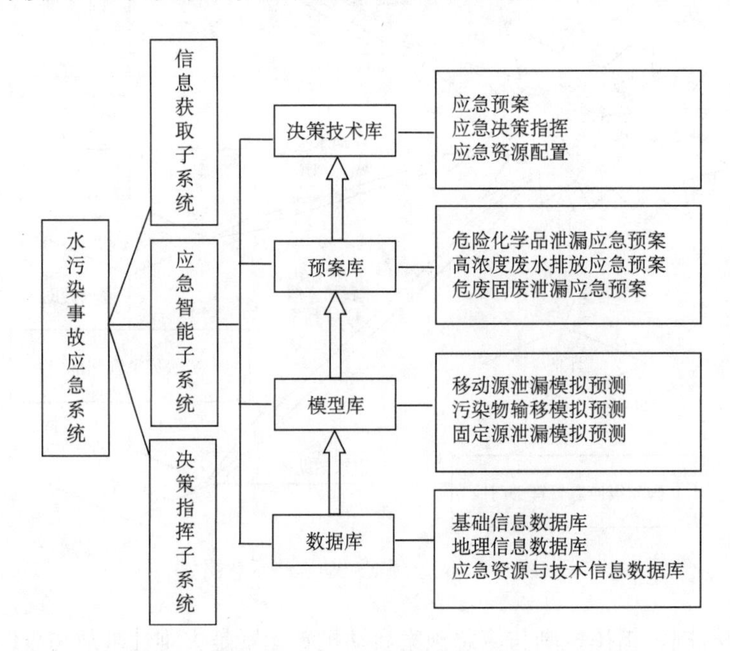

图 5-3　水污染事故应急系统

水污染事故应急系统是实施应急预案的工具，是基于先进信息技术、信息系统和应急信息资源的多网整合，软硬件结合的应急保障技术系统。它具备风险评估、监测监控、预测预警、动态决策、综合协调、应急联动与总结评价等功能。它由突发性水污染事故的信息获取子系统、应急智能子系统和决策指挥子系统构成，其中，应急智能子系统包括数据库、模型库、预案库和决策技术库。数据库包括基础信息数据库、地理信息数据库和应急资源与技术信息数据库；模型库包括信息识别与提取模型、事故发展与影响后果模型、人群疏散与预警分级等模型；预案库包括针对可能发生的事故灾害预先制定的应急预案或方案；决策技术库则是支持决策活动的具有智能作用的人-机系统。

5.3　应急预案的制定

2018 年 3 月 3～20 日召开中华人民共和国第十三届全国人民代表大会第一次会议和中国人民政治协商会议第十三届全国委员会第一次会议，在政府组织机构中专门组建了应急管理部，专门负责和协调各类灾害的应急及救援工作。早在 2006 年 1 月 8 日，国务院正式发布《国家突发公共事件总体应急预案》（以下简称《应急预案》）。它明确了各类突发公共事件分级分类和预案框架体系，规定了国务院应对特别重大突发公共事件的组织体系、工作机制等内容，是指导预防和处置各类突发公共事件的规范性文件。

实施《应急预案》，建立健全社会预警体系和应急机制，对于提高预防和处置突发公共事件的能力，预防和减少各类突发公共事件及其造成的损失，保障公众的生命财产安全和维护社会稳定，促进经济社会全面协调可持续发展，具有十分重要的意义。

5.3.1　应急预案的释义和目的

应急预案是针对可能发生的重大事故及其影响和后果严重程度，为应急准备和应急响应的各个方面所预先做出的详细安排，是开展及时、有序和有效应急救援工作的行动指南。

事故应急救援预案有两个方面的含义：①事故预防，通过危险辨识、事故后果分析，采用技术和管理手段降低事故发生的可能性，而且使可能发生的事故控制在局部范围内，防止事故蔓延；②应急抢险万一发生事故（或故障）的应急处理程序和方法，能快速反应处理故障或将事故消除在萌芽状态，并采用预定现场抢险和抢救的方式，控制或减少事故造成的损失。

编制预案的目的是在重大事故发生后能及时予以控制，有效地组织抢险和救助，防止重大事故的蔓延。具体为：①采取预防措施使事故控制在局部，消除蔓延条件，防止突发性重大或连锁事故发生；②在事故发生后迅速有效控制和处理事故，尽力减轻事故对生命财产的影响。

5.3.2　应急预案制定的原则

从预案编制的目的出发，坚持以人为本，树立全面、协调、可持续的科学发展观，提高政府社会管理水平和应对突发事件的能力。在制定灾难性事故与事件应急预案时应遵循以下原则。

5.3.2.1　坚持以人为本，预防为主的原则

加强对环境事件危险源的监测、监控并实施监督管理，建立环境事件风险防范体系，积极预防、及时控制、消除隐患，提高环境事件防范和处理能力，尽可能地避免或减少突发性环境事件的发生，消除或减轻环境事件造成的中长期影响，最大限度地保障公众健康，保护人民群众生命财产安全。

5.3.2.2　坚持统一领导，分类管理，属地为主，分级响应的原则

在国务院的统一领导下，加强部门之间协同与合作，提高快速反应能力。针对不同污染

源所造成的环境污染、生态污染、放射性污染的特点，实行分类管理，充分发挥部门专业优势，使采取的措施与突发环境事件造成的危害范围和社会影响相适应。充分发挥地方人民政府职能作用，坚持属地为主，实行分级响应。

5.3.2.3 坚持平战结合，专兼结合，充分利用现有资源的原则

积极做好应对突发性环境事件的思想准备、物资准备、技术准备、工作准备，加强培训演练，充分利用现有专业环境应急救援力量，整合环境监测网络，引导、鼓励实现一专多能，发挥经过专门培训的环境应急救援力量的作用。

5.3.3 应急预案的基本要求

制定灾难性事故与事件的应急预案，要根据事故与事件的性质、发生原因、规模大小及可能造成的危害后果等因素，来决定采取相应的处置办法和措施。在制定应急预案时，应当体现出以下几方面的基本要求。

5.3.3.1 基本情况清楚

无论是企事业单位，还是政府的有关应急管理部门，在制定应急预案时必须将自身职责范围内的基本情况搞清楚，如所在单位和地区存在哪些危险源，人员的数量、结构与分布情况，可能发生的灾难性事故与事件的类型，有哪些重要的区域和部位，可用的应急力量等。这些基本情况是制定应急预案最重要的基础。

5.3.3.2 职责分工明确

灾难性事故与事件的种类较多，每一起事件的具体情况又都不同，所需要的应急处置力量也不尽相同。即使这样，对灾难性事件的应急处置过程一般都是各级、各种应急机构和力量联合反应的过程。因此各应急机构力量之间的职责分工就显得十分重要。职责分工明确，首先要明确哪些部门是现场的操作部门，哪些是管理部门，哪些是指挥协调机构，哪些是支持与保障机构；其次要明确各个层次和部分的应急力量中各自的具体职责，如哪个机构负责应对媒体，哪个机构负责心理干预，哪个机构负责现场的安全警戒等。这些都应当在预案中有所体现和明确。

5.3.3.3 指挥决策统一

统一指挥决策是应急处置工作达到既定目标的重要保证。在多个部门参与的应急反应中，应有统一的指挥决策机构，指挥链要保证从上到下贯彻指挥员的命令，避免多头指挥带来的混乱局面。

5.3.3.4 信息渠道畅通

信息渠道畅通的要求包含以下几个方面：①有关灾难性事故与事件的各种信息要能够及时传递到指挥决策部门和人员手中，以对事件的实际情况做出正确的判断与决策；②保证有关的信息能够及时传递给新闻媒介，以便新闻媒介把准确的信息传递给社会公众，避免不确切的信息传播；③在发生灾难性事故与事件的单位和地区，要保证把有关的信息与处置的安

排（如人员疏散的计划等）及时传递给潜在的受害人。各种信息如何传递，由谁来传递，传递的途径是什么等相关问题都应体现在应急预案中。

5.3.3.5 建立咨询系统

建立应急处置的咨询系统是常常被人忽视的一个环节。为保证应急处置工作的科学化与避免发生连带反应，有必要建立咨询系统：①应急处置的专家系统，为特殊的灾难性事故与事件提供专家的智力支持，避免应急处置工作的失误；②对社会开设咨询电话，为受害人、新闻媒介及希望为应急处置工作贡献力量的社会公众提供必要的信息。

5.3.3.6 重视善后恢复

善后恢复是对灾难性事件应急处置的最后一个环节，恢复阶段的工作主要是围绕使那些受到灾难性事件影响的人和环境秩序、工作秩序尽快恢复到正常的状态。在某些情况下，恢复阶段的工作难度大于反应阶段的难度。在应急预案的制定过程中，受害人心理干预、社会心理调查、受害人生活条件的安置等，都应引起足够的重视，并纳入应急的计划中。

5.3.3.7 周密性与灵活性相结合

制定出来的预案要具备适应性、可调节性和灵活性，要做到周密性和灵活性相结合，就要把各种情况想得周全、严密，包括事故与事件发生的周围环境、发生的实际时机及其天气状况，投入人力坚持的时间，使用的器材、通信装备和给养的后勤供给等，这些预先都要考虑周全，否则就会给处置任务的完成带来一定的困难。在做到周密的同时，又要给实际任务的执行留有余地，不能把处置的措施、方法和手段规定得过于具体和细致，这是因为灾难性事故与事件的随机性、突发性强，涉及的因素众多，并且处于动态变化中，很多情况难以预测，即便是经验丰富、精明强干的组织指挥者，也无法把一切情况都事无巨细地一一考虑清楚。因此，应急预案必须具有一定的灵活性，以提高应变能力。应急处置工作的成功与否直接关系到国家和人民的利益，关系到人民群众的生命财产安全，稍有偏差就会导致严重后果。因此，制定应急预案必须留有余地，对重大的灾难性事故与治安事件的处置要制定分级预案和多套工作预案，使现场应急处置的指挥人员具备临场处置的灵活性，以提高处置成功的保险系数。

除以上几个方面的要求以外，应急预案的演练、保证应急的重点、落实应急处置的人力资源等方面的内容，都应当在应急预案中予以考虑和体现。

5.3.4 应急预案的主要内容

应急预案是针对可能发生的重大事故所需的应急准备和应急响应行动而制定的指导性文件。因此，应急预案的内容有如下几个方面：①对紧急情况或事故灾害及其后果的预测、辨识、评价，设定应急计划区和环境保护目标；②建立应急组织机构、人员，制定应急培训计划，规定应急组织体系、人员安排及各方组织的详细职责，加强公众教育和信息；③应急救援行动的指挥与协调，规定预案的级别及分级响应程序；④建立应急救援保障体系，配备应急救援中可用的人员、设备、设施、物资、经费保障和其他资源，包括社会和外部援助资源等；⑤确定应急状态下的报警通信联络方式、通知方式和交通保障、管制；⑥采取应急环境监测、抢修、救援及控制措施，由专业队伍负责对事故现场、邻近区域进行侦察监测，控制和清除污染措施及相应设备，对事故性质、参数与后果进行评估，为指挥部门提供决策依据；⑦制定人员紧急撤离、疏散、应急剂量控制组织计划；⑧医疗救护与公众健康；⑨事故应急救援关闭程序与恢复措施，规定应急状态终止程序，事故现场善后处理，恢复措施，邻近区域解除事故警戒及善后恢复措施。此外，由于应急预案是进行突发性事件处置的系统表示，所以还包含一些处置原则或处置经验。

5.3.5　应急预案响应等级

按照突发性环境事件的性质、严重性、紧急程度、可控性和影响范围等因素，一般将应急预案响应等级分为四个级别，即Ⅰ级（特别重大）、Ⅱ级（重大）、Ⅲ级（较大）和Ⅳ级（一般）。预警级别由低到高，并依次用蓝色、黄色、橙色和红色表示，根据事态的发展和应急处置效果，预警级别可以升级、降级或解除。

国家突发性环境事件应急预案分级标准如下。

5.3.5.1　特别重大环境事件（Ⅰ级）

凡符合下列情形之一的，为特别重大环境事件：①发生 30 人以上死亡，或 100 人以上中毒（重伤）；②因环境事件需疏散、转移群众 5 万人以上，或直接经济损失 1000 万元以上；③区域生态功能严重丧失或濒危物种生存环境遭到严重污染；④因环境污染使当地正常的经济、社会活动受到严重影响；⑤利用放射性物质进行人为破坏事件，或 1、2 类放射源失控造成大范围严重辐射污染后果；⑥因环境污染造成重要城市主要水源地取水中断的污染事故；⑦因危险化学品（含剧毒品）生产和储运中发生泄漏，严重影响人民群众生产、生活的污染事故。

5.3.5.2　重大环境事件（Ⅱ级）

凡符合下列情形之一的，为重大环境事件：①发生 10 人以上、30 人以下死亡，或 50 人以上、100 人以下中毒（重伤）；②区域生态功能部分丧失或濒危物种生存环境受到污染；③因环境污染使当地经济、社会活动受到较大影响，疏散转移群众 1 万人以上、5 万人以下；④1、2 类放射源丢失、被盗或失控；⑤因环境污染造成重要河流、湖泊、水库及沿海水域大面积污染，或县级以上城镇水源地取水中断的污染事件。

5.3.5.3　较大环境事件（Ⅲ级）

凡符合下列情形之一的，为较大环境事件：①发生 3 人以上、10 人以下死亡，或 50 人以下中毒（重伤）；②因环境污染造成跨地级行政区域纠纷，使当地经济、社会活动受到影响；③3 类放射源丢失、被盗或失控。

5.3.5.4　一般环境事件（Ⅳ级）

凡符合下列情形之一的，为一般环境事件：①发生 3 人以下死亡；②因环境污染造成跨县级行政区域纠纷，引起一般群体性影响；③4、5 类放射源丢失、被盗或失控。

5.3.6　应急预案体系

全国突发性公共事件应急预案体系包括以下六种。

（1）突发性公共事件总体应急预案。总体应急预案是全国应急预案体系的总纲，是国务院应对特别重大突发性公共事件的规范性文件。

（2）突发性公共事件专项应急预案。专项应急预案主要是国务院及其有关部门为应对某一类型或某几种类型突发性公共事件而制定的应急预案。

（3）突发性公共事件部门应急预案。部门应急预案是国务院有关部门根据总体应急预案、专项应急预案和部门职责为应对突发性公共事件制定的预案。

（4）突发性公共事件地方应急预案。具体包括：省级人民政府的突发性公共事件总体应急预案、专项应急预案和部门应急预案；各市（地）、县（市）人民政府及其基层政权组织的突发性公共事件应急预案。上述预案在省级人民政府的领导下，按照分类管理、分级负责的原则，由地方人民政府及其有关部门分别制定。

（5）企事业单位根据有关法律法规制定的应急预案。

（6）举办大型会展和文化体育等重大活动，主办单位应当制定应急预案。各类预案将根据实际情况变化不断补充、完善。

5.4　松花江水污染事件应急处置案例

2005年11月13日，位于吉林省吉林市的中国石油吉林石化公司双苯厂发生爆炸事故。爆炸事故不仅引起人员伤亡和巨大的经济损失，更为严重的是该事件还引起松花江水污染，致使拥有几百万人口的哈尔滨市出现水污染危机。

2005年11月14日，即中国石油吉林石化公司双苯厂爆炸火灾发生后，黑龙江水利部门就开始了对取水口上游水质的监测。因为哈尔滨市全市供水的80%取自松花江，一旦松花江水受到有害化学品的污染，哈尔滨全市将陷入停水的危机中。客观形势要求政府立即做出决策。2005年11月19日，吉林省有关部门正式知会黑龙江省，吉林市中国石油吉林石化公司双苯厂爆炸火灾事故造成了松花江水质污染，污染团正向松花江黑龙江段移动。

5.4.1　层层启动预案，政府积极应对

中国石油吉林石化公司双苯厂的爆炸火灾事故发生后，造成的危害不仅仅是对生产设备的损毁和人员的伤亡，更严重的危害是排放污染物造成了松花江水的重度污染，使哈尔滨市陷入前所未有的停水危机。面对危机，从哈尔滨市政府、黑龙江省政府、吉林省政府到国家水利部层层启动应急预案，协作配合，应急处置工作全面展开。

5.4.1.1　国家环境保护部掌控全局

爆炸事件发生后，国家环境保护部立即启动应急预案，协调吉林、黑龙江两省的应急处置工作，确保信息及时准确地传递、上报，并派出由多名专家组成的工作组前往黑龙江省，指导水污染处置工作。

2005年11月24日，哈尔滨停水进入第二天，国家环境保护部的领导通过国务院组织的

新闻发布会，向社会发布了哈尔滨停水事件的相关情况及采取的应急措施。同时，由于被污染的松花江水经下游支流将最终流入黑龙江进入俄罗斯境内，国家环境保护部通过外交部将这一信息知会俄罗斯国家有关部门及黑龙江流经的哈巴洛夫斯克市有关部门，并表示争取在我国境内将污染降到最低，承诺在松花江水污染事件处理中给予必要的协助。

5.4.1.2　吉林省立即采取应急措施

2005 年 11 月 19 日，吉林省正式确认了松花江水质被苯和硝基苯所污染的消息并正式知会黑龙江省有关部门，并立即采取应急措施，关闭中国石油吉林石化公司双苯厂的排污口，同时加大上游丰满水库的放水量，希望借此降低污染物的浓度。吉林省也对松花江吉林段进行定点监测，向黑龙江省通报监测的数据情况。对于给下游哈尔滨市造成的灾难性后果，吉林省政府向哈尔滨市市民表示歉意，并由吉林省副省长带领送水队前往哈尔滨市进行慰问支援，在物质上和精神上支持危机应对工作。

5.4.1.3　黑龙江省政府和哈尔滨市政府应急决策

2005 年 11 月 14 日，即爆炸发生的第二天，哈尔滨水利部门就发出了密切关注松花江水质的通知。在正式接到吉林省的通报之后，黑龙江省政府和哈尔滨市政府迅速启动应急预案，成立领导小组。在我们国家，几百万人口的大城市面临严重的水源污染的情况前所未有，应对过程也处处充满挑战。

（1）做出停水的决定　为了保证市民的用水安全，必须做出停水的决定。然而停几天，如何向市民公布消息，对此必须立即做出科学的决策。在巨大的压力下，领导小组勇于为人民承担责任，在专家组对污染团进行分析和污染带在哈尔滨段停留时间的推测基础上，当即做出停水 4 天的决定。2005 年 11 月 21 日上午，哈尔滨市政府以全市供水网维修的理由宣布了停水 4 天的消息，引起了市民的恐慌，显然维修供水网的理由不足以导致停水 4 天这样严重的后果。当天下午，领导小组意识到问题的严重性，为了避免市民的恐慌引起更严重的混乱，哈尔滨市政府出台了第二份停水通知，将松花江水污染的实际情况向哈尔滨市民公布。

（2）采取解决危机的措施　停水通知发布后，黑龙江省政府和哈尔滨市政府在污水团靠近哈尔滨前从两方面着手应对停水危机：一方面，组织全市的企事业单位制定停水期间的应急方案，全面启动备用水源，并开始打新井、进行水质化验等一系列工作，最大限度地保障公共应急用水。加大对群众的发动和宣传，确保把停水通知通报到户；另一方面，加紧研究 4 天后恢复供水的可行性和可能性。领导小组的领导与专家组、工作组的专家一同在哈尔滨市自来水三厂昼夜奋战，进行检测、分析，设计方案并评估，经过紧张的讨论、研究，领导小组当场决定采取活性炭净水技术，并立即开始更换自来水厂净化池滤料的工作。

5.4.1.4　积极寻求外界帮助

为了满足全市的用水需求，哈尔滨市政府紧急从牡丹江、大庆、佳木斯等地调集桶装水和纯净水，哈尔滨市内的大型超市还从其他城市调来各种饮用水产品和食品，满足哈尔滨市场的需求，北京、吉林也派出了送水队支援哈尔滨市民。在确定了采用活性炭净水技术后，黑龙江省政府向兄弟省份寻求帮助，从河北唐山和山西太原调集了 1000 t 活性炭紧急运送至哈尔滨。国家发展和改革委员会、交通部为保证活性炭及时运送到位，开辟了京哈高速公路

“绿色通道”，让运输货车免费快速通过。2005 年 11 月 25 日晚，1000 t 活性炭运抵哈尔滨，为 27 日恢复供水提供了必要条件。

5.4.1.5　稳定民心

停水通知发布后，政府街道的工作人员比往常更加忙碌，他们除了要到所有的居民住户家中进行走访，询问储备水的情况外，更重要的是要帮助孤寡老人及存在困难的住户准备停水期间的生活用水，送水上门，保证每户居民安全度过停水期。对于近 2.6 万名饮用松花江水的居住在沿江村落中的居民，政府工作人员加强宣传教育工作，指导居民安全用水，并且组织居住在松花江边的村民进行有序的疏散，以防造成居民中毒。

5.4.2　媒体的信息公布和正面宣传

在应对危机的过程中，媒体与政府实现了良性互动，发挥了积极的配合作用，成为政府与社会公众沟通的桥梁。

5.4.2.1　信息公布

利用媒体向社会公布水污染的真实情况，辟除地震谣言，为社会提供准确信息。由于哈尔滨市政府在处理松花江水污染事件问题上，开始时希望通过以检修供水管线为理由发布停水 4 天的通知，平稳度过停水期，但是由于此前社会上流传着哈尔滨市要发生地震的谣言，这一停水 4 天的通知反而让人们认为地震消息是真实的，于是哈尔滨市民开始出现了出逃、抢购等混乱现象。哈尔滨市政府及时纠正错误决策，出台第二份停水通知，哈尔滨市地震局局长在电视上正式辟谣，称哈尔滨近期不会发生地震。同时各大媒体也纷纷报道了松花江江水被污染的起因、事实，得知真相的市民逐渐平静下来，使混乱的局面得到有效控制。

哈尔滨市松花江水污染事件应急预案启动后，处置领导小组每天召开两次新闻发布会，向媒体记者通报对松花江水质监测的最新动态和事件处置的进展情况。通过媒体时时通报最新的信息，同时保证了新闻信息的统一性和权威性，使哈尔滨市民以最快的速度通过媒体获得有关水污染事件处置的信息，使影响社会稳定的谣言不攻自破。

5.4.2.2　正面宣传

当哈尔滨的市民接受了停水 4 天的事实后，各大超市、商场、便利店存放水、饮料、乳品和饼干的货架就被人们一扫而空，而空空的货架又让市民开始心慌。在危机处置的关键时刻，哈尔滨市市委书记杜宇新亲自来到哈尔滨最大的沃尔玛超市发表现场讲话，代表市委市政府向市民承诺让市民随时买到水，保证饮用水、饮料和食品满足市民的需求。媒体对这一现场讲话的实况进行了转播，传递给了每一位市民，抢购风潮在无声无息中平息了下去。在恢复供水的第一天，各大媒体登载黑龙江省省长张左己带头喝下供水后的第一杯水。2005 年 11 月 27 日，各大新闻网站的主页都在显要位置登载了张左己省长在哈尔滨市民家中饮下恢复供水后第一杯水的照片。省长的这一举动，比任何宣布供水可以安全饮用的报道都更具有震撼人心的效果和说服力。虽然当时松花江水污染事件的应急处置工作没有结束，但媒体报道对社会心理的恢复，消除对水污染的恐惧心理，无疑具有积极的作用。

5.4.3 公安机关的协助，保障了事件期间的社会安定

根据哈尔滨市政府的统一部署，哈尔滨市公安局召开紧急会议，为在非常时期做好维护社会治安稳定的控制工作出台了 8 项措施：一是广泛收集情报信息，派出 4000 余名警力深入企事业单位、宾馆、旅店、餐饮等公众聚集场所及各大超市，密切关注动态；二是维护社会秩序的稳定，保证日均 2000 名警力上街巡逻，确保社会面的治安稳定；三是重点部位的控制，对大专院校，水、电、油、气等重点要害部位及娱乐场所、酒店等特种行业加强控制力度，防止出现现实危害；四是加快反应能力，充分发挥 110 指挥中心的作用；五是关注弱势群体，对辖区内的特困户进行帮扶；六是监所安全，全力做好在押犯人的稳控工作；七是打击违法犯罪，保持对刑事犯罪活动的严打高压态势；八是全力维护交通秩序，确保紧急时刻的道路通畅。在这 8 项措施的有力保障机制下，哈尔滨全市公安民警保证了哈尔滨市社会治安秩序稳定，也保证了应急管理工作的整体顺利进行。

5.4.4 发挥社会公众的自我应急能力

在此次哈尔滨松花江水污染事件的处置过程中，哈尔滨市民表现出主动、积极的态度。在危机的应对过程中，包含了社会的共同参与和努力。

停水期间，按照政府的应急预案，哈尔滨市的中小学生停课放假，而高校学生正常上课。由于各级管理组织的措施有力，哈尔滨高校学生表现出良好的素质，以镇静的态度和有条不紊的秩序应对危机，起到了良好的表率作用和积极的影响。各高校迅速启动备用水源，保障停水期间学校食堂、开水房的供水，学生们调动一切可利用的资源，用脸盆、塑料桶、瓶子甚至大塑料袋储备日常用水。

面对危机，哈尔滨市民表现出良好的心理素质，人们都能够迅速采取自救行为，储备饮用水和食品，并计划好停水 4 天内生活用水的使用。在城市陷入无法正常运转的困境时，表现出较高的社会自我应急能力。社会的自我应急能力建立的基础就是社会成员之间和谐的关系，也就是社会的凝聚力。在邻里之间、同事之间，人们更是发扬互助精神，在物质上和情感上彼此支撑，更加强了人们共渡难关的信念。

各部门与单位的积极应对，保证了社会基本职能的正常运行。社会的自我应急能力体现在社会基本职能是否正常运行，如交通、医疗、供暖、消防、行政办公等。停水通知发布后，哈尔滨市企事业单位纷纷启动应急预案，通过多种渠道解决用水问题，保证了本单位与部门基本功能正常运行。

5.4.5 经验总结

5.4.5.1 牺牲环境换经济效益的恶果

分析此次由中国石油吉林石化公司双苯厂发生火灾爆炸事故导致松花江水污染，又继而引发哈尔滨市停水危机事件的原因，最根本的是牺牲环境换取经济效益的发展模式和长久以来少人问津的松花江污染问题。

松花江水污染的元凶就是中国石油吉林石化公司，中国石油吉林石化公司拥有作为全国最大的苯胺生产基地，厂区就建在吉林市松花江边，几个化工厂的排污口直接与松花江相连，

污水和化工生产的废料就这样连续不断地排进松花江。自从 20 世纪 50 年代中国石油吉林石化公司建厂后，几十年间向松花江排放的汞已经高达 150 t，造成沿岸居民出现汞中毒的水俣病，而沉积在江中的汞治理耗时 10 余年。

一位业内专家表示，目前国内至少有 2000 家化工企业处在居民区或者城市饮用水源的上游。一个常规性的化工事故处理稍有不慎，就会放大为对一个城市安全的威胁。如果我们只把眼光放在 GDP 增长上，那么环境保护问题就会为了这个目的而让步，环境治理工作就无法从根本上得到解决。哈尔滨松花江水污染悲剧的发生从某种程度上讲不是偶然，而是对环境破坏所付出的代价。

5.4.5.2　准确的信息和政府的公信力的重要作用

发布准确的信息和保持政府对社会的公信力在任何危机事件的应急处置过程中都非常重要。在此次危机事件的处置过程中，应急处置的领导小组通过每天召开两次新闻发布会，向全部媒体记者公布最新的监测数据和消息，通过提供最具有权威性的消息控制了全部媒体，防止了不同信息的出现，完全掌握了在信息发布中的主动权。也正因为出现在媒体中的信息保持了一致性，公众认可通过媒体作为获取信息的主要途径，政府就可以通过媒体起到稳定社会情绪的作用。

政府的公信力既表现在前后决策的一致性，又表现为决策与行动的一致性。在危机事件的处置过程中，每一个决策都是一个挑战，而政府要做的就是兑现承诺，表现出让公众信服的应对能力，得到公众的认可和支持。只有这样，才能保证危机应急处置中的政府决策在社会公众间顺利执行。

5.4.5.3　重视危机恢复期的社会心理

哈尔滨停水事件在中国乃至世界城市发展史上都是绝无仅有的城市灾难。面对危机，人们产生恐惧感是正常的反应，松花江水污染事件过后，无论是直接的用水，还是与之相关的蔬菜、粮食、鱼类产品都会是人们心存恐惧的对象。但是过度的恐惧不仅会影响人们的正常心理、生活，长期的紧张和恐惧还会对人们的身体造成损伤。因此，在危机的恢复期最重要的工作不仅仅是社会功能和生活秩序的恢复，还有社会心理的恢复。哈尔滨市政府充分重视市民的心理健康的恢复，2005 年 11 月 24 日起开通哈尔滨市突发事件心理干预热线，一方面通过培养市民乐观、自信、平和的心态以战胜危机，另一方面通过科学的手段消除人们内心对污染的恐惧。在哈尔滨松花江水污染事件的应急处置中，对社会心理的干预是全方位的，包括开通心理干预热线，省长带头喝下恢复供水后的第一杯水，主流媒体对事件处置的总结、连续报道，各方面专家对事件后果的分析，这些无疑可以给人们充足的信息，有助于社会心理的恢复。

5.4.5.4　衍生灾害的动态监测和危机事件处置的连续性

纵观整个危机事件的处置过程，从 2005 年 11 月 13 日中国石油吉林石化公司双苯厂发生爆炸火灾，继而扩散到哈尔滨水源污染导致停水危机，污染物质还在继续沿着松花江流向哈尔滨下游城市，直到汇入黑龙江将危害扩大到俄罗斯。由于危机事件的连带性的特征，就要求在危机应急处置过程中考虑可能造成的连带影响。在爆炸火灾发生后的第 6 天，吉林省才知会黑龙江省松花江水污染的问题，如果哈尔滨市距离吉林市的距离再接近一些，也许在 6 天时间内污染已经造成了哈尔滨市民的中毒，那么灾难性的后果将无法预料。总结整个危机事件处置的经验，对每一个危机的处置都应该保持连续性。哈尔滨的水源污染事件说明，对中国石油吉林石化公司双苯厂的爆炸事故的处置出现了空缺地带，对火灾爆炸事故的应急处置措施中没有对防止松花江水污染采取任何措施，危机还没有消除，应急行动却已经停止，这是忽略危机连带性而导致的严重后果。

每一次危机事件带给人们的教训都是深刻的，经历了这样一次危机的洗礼，无论是对于中国石油吉林石化公司、吉林省政府还是黑龙江省政府，都应该从更深的层面上对此次危机出现的原因进行反思。而对于其他存在相似情况的省市来说，这次危机事件更大意义上是一个警示。对于危机事件应急处置而言，最好的处置就是在危机的潜伏期内将其消除或者控制，也就是说做好日常的预防工作要比在危机事件应急处置中的表现更为重要。

课堂讨论话题

1. 谈谈你对应急管理机制重要性的认识。
2. 应急预案和应急机制的关系如何？
3. 环境灾害的应急机制包括哪些方面？

课后复习思考题

1. 简述环境灾害防治的基本原则和手段。
2. 熟悉应急预案的主要内容和基本要求。
3. 网上查阅应急预案制定的方法。
4. 网上查阅我国现行的不同行业的应急预案。

下　　篇

典型案例分析

第 6 章　大气环境污染与环境灾害

内容提要

本章从大气环境的基础知识入手，论述了大气的组成、大气污染物来源及类型，影响大气污染物扩散的因素。举例说明了不同环境条件下大气污染过程及致灾机制，对比分析了城市工业烟雾灾害与光化学烟雾灾害的成因差异。大气污染最直接的后果就是大面积酸雨沉降及臭氧层的破坏，其后果危及生态环境及人类机体。阐释了典型人为技术及安全防范失误所导致的突发性毒气泄漏灾害的危害及严重性。

重点要求

- ✧ 掌握大气层结对大气污染物扩散的影响机制；
- ✧ 理解不同环境条件下城市烟雾灾害的形成差异；
- ✧ 弄清臭氧层破坏的机理及对人类的影响；
- ✧ 学会对大气污染环境灾害的分析思路。

6.1　大气环境污染

随着人类经济活动和生产的迅速发展，在大量消耗能源的同时，也将大量的废气、烟尘物质排入大气，严重影响了大气环境的质量，特别是在人口稠密的城市和工业区域。大气环境污染是全球性的环境问题，大气环境污染已经引发了许多世界性的“公害事件”。

6.1.1　大气环境污染基本概念

6.1.1.1　大气环境

大气是指包围在地球外部的空气层。由大气所形成的围绕地球周围的混合气体称为大气圈，又称大气环境。大气圈是环境的重要组成要素，也是地球上一切生命赖以生存的物质基础。大气圈的厚度为 2000～3000 km。由于大气的成分和物理性质在垂直方向上有显著的差异，因此可按大气在各个高度的特征分成若干层次（图 6-1）。①对流层：是大气圈的最低层，其下界是地面，上界因纬度和季节而异。对流层的平均厚度在低纬度地区为 17～18 km，中纬度地区为 10～12 km，高纬度地区为 8～9 km。对流层是大气圈中与一切生物关系最为密切的一个层次，它对人类的生产、生活的影响最大。通常发生的大气污染现象，实际上主要发生在这一层，特别是靠近地面 1～2 km 内。②平流层：从对流层顶至 55 km 左右为平流层。③中间层：从平流层顶至 85 km 高空是中间层。④电离层：从中间层顶到 800 km 高空属于电离层。⑤散逸层：电离层顶之上，即 800 km 高度以上的大气层，称为散逸层。

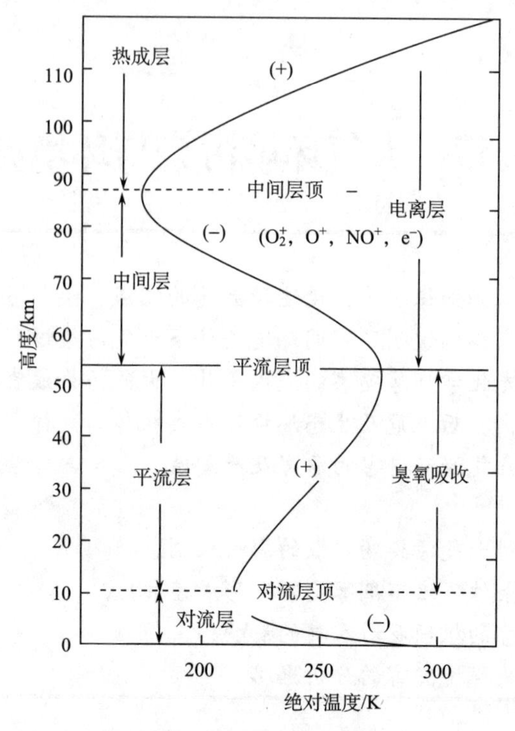

图 6-1　大气圈的垂直层状结构

6.1.1.2　干洁空气

干洁空气是指在自然状态下的大气，除液体、水汽和杂质外的整个混合气体。它的主要成分是氮、氧、氩、二氧化碳等，此外还有少量的氢、氖、氪、氙、臭氧等稀有气体。25 km 高度以下干洁空气成分构成见表 6-1。

表 6-1　干洁空气成分构成表

气体成分	干洁空气各成分含量/%		分子量
	按容积	按质量	
氮（N_2）	78.08	75.52	28.02
氧（O_2）	20.94	23.15	32.00
氩（Ar）	0.93	1.28	39.88
二氧化碳（CO_2）	0.03	0.05	44.00
氖（Ne）	0.0018	—	20.18
氦（He）	0.0005	—	4.00
臭氧（O_3）	0.00006	—	48.00
氢（H）	0.00005	—	2.02
氪（Kr）	痕量	—	83.70
氙（Xe）	痕量	—	131.30
氡（Rn）	痕量	—	222.00
甲烷（沼气）（CH_4）	痕量	—	16.04
干洁空气	100	100	28.97

6.1.1.3　大气污染的定义

在干洁的大气中，痕量气体的组成是微不足道的。但人类活动或自然过程引起某些物质介入大气中，使得一定范围的大气中出现了原来没有的微量物质，当大气中某些有毒有害物质的含量超过正常值或大气的自净能力时，其数量和持续时间都可能对人、动物、植物及物品、材料产生不利影响和危害。当污染物超过环境所能允许的极限时，大气质量发生恶化，使人们的生活、工作、健康、精神状态，设备财产及生态环境等遭到恶劣的影响和破坏，这类现象就称为大气污染。

6.1.2　大气主要污染物来源

大气污染物是指由于人类活动或自然过程排入大气，并对人或环境产生有害影响的物质。大气污染物的来源可分为天然和人为两大类五种污染源。我国对 SO_2、NO_x、CO 和烟尘 4 种污染物的调查显示，燃料燃烧占 70%，非燃烧工业和交通运输分别占 20%和 10%。在直接燃烧的燃料中，煤炭比例最大，约为 70.6%，液体燃料占 17.2%，气体燃料为 12.2%。

6.1.2.1　燃料燃烧

煤、石油、天然气、生物质等燃料的燃烧过程是向大气输送污染物的重要发生源。煤是重要的工业和民用燃料，它的主要成分是碳，并含有氢、氧、氮、硫及金属化合物。煤燃烧除产生大量的烟尘外，在燃烧过程中还会形成 CO、CO_2、硫氧化物、氮氧化物、有机化合物等。汞是具有持久性、生物累积性和生物扩大作用的有毒污染物。燃煤电厂是全球大气中汞排放的最大源。石油和天然气燃烧排放的废气中含有 CO、NO_x、碳氢化合物、含氧的有机化合物、硫氧化物和铅的化合物等多种有害物质。各种燃烧过程排放的污染物详见表 6-2。

表 6-2　各种燃烧过程排放的污染物　（单位：10^6 t/a）

污染物	内燃		外燃			
	火花引擎	柴油机	燃油、气		燃煤、气	
			电厂	小炉灶	电厂	小炉灶
CO	395	9	0.005	0.025	0.25	25
NO_x	20	33	14	10	10	4
SO_2	1.55	6	20.8 × S%	20.8 × S%	19× S%	19× S%
碳氢化合物	34	20	0.42	0.26	0.1	5
醛、酸	1.4	6.1	0.08	0.25	0.0025	0.0025

6.1.2.2　工业排放

工业生产过程中排放到大气中的污染物种类多，数量大，是城市大气污染的主要污染源（图 6-2）。工业生产过程排放污染物的组成与工业企业的性质密切相关。石油工业排出硫化氢和各种碳氢化合物，有色金属工业排出的是 SO_2、NO_x 及有毒的重金属；磷肥厂排出氟化物；酸碱盐工业排出 SO_2、NO_x、HF 及各种酸性废气，钢铁工业在炼焦、炼铁、炼钢过程中，

图 6-2　工业排放污染物

排放出大量的粉尘、碳氧化物、CO、氨、氰及相当数量的氟化物。

6.1.2.3　农业活动的排放

农药和化肥的使用是农业生产活动进入大气的重要污染源。农药是一大类化学毒物，田间施用农药时，一部分农药会以粉尘等颗粒形式散逸到大气中，残留在作物表面上的则可挥发到大气中，进入大气的农药可被悬浮颗粒吸收并随气流向各地输送，造成大气污染。各种化肥是农业生产中大量使用的另一类化学物质。土壤中产生的氮氧化物释放到大气中，可传输到平流层，与臭氧作用，使臭氧遭到破坏。

6.1.2.4　固体废弃物的燃烧

固体废弃物又称垃圾，是多种工农业生产和生活固体废弃物的总称。目前固体废弃物的处理方法之一是焚烧。用焚烧炉燃烧垃圾，其热能可以发电，但是垃圾中的有害成分排入大气便造成了大气污染或二次污染。即使使用现代设备，二次污染也难以避免。垃圾填埋处理也会产生大量的混合气体（LFG），主要由 CH_4、CO_2、O_2、N_2、H_2 和多种痕量气体组成。在人为 CH_4 排放源中，垃圾填埋场位于所有排放源的第三位。

6.1.2.5　自然过程产生的污染

自然界的各种物理、化学和生物过程也是大气污染物的一个重要生产源。如自然扬尘、沙尘暴、土壤颗粒等；森林、草原火灾排放的 CO、CO_2、SO_x、NO_x、挥发性有机物（VOC）；火山活动排放的 SO_x、H_2O、硫酸盐化烟尘等颗粒物，森林排放的萜烯类碳氢化合物；含有硫酸盐的海浪和亚硫酸盐颗粒物的海浪飞沫；海洋浮游植物从海洋表层散发的二甲基硫等挥发性含硫气体。

6.1.3　大气主要污染物类型

根据污染物存在的状态可概括为两大类：即气态和气溶胶状态的污染物。

6.1.3.1　气态污染物

气态污染物是指以分子形式存在的气体状态的污染物，大部分为无机气体。常见的有 5 大类：以 SO_x 为主的含硫化合物，以 NO 和 NO_2 为主的含氮化合物，CO_x，碳氢化合物及卤素化合物等。目前已受人们广泛重视的大气污染物见表 6-3。

表 6-3　大气中主要的气态污染物

类别	一次污染物	二次污染物
含硫化合物	SO_2，H_2S	SO_3，H_2SO_4，MSO_4
碳的氧化物	CO，CO_2	无
含氮化合物	NO，NH_3	NO_2，HNO_3，MNO_3，O_3
碳氢化合物	C_mH_m	醛、酮、过氧乙酰基硝酸酯
卤素化合物	HF，HCl	无

6.1.3.2　气溶胶状态的污染物

气溶胶是指能悬浮于气体介质中的固体粒子或液体粒子。从大气污染的角度，作为污染物的气溶胶粒子主要有以下 3 种。

（1）尘　尘是指悬浮于大气中的小固体粒子，其直径一般为 1～200 μm，主要包括飘尘、降尘、粉尘、沙尘。通常是由固体物质的破碎、分级、研磨等机械过程或土壤、岩石风化等自然过程形成的，粒子形态往往是不规则的。其中，飘尘是指大气中粒径小于 10 μm 的固体粒子，它能长时间地在大气中漂浮。降尘是指大气中粒径大于 10 μm 的固体粒子，它在大气中一部分悬浮，另一部分由于重力作用而沉降。粉尘是指粒径小于 75 μm 的固体粒子。沙尘是指主要从沙漠和土壤由风吹起的粒径为 15～200 μm 的固体粒子。总悬浮物是指大气中粒径小于 100 μm 的固体粒子。

（2）液滴　液滴是指大气中悬浮的液体粒子，一般由水汽凝结及随后的碰并增长而形成。其中，轻雾或霾是由许多悬浮的水滴粒子群体组成，一般定为能见度小于 2 km。雾是出现在近地面由许多小水滴组成的群体，直径一般为 1～15 μm，能见度小于 1 km。雨是指由云中降落下来的水滴粒子群，直径为 100 μm～6 mm，有较大的降落速率。

（3）化学粒子　化学粒子分为有机粒子和无机粒子，是指在大气中由化学过程产生的固态或液态的粒子。如硫酸盐粒子、硝酸盐粒子和有机碳粒子等。这类粒子较小，粒径一般不超过 10 μm，而多数粒子的粒径都小于 1 μm。

6.1.4　大气污染物的转化

各种污染物由源输入大气，在扩散、输送过程中，污染物之间、污染物与空气原组分之间发生反应，从而使污染物浓度降低或二次污染物生成等，这一反应过程称为大气污染物的化学转化。大气污染物的扩散、转移和累积对大气环境的趋向至关重要。

污染物在大气中的累积和转化过程主要有：氮氧化物的化学转化，从而造成光化学烟雾灾害；硫氧化物的转化，导致硫酸烟雾灾害发生；大气的干湿沉降，其中，湿沉降诱发了大面积的酸雨灾害，干沉降形成了广泛的粉尘灾害。污染物的这些转化过程将放在以下各节的灾害类型中详细阐述。

6.1.5　影响大气污染扩散的主要因素

大气污染物的扩散、转移和累积等一系列反应都是在大气中进行的，大气的性状对大气污染物的行为影响很大，它决定污染物的空间分布、大气污染的严重程度。然而特定地貌条件下的大气性状差别很大，进而影响大气污染物的行为方向。

6.1.5.1　影响大气污染物扩散的气象要素

构成和反映大气状态和大气现象的基本要素称为气象要素，它主要包括气压、气温、湿度、风、云、能见度、降水、蒸发、辐射、日照及各种天气现象等。这些气象要素对大气污染物扩散的影响主要体现在对大气稳定程度、气流运动的风速和风向、太阳辐射等方面的影响。

（1）风和大气湍流　污染物在大气中的扩散取决于三个因素。风可使污染物向下风向扩散，湍流可使污染物向各个方向扩散，浓度梯度可使污染物发生质量扩散，其中风和湍流起主导作用。湍流具有极强的扩散能力，它比分子扩散快 10 万～100 万倍，风速越大，湍流越强，污染物的扩散速率就越快，污染物浓度就越低。在自由大气中的乱流及其效应通常极微弱，污染物很少到达那里。

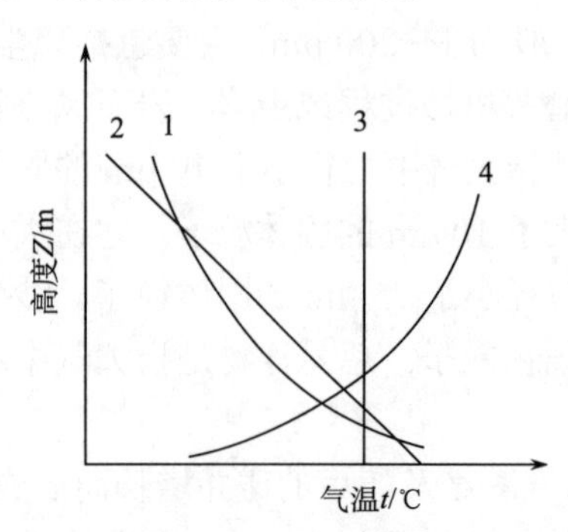

图 6-3　温度层结曲线

1.递减层结；2.中性层结；3.等温层结；4.逆温层结

（2）气温的垂直分布　人们通常把静态大气的温度和密度在垂直方向上的分布，称为大气温度层结。气温随高度的变化可用温度层结曲线表示（图 6-3）。

大气中的温度层结有 4 种类型：①气温随高度增加而递减，称为递减层结；②气温随高度的变化率等于干绝热递减率，称为中性层结；③气温不随高度变化，称为等温层结；④气温随高度增加而增加，称为逆温层结。

（3）大气稳定度　大气稳定度是指在垂直方向上的大气稳定程度，即是否易于发生对流。其物理机理可理解为，如果一空气块由于某种原因受到外力的作用，产生了运动。当外力消失后，可能发生 3 种情况：①气块减速并有返回原来高度的趋势，称大气是稳定的；②气块加速运动，称大气是不稳定的；③气块静止或做等速运动，称这种大气是中性的。

判断大气是否稳定，可以通过温度层结来说明。假设一气块的状态参数为 T_i、P_i、ρ_i，周围大气状态参数为 T、P、ρ，则单位体积气块在浮力和重力的作用下产生的加速度为

$$a = \frac{g(\rho - \rho_i)}{\rho_i} \tag{6-1}$$

利用准静力条件 $P_i = P$ 和理想气体状态方程，则有

$$a = \frac{g(T_i - T)}{T_i} \tag{6-2}$$

若大气处于不稳定状态时，大气污染物的扩散作用强烈；大气处于稳定状态时，扩散作用微弱。

6.1.5.2　影响大气污染物扩散的气象要素

地形对大气污染物的扩散和浓度分布有重要影响。不同的地貌区域所形成的局地环流和小气候差异很大，对大气污染物的扩散机制不同。但其本质是通过影响气流来间接影响大气污染物的扩散。

（1）山区地形　山区地形复杂，局地环流多样，最常见的局地环流是山谷风。它是由山坡和沟谷受热不均引起的。白天，山是深入到大气中的一个热源，使山坡上的空气增温大于沟谷中的空气增温，气体膨胀，密度小，暖空气不断上升，谷底的空气则沿山坡向山顶补充，这样在山坡与山谷之间形成一个热力环流，下层由谷底吹向山坡的风，称为谷风。夜间，山对于大气是一个冷源，山坡上的空气冷却快于谷地，气体冷却收缩，密度加大，山坡上的空气顺坡面流入谷地，形成了山风（图 6-4）。

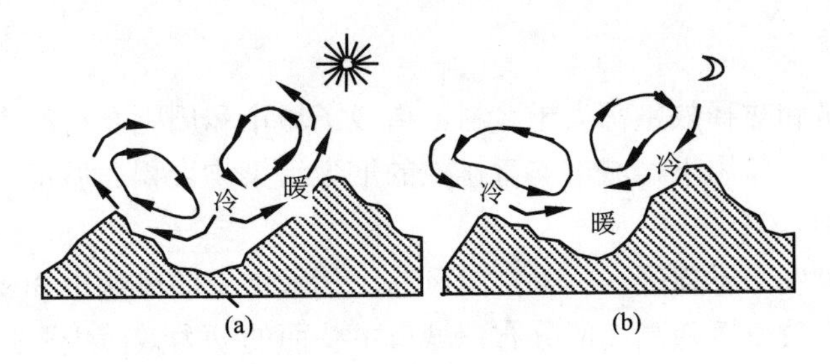

图6-4　山谷风

吹山风时，排放的污染物向外流出，若不久转为谷风，被污染的空气又被带回谷内。特别是山谷风交替时，风向不稳定，时进时出，反复循环，使空气中污染物浓度不断增加，使得山谷中污染加重。

（2）海陆界面　海陆风发生在海陆交界带，是海陆受热差异引起的、以24 h为周期的风系（图6-5）。白天在太阳照射下，陆地增温快于海水，陆上气温比海上高，近海面形成了高压，近陆面形成了相对低压，气压差和温度差使低空气流由海洋吹向陆地，形成了海风，而高空则为反海风。夜间，陆地辐射冷却比海面快，陆上气温比海面低，其温度差和气压差与白天正相反，在近地面形成了由陆地吹向海洋的陆风，在高空则形成了反陆风。

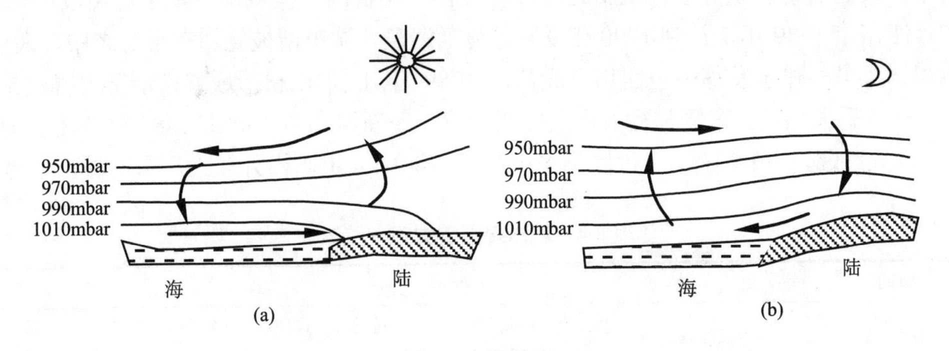

图6-5　海陆风

海陆风对空气污染的影响有如下几种作用：一种是循环作用，如果污染源处在局地环流之中，污染物就可能循环累积达到较高的浓度，直接排向上层反向气流的污染物，有一部分也会随环流重新被带回地面，提高了下层上风向的浓度。另一种是往返作用，在海陆风转换期间，原来由陆风输向海洋的污染物又会被发展起来的海风带回陆地。海风入侵时，在冷暖空气的交界面上，形成一层倾斜的逆温顶盖，阻碍了烟气向上扩散，造成了封闭型和漫烟型污染。

（3）城市边界　城市建筑增加了下垫面的粗糙度，建筑物成为气流的障碍物，改变风和湍流的特性。一般城市风速小于郊区，但由于有较大的粗糙度，城市上空的湍流明显大于郊区。

城市生产、生活过程中燃料燃烧释放出大量的热，城市道路和地表易吸收太阳辐射使大气增温，而城市蒸发和蒸腾作用比郊区少，因此相变的潜热损耗小，加之城市污染大气的温室作用使得城市的气温一般比郊外高。夜间，城市热岛效应使近地层辐射逆温减弱或消失而呈中性，甚至不稳定状态。白天则使温度垂直梯度加大，更加处于不稳定状态，这样使污染物易于扩散。

由于城市热容量和热释放量都大于乡村，造成了城市和周围乡村的水平温差，导致热量环流产生。在这种环流作用下，城市本身排放的烟尘污染物聚积在城市上空，形成烟幕，导致市区大气污染加剧。

城市下垫面粗糙度大于郊区，其上空的风速比郊区上空的风速小 30%～40%，而且也加强了湍流交换强度，改变风随高度的分布。城市下垫面的动力效应主要是由高大密集的建筑屋群所致，它不但在总体上减少风速，改变气流方向，而且局部形成特殊气流分布，在街头巷尾廊道风效应明显，风向多变。城市风场复杂和湍流强度大等都影响大气污染物的扩散。

6.2 城市烟雾灾害

6.2.1 城市煤烟雾灾害

城市煤烟雾灾害是指建在山谷或河谷地带的城市由燃煤造成严重的空气污染，遇到逆温天气，燃煤的粉尘等空气污染物无法扩散，致使全城烟雾弥漫，进而造成人员伤亡的灾害事件。城市煤烟雾灾害属混合型环境灾害，它是城市空气环境污染日积月累，并遇逆温天气突发的结果。著名的伦敦烟雾事件就属此类环境灾害。在我国一些城市也发生过类似环境灾害，湖北省丹江口市 1989 年 7 月到 1990 年 9 月，每当清晨，城市便被笼罩在烟雾之中，人们普遍感到胸闷、头晕、嗓子发痒……四川省成都市 1989 年 1 月 6 日形成城市烟雾灾害，早上 10 时以前，一片昏天黑地，车辆与行人均需照明行路……新疆乌鲁木齐市 1988 年冬连续 16 天不见天日，行人踟蹰，汽车爬行，飞机停飞……在表 6-4 中列出国内外较为严重的城市烟雾灾害。

表 6-4　城市煤烟雾灾害一览表

时间	地点	灾情
1988 年	中国新疆乌鲁木齐市	严重空气污染与逆温天气，致使城区 16 天不见天日，行人踟蹰，汽车爬行，飞机停飞……
1989 年 1 月 6 日	中国四川省成都市	早 10 时以前，城区一片昏天黑地，车辆与行人均需照明行路
1989 年 7 月至 1990 年 9 月	中国湖北省丹江口市	每当清晨，城市便被笼罩在烟雾中，人们普遍感到胸闷、头晕、嗓子发痒……
1930 年 1 月 1～12 日	比利时马斯河谷	河谷上空出现很强的逆温层，致使工厂排放的大量烟雾无法扩散，有害气体在近地空气中积累，二氧化硫浓度达 29～100 mg/m^3，一周内死亡 60 人，还有许多家畜丧生
1948 年 4 月 26 日	美国宾夕法尼亚州多诺拉城	该城位于孟加希拉河流域的马蹄形河谷，1948 年 4 月 26 日清晨，该城大雾弥漫，加上受反气旋与逆温控制，大雾持续到 28 日，使空气污染物在近地气层积累，致使二氧化硫浓度达 0.2～2.0 ppm，共死亡 17 人
1952 年 12 月 5～9 日	英国伦敦市	浓雾覆盖，逆温，二氧化硫与 TSP 浓度分别较平时高出 6～10 倍，烟雾中三氧化二铁促使二氧化硫氧化产生硫酸泡沫，凝结在烟尘或凝源上形成酸雾，四天内死亡人数较平时多 4000 人

6.2.1.1 城市煤烟雾灾害的成因与演变规律分析

城市煤烟雾灾害属于急性烟雾事件，其灾害成因有两大部分：一是自然环境条件，一般为低洼相对封闭的谷地和盆地，而且风力很小或无风、微风，经常出现大气逆温现象；二是在当地和其周围存在大量的污染物排放源。在适当的条件下，这两大要素相互作用就可以导致烟雾灾害的发生。构成城市烟雾灾害的一次污染物是 SO_2 和煤尘，二次污染物主要是硫酸雾和硫酸盐气溶胶。硫酸雾是大气中 SO_2 在相对湿度比较高、气温比较低，而且又有煤烟颗粒物存在时所发生的催化反应形成的。其催化反应为

$$2SO_2 + 2H_2O + O_2 \xrightarrow[\text{（煤尘）}]{\text{催化剂}} 2H_2SO_4$$

6.2.1.2　城市煤烟雾灾害案例

（1）伦敦煤烟雾灾害　英国伦敦地处泰晤士河下游河谷中，是英国工业发达、人口稠密的大都市。1952 年 12 月 5～9 日发生的煤烟雾灾害是伦敦多次煤烟雾事件中最严重的一次。当时风力很小，逆温层在 50～60 m 的低空，一直延续了 4 天，空气静稳，浓雾经久不散，从家庭炉灶和工厂排出的烟尘、SO_2 被封盖在低空不能扩散，污染物不断蓄积。空气中烟尘浓度达 4.5 mg/m^3，比平时高出 10 倍；SO_2 浓度达 3.8 mg/m^3，是平时的 6 倍。有毒气体浓度大大增加，最终酿成了有史以来首次震惊世界的环境灾害事件。

在烟雾发生初期，当地居民首先感到胸闷、咳嗽、嗓子痛以至呼吸困难，进而发烧；在浓雾后期，死亡率急剧上升，呼吸道疾病的死亡率最高，尤其是老人、儿童与患者的死亡率更高。伦敦煤烟雾灾害发生后 4 天内就有 4000 人因此丧生，以后 2 个月中又陆续有 8000 人死亡。

为了探讨伦敦煤烟雾事件致死严重的原因，有的学者将 1952～1962 年发生的 4 次煤烟雾事件进行了比较分析（表 6-5）。

表 6-5　四次伦敦煤烟雾事件的比较

时间	飘尘浓度/（mg/m^3）	SO_2 浓度/（mg/m^3）	死亡人数/人
1952 年 12 月	4.46	3.8	4000
1956 年	3.25	1.6	1000
1957 年	2.40	1.8	400
1962 年 12 月	2.80	4.1	750

表 6-5 数字显示，死亡人数有随飘尘浓度降低而减少的趋势。对比 1952 年和 1962 年两次煤烟雾事件，二者发生的时间一致，当时的气候条件基本相同。而 1952 年的飘尘浓度是 1962 年的 1.5 倍多，但 1962 年的 SO_2 浓度比 1952 年稍高，可是 1962 年的死亡人数反而减少了 80%以上。由此可见，造成伦敦煤烟雾事件的主要污染物是飘尘，其次是 SO_2。

（2）日本四日市气喘病　日本四日市是一个以石油联合企业为主的城市。1955 年以来，由于工业的迅速发展，每年由工厂排放到大气中的 SO_2 和粉尘总量高达 13 万 t，整个城市终年烟雾弥漫，大气中的 SO_2 浓度超过人体所能允许浓度的 5～6 倍。而且大气中还含有 Mn、Pb、Ti、V 等重金属微粒，以及硫酸雾、硫化氢、碳氢化合物、亚硝酸和硝酸等物质。这些物质长期被居民吸入肺内，易患支气管炎、支气管哮喘、肺气肿等呼吸道疾病，这就是所谓的“四日市气喘病”。截至 1992 年，日本全国“四日市气喘病”患者高达 6376 人。

这种病不仅在日本出现，在欧美以石油为主要燃料的国家也有。如 1930 年发生在墨西哥的波查里加镇硫化氢大气污染事件，受害者达 320 人之多，死亡人数超过 20 人。

6.2.2 城市光化学烟雾灾害

含有氮氧化物和烃类污染物的大气，在阳光紫外线的照射下发生光化学反应，产生一些氧化性很强的物质，如 O_3、醛类、过氧乙酰硝酸盐（PAN）、HNO_3 等，这些产物和反应物的混合物被称为光化学烟雾。经过研究表明，在 60°N～60°S 的一些大城市都可能发生光化学烟雾。光化学烟雾主要发生在阳光强烈的夏、秋季节。随着光化学反应的不断进行，反应生成物不断蓄积，光化学烟雾的浓度不断升高，3～4 h 后达到最大值。这种光化学烟雾可随气流飘移数百公里，使远离城市的农村庄稼也受到损害。城市光化学烟雾灾害的发生、发展和演变规律与城市煤烟雾灾害有很多相同的地方，但也有许多不同的方面，如致灾因子、危害性后果与减灾策略就有所不同（表 6-6）。

表 6-6 光化学烟雾与煤烟型污染的比较

特征	光化学烟雾	煤烟型污染
污染发生环境	高温低湿，出现逆温层（下沉逆温层）	低温高湿，出现逆温层（辐射逆温层），多雾
污染峰值时间	午后	清晨
一次污染物	NO_x，挥发性有机物	SO_2，煤烟颗粒
二次污染物	O_3，过氧乙酰硝酸盐，HNO_3，醛类，硝酸盐、硫酸盐气溶胶，颗粒物等	H_2SO_4，硫酸盐、亚硫酸盐气溶胶等
转化类型	下沉	发散

6.2.2.1 城市光化学烟雾的形成机制

当大气中碳氢化合物和氮氧化合物共存时，在紫外线的作用下 NO 转化为 NO_2；碳氢化合物氧化消耗；臭氧和其他氧化剂（如 PAN、HCHO、HNO_3）等二次污染物生成。①NO_2 的光解导致了 O_3 的生成；②碳氢化合物的氧化生成了活性自由基，尤其是 HO_2、RO_2 等；③HO_2、RO_2 引起了 NO 向 NO_2 转化，进一步提供了生成 O_3 的 NO_2 源，同时形成了含 N 的二次污染物如 PAN 和 HNO_3。这三个关键反应类别涉及的反应很多，这里仅归纳提出其中关键的反应。

（1）NO_2 的光解导致了 O_3 的生成反应

$$NO_2 + h\nu \xrightarrow{1} NO + O$$

$$O + O_2 \xrightarrow[M]{2} O_3$$

在大气中，上式可生成少量的 O_3，它一旦生成，就与 NO 迅速反应

$$O_3 + NO \xrightarrow{3} NO_2 + O_2$$

如果无其他物种，三者之间就会达成稳态，其稳态关系式为

$$[O_3] = \frac{K_1[NO_2]}{K_3[NO]}$$

K_1 为由 NO_2 生成的 O_3 的系数；K_3 为由 NO 失去 O_3 的系数。

（2）OH 自由基引发的反应　在光化学烟雾中，关键的反应是 · OH 自由基与许多有机物的反应。

与烷烃的反应

$$RH + \cdot OH \longrightarrow R + H_2O$$

$$R + O_2 \xrightarrow{M} RO_2$$

与醛的反应

$$RCHO + \cdot OH \longrightarrow RCO\cdot + H_2O$$

$$RCO\cdot + O_2 \xrightarrow{M} RC(O)O_2$$

（3）NO 向 NO_2 的转化　生成的过氧自由基与 NO 迅速反应生成 NO_2 和其他的自由基。

$$RO_2\cdot + NO \longrightarrow NO_2 + RO\cdot \longrightarrow RONO_2$$

$$RC(O)O_2 + NO \longrightarrow NO_2 + RC(O)O$$

一般而言，烷氧自由基与 O_2 反应生成 HO_2 和羰基化合物，RC(O)O 发生分解

$$RO\cdot + O_2 \longrightarrow R'CHO + HO_2$$

$$RC(O)O \longrightarrow R\cdot + CO_2$$

生成的自由基进一步反应

$$HO_2\cdot + NO \longrightarrow NO_2 + \cdot OH$$

$$R\cdot + O_2 \longrightarrow RO_2$$

这类典型的烷基和酰基自由基的链反应可以归纳为图 6-6。

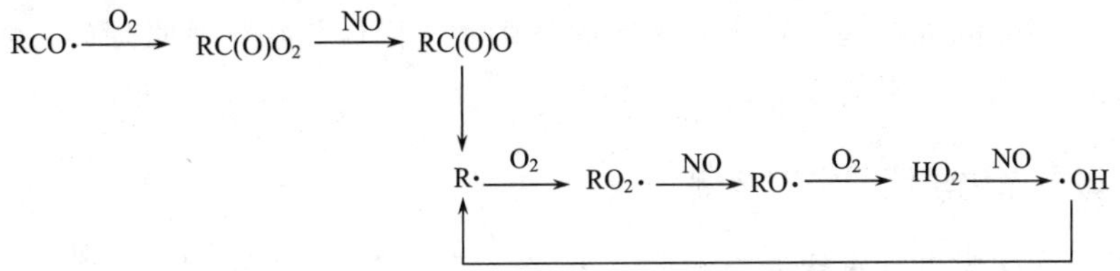

$$RCO\cdot \xrightarrow{O_2} RC(O)O_2 \xrightarrow{NO} RC(O)O$$

$$\downarrow$$

$$R\cdot \xrightarrow{O_2} RO_2\cdot \xrightarrow{NO} RO\cdot \xrightarrow{O_2} HO_2 \xrightarrow{NO} \cdot OH$$

图 6-6　光化学烟雾形成的链反应过程中自由基传递

上述反应生成的自由基再与 NO_2 反应生成二次污染物如 PAN、HNO_3 等。由此可知，一个自由基自形成到它猝灭以前可以参与许多个基传递反应。这种基传递反应提供了 NO 向 NO_2 的转化。而 NO_2 既起引发作用，又起链终止作用，最后生成 O_3、HNO_3、PAN 等稳定化合物。形成光化学烟雾的反应是复杂的，Seinfeld 于 1986 年用 12 个反应概括地描述了光化学烟雾形成的一般反应机制（表 6-7）。

表 6-7 中，反应方程式 1～3 为 O_3 生成与破坏的反应；反应方程式 4～6 为自由基链反应的引发反应；反应方程式 7～9 为自由基链反应的传递反应；反应方程式 10～12 为链终止反应。

表 6-7　光化学烟雾形成的一般反应机制

序号	方程	序号	方程
1	$NO_2+h\nu \longrightarrow NO+O$	7	$HO_2+NO \longrightarrow NO_2+OH$
2	$O+O_2+M \longrightarrow O_3+M$	8	$RO_2+NO \longrightarrow NO_2+RCHO+HO_2$
3	$NO+O_3 \longrightarrow NO_2+O_2$	9	$RC(O)O_2+NO \longrightarrow NO_2+RO_2+CO_2$
4	$RH+OH \longrightarrow RO_2+H_2O$	10	$OH+NO \longrightarrow HNO_3$
5	$RCHO+3OH \longrightarrow RC(O)O_2+2H_2O$	11	$RC(O)O_2+NO_2 \longrightarrow RC(O)OONO_2$
6	$RCHO+h\nu \longrightarrow RO_2+HO_2+CO$	12	$RC(O)OONO_2 \longrightarrow RC(O)O_2+NO_2$

6.2.2.2　城市光化学烟雾灾害的致灾因子与危害效应

由光化学烟雾形成原理可知，城市光化学烟雾灾害的元凶是一氧化碳、氮氧化物与碳氢化合物，它们在强烈阳光作用下产生一系列复杂的光化学反应，生成臭氧、过氧酰基硝酸酯、醛类与二氧化氮等化合物。这些化合物与水蒸气在一起，在适当的条件下形成一种棕色的光化学烟雾。如遇逆温天气，光化学烟雾无法很快扩散，而在近地空气层积累，对人体构成严重危害。汽车尾气或石化企业是一氧化碳、氮氧化物与碳氢化合物排放的主要来源。

光化学烟雾通常发生在空气湿度相对较低，气温在24～32℃的夏季（这与城市煤烟雾灾害也不相同），晴天，高峰出现在中午或稍后时刻。光化学烟雾是一种循环过程，白天生成，傍晚消失。光化学烟雾的生成包括两个过程：光化学氧化过程与一次污染物的扩散传输过程。因此，在污染源的下风向也可能出现严重的光化学烟雾灾害。

光化学烟雾对人体有很大危害，臭氧、过氧酰基硝酸酯、醛类与二氧化氮等化合物超过一定浓度就会有明显的刺激性，使眼睛和眼膜受刺激，出现头痛、呼吸障碍、慢性呼吸道疾病恶化与儿童心肺功能异常等现象。

6.2.2.3　城市光化学烟雾灾害案例

（1）洛杉矶光化学烟雾灾害　洛杉矶是美国第三大城市，该市坐落在美国的西海岸，是一座面临大海、背靠山地的盆地型城市。特殊的地形条件使该城市每年有近300天出现逆温层。第二次世界大战结束后，人口急剧增长，工商业和运输机械制造工业迅速发展，每年向大气中排放大量的一氧化碳、氮氧化物与碳氢化合物。逆温层的存在阻碍了这些污染物的扩散，使得洛杉矶市上空就经常出现一种浅蓝色的刺激性烟雾，有时持续几天不散，导致大气的能见度大大降低，许多人出现咽喉肿痛、鼻和眼受到刺激，严重时导致死亡。

自从第二次世界大战结束后，洛杉矶市的光化学烟雾事件周期性地发生。从1943年至1960年，发生光化学烟雾事件7～8次。如1955年的一次烟雾事件中，仅65岁以上的老人因受光化学烟雾毒害而五官红肿、呼吸衰竭而死亡的人数就达400人。1970年有75%以上居民因光化学烟雾而患红眼病。

1970年美国加利福尼亚州发生光化学烟雾事件，农作物损失达2500万美元。

（2）东京光化学烟雾灾害　1970年冬，日本东京也发生了光化学烟雾灾害，空气中光化学氧化剂浓度比平时高出 10 倍之多，共有 2 万人得了红眼病，一些学生中毒昏倒。同一天，日本的其他城市也有类似的事件发生。此后，日本一些大城市连续不断出现光化学烟雾。日本环保部门经对东京几个主要污染源排放的主要污染物进行调查后发现，汽车排放的 CO、NO_x、HC 三种污染物约占总排放量的 80%。

（3）兰州西固光化学烟雾灾害　1974 年以来，中国兰州西固区也常发生光化学烟雾灾害，当时“雾茫茫、眼难睁、人不伤心泪长流”。兰州西固区地处三面环山的黄河河谷盆地。该地区建有许多石油化工厂、化肥厂、合成橡胶厂、炼油厂、炼铅厂、合成药厂、火力发电厂等大型企业。十里连绵的厂区，烟囱林立，烟雾弥漫。相对封闭的地形条件和稳定的大气层结，加之高原强烈的日光辐射，为光化学烟雾的形成创造了必要的条件。这里测出的 O_3 和 HC 浓度严重超标。1979 年 7～9 月有 12 天发生光化学烟雾，这些天的上午 10 时起，整个西固地区上空被一种蓝白色的烟雾所笼罩，大气能见度只有 200 m 左右，此时，人们感到眼酸、眼痛、流泪、胸闷、呼吸困难、喉痛和身体疲乏无力。在西固山坡、山顶和平地上都有此感，室内也不例外。

（4）光化学烟雾引发的次生灾害　光化学烟雾还会使农作物受损，降低植物对病虫害的抵抗能力。洛杉矶光化学烟雾灾害致使离城 100 km 外海拔 2000 m 高山上的大片森林枯死，郊外葡萄减产 60%，柑橘也严重减产。兰州光化学烟雾灾害致使当地植物叶面出现银白色斑点等典型受害症状。除此以外，光化学烟雾还会造成橡胶制品老化、脆裂，并损坏油漆涂料、纺织纤维与塑料制品等，这一切均可能引起次生灾害。

6.3　酸 雨 灾 害

酸雨是空气污染的一种表现形式。事实上，酸雨自古就有。工业革命以前，酸雨只是因偶然的火山爆发与森林火灾等自然灾害形成的，影响范围、强度与历时均很小。工业革命以后，随着工业化的发展，全球性的酸雨致灾后果越来越严重，已成为当今世界重大环境灾害之一。酸雨的形成是非常复杂的空气物理化学过程。在酸雨中含有的多种无机酸与有机酸是由人为排放的 SO_2 与 NO_x 通过液相或气相的氧化反应转化而成的。空气颗粒物中的 Fe、Cu、Mg 与 V 等城市烟雾灾害形成酸反应催化剂及臭氧与过氧化氢等氧化剂对酸雨的形成过程起催化作用。酸雨的形成是由云中洗脱或云下洗脱造成的。我国空气污染源以低架点源为主，形成的酸雨灾害大多是局域性的；而在国外则不同，由于其废气排放以高架点源为主，成酸污染物大多是远程传输而来，形成的是跨区域性酸雨灾害，由此可知，酸雨灾害兼具全球性和地域性环境灾害的双重特性。

6.3.1　酸雨的基本概况

6.3.1.1　酸雨的定义

酸雨是大气酸沉降中湿沉降的最常见形式，包括各种酸性降雪，酸性的雾、露、霜等。大气酸沉降是指大气中不同来源的酸性物质通过降水、扩散和重力作用等转移到地面的过程。大气酸沉降的各种形式可概括为表 6-8 。“大气酸沉降”是较为准确的科学术语，但是在许多地方，常常以通俗的“酸雨”来表达“大气酸沉降”的含义。

表 6-8　大气酸沉降形式

类型	相态	沉降的形式或成分
干沉降	气态	气体 SO_2、NO_x、HCl
	固态	气溶胶、飘尘
湿沉降	液态	雨、雾、露
	固态	雪、霜

溶液酸度通常用 pH 来度量，它定义为氢离子浓度$[H^+]$的常用对数的负值，即

$$pH = \lg\frac{1}{[H^+]} = -\lg[H^+]$$

人们习惯上把 pH=5.6 作为酸雨的标准，当雨水的 pH 低于 5.6 时称为酸雨。在自然条件下，大气中的 CO_2 浓度为 150×10^{-6}～400×10^{-6}，当大气中的 CO_2 溶入纯净的雨水中，得出雨水的 pH 为 5.5～5.7；当大气中的 CO_2 浓度为 335×10^{-6}，雨水的 pH = 5.647。所以，国际上一般取 pH = 5.6 为大气中未受污染的雨水 pH 的本底值。

pH = 5.6 作为酸雨的判别标准具有动态性和时间性，它不是一个绝对的标准，而是一个以 pH = 5.6 为上限临界值。这是因为在未受人类活动所污染的大气中，影响雨水的酸、碱性能的不只是 CO_2，在自然大气中 SO_2、NO_x、NH_3、HCl 和气溶胶等物质也影响雨水的酸度。另外，为了知道在受人类活动影响之前的降水酸度，需在远离人烟的荒避地区，进行采样和测定。冰川和大陆冰盖的 pH 通常都大于 5。在格陵兰，180 年前由雪形成的冰的 pH 为 6～7.6。南极 350 年前冰的 pH 为 3.8～5.0。自 1979 年开始的全球降水化学研究计划在 10 个荒避地点的测量表明，未受污染的天然降水的 pH 应在 5 以下。瑞典组织了北极考察，在 80°N 以北地区测得降水 pH 为 5.12，并认为这是基本上未受人类活动影响的值。如果从酸雨对生态环境影响来说，初步研究表明，pH 为 5.0～5.6 的降水对生态环境影响很小，几乎不产生明显的危害。只有当降水的 pH 小于 5.0，才观测到对森林、植物、土壤等有危害影响，当降水 pH＜4.5 时，对生态环境产生明显的严重危害。

6.3.1.2　酸雨的化学特征

pH 是判断雨水酸度的标准，而雨水中的酸度是酸性物质和碱性物质综合作用的结果。因此在酸雨研究中，对雨水样品通常测定其包含的强酸、弱酸和碱性物质。代表性离子有：NH_4^+、Ca^{2+}、K^+、Mg^{2+}、Na^+、H^+等阳离子和 SO_4^{2-}、NO_3^-、Cl^-、HCO_3^- 等阴离子。

造成 pH 降低，酸雨形成的主要化学成分有硫酸、硝酸和盐酸，它们都是强酸。由于它们在水溶液中完全电离，所以对降水的酸度贡献很大。在大多数地区酸雨中以硫酸为主，硝酸次之，盐酸的贡献甚小。这 3 种酸在酸雨中的离子表现是 H^+、SO_4^{2-}、NO_3^-、Cl^-。SO_4^{2-}是酸雨中很重要的化学组分，它主要来源于工业排放出的二氧化硫，海洋和陆地地表矿物也是硫酸盐的来源之一。NO_3^- 的根本来源主要是人类大量使用矿物燃料，自然界的雷电过程也产生氮氧化物；大气中的 Cl^-是煤燃烧时释放出的氯化氢进入雨水后形成的。

酸雨中还有一定量的弱酸，如碳酸（H_2CO_3）、有机酸（如甲酸、乙酸、乳酸、柠檬酸等）、

亚硫酸、氢氟酸等。由于这些酸在 $pH < 5.0$ 时几乎不电离，所以它们对严重的酸雨影响很小，但在 $pH > 5.0$ 的雨水中，它们是使雨水略呈酸性的主要物质。

酸雨中还有碱性物质，代表性的离子有 NH_4^+、Ca^{2+}、K^+、Mg^{2+}、Na^+。它们在降水中对酸起中和作用。Cl^-、Ca^{2+}、K^+、Mg^{2+}主要来自土壤中的碳酸盐，建筑业和燃烧也是 Ca^{2+}的重要来源，海洋提供大量的 K^+、Mg^{2+}。降水中 Ca^{2+}的分布与土壤性质有很大关系，在酸性土壤区降水中 Ca^{2+}含量低，在碱性土壤区 Ca^{2+}含量很高。Na^+主要来自海洋，因此在一般情况下，Na^+与 Cl^-的当量浓度相接近。大气中的 Na^+也有部分来自土壤，所以有时降水中 Cl^-/Na^+的比值比海水的 Cl^-/Na^+的比值小。但总的来说，降水中的 Na^+与 Cl^-对雨水酸度作用甚小。雨水中的 NH_4^+ 来源于大气中的气态 NH_3。它是大气中唯一的气态碱，对酸雨的缓解有着重要的作用。NH_3 的来源主要是土壤中的生物过程，氮肥挥发、牲畜和人类的排泄物也是重要来源，还有矿物燃料的燃烧、生物和城市生活废物的腐烂等。NH_4^+ 的分布与土壤性质有较明显的关系，一般酸性土壤区降水中 NH_4^+ 含量低，而碱性土壤区其含量高。

6.3.2　酸雨灾害的形成机制

自由大气中由于存在 0.1～10 μm 的凝结核而造成了水蒸气的凝结，然后通过碰并和聚结等过程进一步生长而形成云滴和雨滴，为酸性污染物的化学反应提供了条件。在云内，云滴相互碰并或与气溶胶粒子碰并，同时吸收大气中气体污染物，在云滴内部发生化学反应，这个过程称为污染物的云内清除或雨除。在雨滴下降过程中，雨滴冲刷着所经过空气中的气体和气溶胶，雨滴内部也会发生化学反应，这个过程称为污染物的云下清除或冲刷。这些过程也就是降水对大气中气态物质的颗粒物质的清除过程，酸化就是在这些过程中形成的。

酸雨中的酸主要是硫酸和硝酸，主要酸性物质是 SO_2 和 NO_x，因此形成酸雨前的主要化学过程就是 SO_2 和 NO_x 的氧化过程（图 6-7）。SO_2 和 NO_x 的氧化按反应体系，可分为均相氧化和非均相氧化。按反应机理可分为光化学氧化、自由基氧化、催化氧化和强氧化剂氧化。

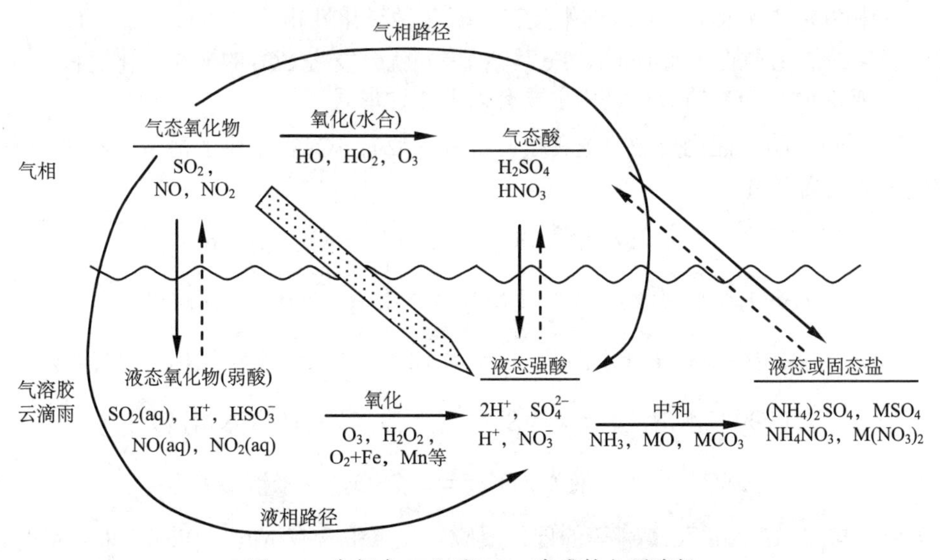

图 6-7　**大气中 SO_4^{2-} 和 NO_3^- 生成的主要路径**

6.3.2.1　二氧化硫的均相氧化

（1）直接光氧化　SO_2在大气中吸收紫外线辐射，产生单重态和三重态，直接与O_2反应，生成SO_3，进而与H_2O反应生成H_2SO_4液滴。最常认为的反应为

$$SO_2 + h\nu \longrightarrow {}^*SO_2$$

$$2{}^*SO_2 + O_2 \longrightarrow 2SO_3$$

$$SO_3 + H_2O \longrightarrow H_2SO_4$$

式中：${}^*SO_2$为具有不同能量和稳定状态的SO_2。这种SO_2转化速率一般在每小时0.05%～0.65%，就对流层中的氧化来说，直接氧化机理太慢，不能说明在几小时内观测到的变化。

（2）间接光氧化　大气环境中存在着一定数量的氧化自由基，它们主要来自NO_x与碳氧化合物相互作用过程的中间产物，也来自光化学污染产物。SO_2与氧化自由基如$\cdot OH$、$CH_3O_2\cdot$、$HO_2\cdot$等碰撞而发生氧化。反应过程如下

$$\cdot OH + SO_2 \longrightarrow HSO_3\cdot$$

$$HSO_3\cdot + \cdot OH \longrightarrow H_2SO_4$$

$$HO_2\cdot + SO_2 \longrightarrow \cdot OH + SO_3$$

这些反应速率一般为每小时0.4%～3.0%。它明显高于直接光氧化。这种与自由基的氧化被认为是对流层中SO_2均相氧化反应的主要机制。

（3）SO_2与臭氧反应　大气中SO_2还可与O_3、NO_x、CO 等发生反应生成SO_3。

$$SO_2 + O_3 \longrightarrow SO_3 + O_2$$

这些反应比起与自由基反应来说，只能处于次要的地位。

6.3.2.2　二氧化硫的液相氧化

当大气中SO_2进入水滴，而水滴中又存在着各种氧化性物质（如O_2、O_3、H_2O_2等），以及能促进氧化的催化物质（如Mn^{2+}、Fe^{3+}、V 等）就会发生SO_2的液相氧化过程，SO_2氧化形成H_2SO_4或SO_4^{2-}。SO_2的液相氧化主要有以下4种形式。

（1）SO_2与O_2的非催化反应　这种反应过程主要有SO_2在水中的溶解、解离、亚硫酸盐或亚硫酸氢盐的离子氢化。

$$SO_2\text{（气体）} + H_2O\text{（液体）} \rightleftharpoons H_2SO_3\text{（水溶液）}$$

$$H_2SO_3\text{（水溶液）} \rightleftharpoons HSO_3^-\text{（水溶液）} + H^+\text{（水溶液）}$$

$$H_2SO_3\text{（水溶液）} + OH^-\text{（水溶液）} \rightleftharpoons HSO_3^-\text{（水溶液）} + H_2O\text{（水溶液）}$$

$$HSO_3^-\text{（水溶液）} \rightleftharpoons SO_3^{2-}\text{（水溶液）} + H^+\text{（水溶液）}$$

$$2SO_3^{2-}\text{（水溶液）} + O_2 \rightleftharpoons 2SO_4^{2-}\text{（水溶液）}$$

（2）SO_2与O_2在Mn^{2+}、Fe^{3+}等的催化反应　当水中含有Mn^{2+}、Fe^{3+}等催化剂时，它们可以对SO_2的氧化起到催化加速作用。

$$2SO_2 + 2H_2O + O_2 \xrightarrow{\text{催化剂}} 2H_2SO_4$$

(3) SO_2 与 O_3 的氧化反应　当在水中有 SO_2、O_3 和空气混合物时，观测到 SO_2 和 O_3 的迅速消失，表明存在以下反应

$$SO_2 + O_3 \xrightarrow{H_2O} SO_3 + O_2$$

(4) SO_2 与 H_2O_2 的氧化反应　实验表明，在液相中 SO_2 迅速与 H_2O_2 发生反应。生成 H_2SO_4 或 SO_4^{2-}。反应如下

$$SO_2 + H_2O_2 \xrightarrow{H_2O} H_2SO_4$$

如果反应生成的硫酸根速率用 R 表示，则在实际大气的云、雾和雨中，上述各反应的速率大小有以下关系

$$R(H_2O_2) \sim 10R(O_3) \sim 100R(\text{催化、}O_2) \sim 1000R(\text{非催化、}O_2)$$

由此可见，在液相氧化中强氧化剂氧化是最重要的，O_3 与 H_2O_2 相比，当 pH>5.7 时，O_3 的作用超过 H_2O_2，但在 pH<5.7 时，H_2O_2 的氧化反应占主导地位，其他氧化反应不重要。SO_2 的液相氧化速率比气相氧化快得多。一般来说，液相氧化速率每小时 10%～18%，而气相氧化速率每小时 0.4%～3.0%。因此，云和雨滴内的氧化在形成酸雨中起很重要的作用。

6.3.2.3　氮氧化物的氧化反应

大气中 NO_x 的主要组成是 NO 和 NO_2。NO_2 在大气中经常发生光解，然后通过光解产物在气相中氧化，当不存在其他产物时，通过氧化反应产生臭氧，臭氧又将 NO 重新氧化产生 NO_2，即

$$NO_2 + h\nu \longrightarrow NO + O$$

$$O + O_2 + M \longrightarrow O_3 + M$$

$$NO + O_3 \longrightarrow NO_2 + O_2$$

因此通过光化学反应，NO_2 和 NO 相互转化，并趋于平衡。

NO_2 可与 · OH 自由基反应转化为硝酸。

$$NO_2 + \cdot OH + M \longrightarrow HNO_3 + M$$

此反应主要在白天发生。

NO_x 也可能以二氧化氮或三氧化氮和五氧化二氮发生多相反应而生成硝酸

$$NO + O_3 \longrightarrow NO_2 + O_2$$

$$NO_2 + O_3 \longrightarrow NO_3 + O_2$$

$$NO_2 + NO_3 + M \longrightarrow N_2O_5 + M$$

$$H_2O + N_2O_5 \longrightarrow 2HNO_3$$

此反应主要在夜间发生。当大气温度较高或存在云雾时，NO_2 与水分子结合生成硝酸，当它与 SO_2 同时存在时，还可以促进 SO_2 的氧化转化。根据 · OH 的估计浓度和白天的反应途径，可计算出硝酸的生成速率，夏天约为每小时 34%，冬天约为每小时 18%，

6.3.3　酸雨灾害灾情分析

有人认为酸雨是一场无声无息的危机，而且是有史以来对我们最严重的环境威胁，是一

个看不见的敌人。

6.3.3.1　酸雨灾害对人体健康的危害及其灾情分析

由于酸雨溶解了空气中大量的重金属，形成危害人体健康的重金属盐，进而污染饮用水，造成次生水环境灾害，危及人类生命。有关研究机构的研究结果表明：在德国每年有2000～4000人，在英国每年有1500～5000人（主要是老人与儿童）因受酸雨伤害而死亡。美国国会的一次调查结果表明，仅在1980年，美国和加拿大两国就有5万多人由于受酸雨中硫化物侵袭而死亡，占死亡总数的2%。如果继续下去，到20世纪末，美国每年死于酸雨灾害的人约增至6万人。1973年6月28～29日，在日本静冈县和山梨县约50 km^2范围内，有144人因酸雨而患眼疼、咳嗽等。1974年7月3日关东地区约3万人有同样的症状，这天的雨水pH最低为2.85。以后几年日本都有人说酸雨对眼睛、咽喉和手上皮肤有刺激。1981年瑞典马克郡发现有一家三名孩子为绿头发。原因是酸雨使该家饮用的井水酸化，井水腐蚀了铜制水管，洗涤过的头发被溶出的铜化合物所染绿。在墨西哥市，pH为3.4～4.9的酸雨并不罕见。据墨西哥卫生部调查表明，在1989年该国的呼吸器官疾病患者死亡率为每10万人中有93人，属世界最高。每年公害死亡人数超过10万人，其中3万人是孩子。

迄今，酸雨对呼吸道和眼睛的损害已十分清楚。对65岁以上患有哮喘、支气管炎和心脏病的患者来说，吸入硫和氮的氧化物是危险的，对孕妇和婴幼儿的影响也非常恶劣。酸雨能增强香烟和其他致癌物质的作用。加利福尼亚州立大学的实验表明，人处在pH=3左右的酸雾中，约有20%的人很快表现出咳嗽、气管收缩等反应。由于酸雨，在水源中铅浓度高的地方，初期精神病、老年帕金森病等老年性痴呆症发病率明显升高。

6.3.3.2　酸雨灾害对土壤作物的危害及其灾情分析

酸雨进入土壤首先破坏土壤的结构和性能，从而影响作物的生长，严重时能导致植物死亡，造成严重的农业灾害。其影响机理主要体现在以下几点。第一，淋洗与土壤结合的钙、镁、钾等营养元素，使土壤贫瘠化。第二，使土壤酸性增强，抑制土壤中微生物的活性，致使大量有机物不能被有效分解，而无法被作物吸收，土壤肥力下降；土壤酸化还使土壤毒性增强，导致有害重金属在土壤中残留聚集。酸雨能引起农作物产生铝中毒现象，使得植物主根系变短变粗、侧根系短少，呈现出珊瑚状根系，根毛稀疏而多节瘤。中毒严重时，可使植物变色、易断直至死亡。铝作用于根尖分生组织细胞，改变细胞质膜的结构与功能，抑制膜结合酶的活性，从而引起矿质养分和水分的吸收率降低，细胞分裂和伸长受到限制。第三，酸雨还会破坏土壤生态过程的化学平衡，影响土壤团粒结构的形成等。酸雨除了破坏土壤结构外，还能直接伤害作物的芽，进而影响作物的生长发育；酸雨淋洒在植物的绿叶上以后，能破坏叶片的角质保护层，伤害叶片细胞，使叶绿素减少，引起叶片萎缩和畸形，甚至导致作物死亡；酸雨还可通过作物根系吸收进入作物体内，影响作物细胞分裂发育过程。

1982年6月13日，在我国西部重庆市近郊，一场酸雨致使大面积杂交水稻枯死，受害面积约1万多亩①。有关部门研究结果表明：在我国每年有260万 hm^2农田受酸雨灾害影响，损失达20亿元。

---

① 1亩≈666.67 m^2。

6.3.3.3　酸雨灾害对湖泊与鱼类的危害与灾情分析

酸雨对水生生态系统的影响和危害较陆地生态系统更为明显和严重。主要是通过酸化淡水水体而影响水生生物。淡水水体的酸化主要有两种方式，一种是酸雨直接降落在水中；另一种是在土壤盐基饱和度低的地区，酸雨得不到有效的中和，随地表径流汇入江河、湖泊，湖泊与河流酸化，致使土壤与底泥中的重金属溶入水体，一些耐酸藻类与真菌增多，有根植物、细菌和无脊椎动物减少，有机物分解率降低。淡水水体的酸化引起水生生态系统结构和功能发生变化，对鱼类和水生生物产生明显的影响和危害。

研究表明，水体酸化主要在三个水平上对水生生物造成危害。pH＜6.5 时，鱼类受精卵孵化率与孵化速率降低。pH≤6.0 时，鱼类生长和繁殖能力下降，胚胎畸形率升高，血液生理产生反应，藻类生理异常，螺类生长变慢。pH≤5.0 时，鱼类生长率和繁殖能力约为正常水中的一半，成鱼生理明显异常，藻类、浮游动物和软体动物种群结构发生明显变化，种类数量和个体明显减少，生长率和生殖能力受到明显抑制。由此可见，酸化河流与湖泊中会出现鱼类绝迹、有机物泛滥，而形成“死湖”、“死河”的局面。

在世界两个主要酸雨污染区（欧洲和北美洲东部）的江河、湖泊的酸化问题非常严重。在美国，酸化水域多达 3.6 万 hm^2，55%湖泊受酸雨影响水质变坏，以致鱼类绝迹。在加拿大，酸化湖泊达 5 万个，其中很多湖泊鱼类亦已绝迹。在瑞典，30%左右的湖泊被严重酸化，其中 4500 个湖泊中植物与鱼类早已绝迹，成为名副其实的死湖。挪威南部广大地区淡水水体的 pH 已经下降到 4.6 ～5.0，湖泊的 pH 也下降到 4.5 左右。

6.3.3.4　酸雨灾害对森林的危害与灾情分析

酸雨对树木的危害主要有两种方式：一种是由上而下直接伤害树木，它腐蚀蜡质层，破坏叶表皮组织，干扰气体和水分的正常交换和代谢，特别是淋失叶子中的钙、镁、钾等营养元素，使养分缺乏，导致树木光合作用降低，生长缓慢。另一种是由下而上的间接影响，酸雨加速了土壤酸化过程，淋失土壤中钙、镁、钾等元素，使树木生长必需的营养物质亏缺，削弱其生长。土壤酸化更严重的后果是使铝活化游离出来，铝在土壤中的富集毒害树木的根系，使其不能正常吸收养分和水分，导致树木生长衰弱，特别是在气候干旱时，毒害更加严重，以致树木死亡。

近 20 多年来，在世界一些国家的森林不同程度地遭到酸雨的危害，导致严重的森林退化和大片死亡。德国估计，1982～1983 年，森林受害面积增长了 26%。奥地利有 4000 万 hm^2 的森林受到酸雨的影响。瑞士发现有 4%的树木处在死亡威胁之中，有 14%的树木处在病态之中。在瑞典南部发现大面积的森林遭到污染的危害。荷兰发现大面积的森林生长状态极差。法国北部和东部也发现了森林死亡的现象。捷克已有 4000 万 hm^2 的森林受害，占森林总面积的 20%。波兰约有 50%的树木被酸雨所害，生长缓慢，估计木材损失量达 40%。位于美国东部高海拔地区的森林，一些树种也处于衰退状态。在过去 20～25 年间高海拔的红杉明显枯萎。加拿大东部 50%以上的森林受到酸雨的危害。日本东京有 5000 km^2 地区，80%的日本雪松顶梢枯死。在欧洲，由于酸雨危害，每年森林资源损失达 300 多亿美元。

在我国南方重酸雨区已发现严重的森林衰亡现象。四川盆地受酸雨危害的森林面积约

2700 万 hm^2，占有林地面积的 32%，其中森林死亡面积占 5.7%。重庆近郊南山 1800 hm^2 马尾松林普遍生长不良，死亡率达 46%；峨眉山金顶冷杉死亡率达 40%；四川奉节县茅草坝林场 6000 hm^2 华山松已死亡 96%。贵州森林受害面积约 1400 万 hm^2。我国东部 7 省受酸雨危害的森林面积为 1.28 亿 hm^2，占有林地面积的 4%，占用材林面积的 6.5%。在这 7 省中以浙江省森林危害最重。

6.3.3.5　酸雨灾害对建筑与雕塑的危害与灾情分析

酸雨是强腐蚀剂，对建筑材料、金属构筑物与油漆均有腐蚀作用。许多著名古建筑与雕塑（包括雅典著名的巴特农神庙，美国的自由女神像，我国故宫与天坛的大理石栏杆、卢沟桥上的石狮子、敦煌石窟壁画，埃及的人面狮身像等），在酸雨腐蚀下均已变得千疮百孔，面目全非了，由此所造成的损失是无法用金钱衡量的。在我国重庆，市政金属设施的更换频率要比自然条件相似的南京快 1～5 倍。嘉陵江大桥的钢梁每年锈蚀 0.16 mm，如此下去用不了 30 年，就会因钢梁锈坏而引发更严重的次生灾害。

带有酸性的细小粉尘进入室内，开始腐蚀各地图书馆的古老藏书。纸张容易吸收硫氧化物和氮氧化物，氧化后纸质变坏乃至不可收拾。大英图书馆的藏书损坏较重。意大利各地珍贵的壁画濒临危机，在其表面因石膏化而呈烧肿状。

最容易遭受腐蚀的材料有含碳酸钙的砂石、石灰石、大理石及金属材料。酸雨对建筑材料的腐蚀主要是化学腐蚀。沉降到建筑物表面的硫氧化物与碳酸钙发生反应，形成易于溶解的碳酸钙。碳酸钙很容易被雨水冲刷掉，也可由于累积过多而剥落。酸性物质沉降到金属表面发生电化学反应，在金属表面形成许多原电池，使金属腐蚀。因此，酸沉降对建筑材料的损害，既受酸性物质的酸度、沉降量、沉降时间的影响，又受大气的温度、湿度、风、降水强度、降水持续时间和降水量的影响。

6.4　臭氧层破坏

6.4.1　臭氧层

臭氧层是指大气中臭氧集中的层次。一般指高度在 10～50 km 的大气层（大致同平流层的高度相当）；也有的指 20～30 km 的臭氧浓度最大的大气层（图 6-8）。在臭氧层里，臭氧的浓度很稀，即使在浓度最大处，所含臭氧与空气体积比只占大气的几百万分之一，总质量约 30 亿 t。将其折算到标准状态（气压 101.325 kPa，温度 273 K），臭氧的总累积厚度为 0.15～0.45 cm，平均约 0.3 cm。因此，臭氧是大气中的微量成分。虽然其含量少，却能将大部分太阳紫外辐射吸收，使地球上的人类和其他生物免受太阳紫外辐射的伤害，是地球的一个保护层。臭氧吸收太阳紫外辐射而引起的加热作用，还影响着大气的温度结构和环流。

图 6-8　包围地球的臭氧层

6.4.2　人类活动对大气臭氧层的影响

人类活动产生的一些气体成分，惰性很大，往往能存在多年，在平流层中积累起来，对臭氧平衡影响很大。有人曾做过估算，假如全世界超音速飞机飞行排放的 NO、工业生产中逸入大气的所有氟利昂、地球上农业生产使用化肥所释放的 N_2O 等不断增加，最终可能使臭氧总量减少 10%左右。

近几十年来，由于人类活动排放到大气中的这些痕量气体与臭氧发生反应，使大气中的臭氧总量逐年减少。这些痕量气体包括氧化亚氮、四氯化碳、甲烷和氯氟烷烃等。主要来自于广泛用于冰箱和空调制冷、泡沫塑料发泡、电子器件清洗的氯氟烷烃（CF_xCl_{4-x}）、用于特殊场合灭火的溴氟烷烃[CF_xBr_{4-x}，又称哈龙（Halons）]。

6.4.2.1　氮氧化物

氮氧化物主要包括一氧化氮、二氧化氮、一氧化二氮等，它们对臭氧的破坏作用过程可用如下反应式表示

$$NO+O_3 \longrightarrow NO_2+O_2$$

$$NO_2+O \longrightarrow NO+O_2$$

净结果是 $O_3+O \longrightarrow 2O_2$。

人类活动产生氮氧化物的主要途径有：超音速飞机飞行时直接排放大量的一氧化氮，农业使用的化肥量日益增加，使土壤释放的增加，一氧化二氮气体进入平流层后，一部分在光化学作用下形成一氧化氮（$N_2O+O \longrightarrow 2NO$），它将参与破坏臭氧的反应。

6.4.2.2　氟氯烷

工业生产和使用的氯氟烷日益增多，最常用的是氟利昂 11（$CFCl_3$）和氟利昂 12（CF_2Cl_3）。这些分子在对流层中很稳定，能够长期存在，进入平流层后，能吸收 1900～2100 Å[①]的太阳紫外辐射而离解出氯原子，从而破坏臭氧层，其反应过程如下

$$CF_xCl_{4-x}+h\nu \longrightarrow CF_xCl_{3-x}+Cl$$

$$Cl+O_3 \longrightarrow ClO+O_2$$

$$ClO+O \longrightarrow O_2+Cl$$

净结果是 $O_3+O \longrightarrow 2O_2$。

在氮氧化物和氯氟烷同臭氧的两类平衡过程中，各成分还会发生相互作用

$$ClO+NO \longrightarrow Cl+NO_2$$

$$NO_2+O \longrightarrow NO+O_2$$

$$Cl+O_3 \longrightarrow ClO+O_2$$

净结果是 $O_3+O \longrightarrow 2O_2$。总之，各成分影响臭氧平衡的过程非常复杂，反应式远远超过 100

① 1 Å=10^{-10} m。

个。有些破坏臭氧生成，有些又促进臭氧的生成，因此对同一类成分在臭氧生消过程中的作用往往有不同的见解，要视其两过程的比重。

6.4.2.3　四氯化碳

四氯化碳（CCl_4）又称四氯甲烷，为无色、易挥发、不易燃的液体。具氯仿的微甜气味。四氯化碳主要来源于生产四氯化碳的有机化工厂、石油化工厂等。四氯化碳用作油类、脂肪、真漆、假漆、硫黄、橡胶、蜡和树脂的溶剂、冷冻剂、熏蒸剂、织物的干洗剂、金属洗净剂、杀虫剂，也用于电子工业用清洗剂、油质、香料的浸出剂、萃取剂等。四氯化碳常用于合成碳氟化合物、生产氯化有机化合物、生产半导体、制造氟利昂等行业。

6.4.3　臭氧层破坏和臭氧空洞

自 1958 年对臭氧层观察以来，发现高空臭氧有减少趋势，20 世纪 70 年代以来，这种趋势更为明显。根据臭氧趋势小组（OTP）和世界气象组织（WMO）1989 年的报告，1970～1986 年间所有纬度上的臭氧均呈减少趋势，冬季减少率大于夏季。联合国环境规划署（UNEP）根据世界各观察点的数据得出，1978～1985 年全球臭氧平均减少 2.6%左右。除南极以外的地区，臭氧受氟利昂影响的减少量为每 10 年 0.5%。臭氧随高度分布的长期变化为：除南极地区外，根据模型计算，氟利昂造成的臭氧破坏主要发生在高度（40±10）km 的高空，40 km 高空处的减少幅度约每年 1%。自 20 世纪 70 年代后半期，南极上空的臭氧量开始在 9～11 月大幅度减少，随后几年便出现臭氧空洞。

1984 年，英国科学家法尔曼等在南极哈雷湾观测站发现：在过去 10～15 年，每到春天南极上空的臭氧浓度就会减少约 30%，极地上空的中心地带有近 95%的臭氧被破坏。从地面上观测，高空的臭氧层已极其稀薄，与周围相比像是形成一个“洞”，“臭氧洞”由此而得名，这是人类历史上第一次发现臭氧空洞，当时观察此洞覆盖面积只有美国的国土面积那么大，随后空洞呈现日趋扩大的趋势。

南极臭氧洞是指南极地区上空大气臭氧总含量季节性大幅度下降的一种现象，并非臭氧完全消失出现了真正的洞，南极臭氧洞通常于每年 8 月中旬开始逐渐形成，10 月中上旬达到最大面积，并于 11 月底或 12 月初臭氧洞消失。对迄今已掌握的卫星和地面观测资料的分析表明，南极大陆上空大气中臭氧含量的明显减少始于 20 世纪 70 年代末，1982 年 10 月南极上空首次出现了臭氧含量低于 200 多布森单位（标准大气压下，10 μm 臭氧层的厚度）的区域形成了臭氧洞，在随后的几年里臭氧洞的面积不断扩大，洞内的臭氧含量不断降低。进入 20 世纪 90 年代以来，南极臭氧洞继续扩大。最近，科学数据显示，南极上空臭氧洞扩大，面积达 2700 km^2 的臭氧洞相当于四个澳大利亚的面积，创历史新高。2018 年的臭氧洞在 8 月末 9 月初，扩大得特别迅速，甚至快过往年。数据显示南极大部分地区上空的臭氧都变薄，平时南极臭氧层平均厚度约 300 个多布森单位，但目前南极臭氧层最稀薄处不足 100 个多布森单位。多年来的研究表明，平流层臭氧浓度减少 10%，地球表面的紫外辐射强度将增加 20%，这将对人类健康和其他生物乃至整个地球生态系统产生严重后果。

6.4.4　臭氧空洞的形成

南极臭氧洞的成因目前尚无定论，其中最令人信服的是污染物质学说。此外还有美国宇航局汉普顿芝利中心 Callis 等提出南极臭氧层的破坏与强烈的太阳活动有关；麻省理工学院的 Tung 等认为是南极存在独特的大气环境造成冬末春初臭氧耗竭，根据大气动力学说，指出大量氯氟烃化合物的使用，以及南极初春没有足够阳光产生大量氧原子，并因此提出了不需要氧原子的循环机理。

通过分析我们似乎可以得出以下的主要观点。

第一，南极臭氧洞是在南极春季特殊的温度和环流状况下由极地平流层云参与和非均相化学反应而引发产生的特殊现象。极地旋涡等其他因素对气体成分输送的影响不是南极臭氧洞形成的决定因素，而只能影响臭氧洞的强度。

第二，化学反应引起臭氧耗损造成臭氧空洞。专家指出，臭氧空洞是近年来喷气式飞机和火箭、导弹日益增多，排放到大气中的大量废气，以及工业化产生的氟氯化物（氟利昂）引起的化学反应造成的。怀俄明大学的霍夫曼认为，臭氧层出现空洞是由于氟利昂能破坏离地面 25 km 高大气层里的臭氧，透过大气层的太阳紫外线增强，导致皮肤癌的患者增加，并有可能影响气候，这种解释最近得到验证。与此同时，他还发现臭氧耗损区气体成分并不均匀，有时臭氧耗损达 75%以上的气层与臭氧耗损不到 25%的气层相邻，而且臭氧耗损的速率很高，仅 25 天臭氧就耗去了一半。他还认为，分层现象与化学反应一致，在化学原因造成臭氧耗损后，可能是空气运动导致分层的。

第三，宇宙高能粒子簇射破坏了臭氧层。原美国国家航空航天局局长登·贝克认为，通过人造地球卫星发现，地球每隔 27 天就有两天半要受到宇宙高能粒子簇射，射向地球的带电粒子，其能量为 200 万～1500 万 eV。这些带电粒子在地球磁场作用下沿着磁力线向南北两极射去。当南半球冬季到来时，南极大陆处于黑夜，大气中间层的氮氢化合物在带电粒子的影响下浓度开始升高。当南极大陆出现太阳的早春季节到来时，氮氢化合物由于气温升高开始发生化学反应，这一过程使臭氧层迅速遭到破坏，因而在南极上空臭氧层出现空洞。由于大气层总环流的稳定性和地球磁场的不同结构，北极磁场比南极磁场较强和均匀，因此这种化学过程只对南极大陆产生影响。太阳周期变化通过光化学反应对南极臭氧洞强弱的影响可以忽略。

6.4.5　臭氧层破坏对人类造成的灾难

臭氧层中的臭氧能吸收 200～300 μm 的太阳紫外线辐射，因此臭氧空洞可使阳光中紫外线辐射到地球表面的量大大增加，从而产生一系列严重的危害。臭氧的减少将造成生物学和气候学两方面的严重后果，威胁到人类的生活和生存。

太阳紫外线辐射能量很高的部分称为 EUV，在平流层以上就被大气中的原子和分子所吸收，从 EUV 到波长 290 nm 之间的部分称为 UV-C 段，能被臭氧层中的臭氧分子全部吸收，波长等于 290～320 nm 的辐射段称为紫外线（UV-B），也有 90%能被臭氧分子吸收，从而可以大大减弱到达地面的强度。如果臭氧层的臭氧含量减少，则地面受到紫外线的辐射量增大。

6.4.5.1　对人类健康的影响

（1）皮肤癌增加　紫外线辐射最明显的影响之一是皮肤灼伤，学名为红斑病。过量的紫外线辐射损害人体内的脱氧核糖核酸（DNA），并导致 DNA 在子细胞中的错误复制，引起突变。这些基因突变则会导致癌细胞的生成。目前，已认为鳞状细胞癌、基底细胞癌、黑色素瘤等皮肤癌与过量的紫外线辐射有关。紫外线辐射的增加可引起皮肤癌发病率的增加，如臭氧总量减少 5%，皮肤癌发病率可能增加 10%。

（2）损害免疫系统 随着紫外线辐射的增加，人类抵抗疾病（包括癌症、过敏症和一些传染病）的能力下降。由于 UV-B 破坏个体细胞，降低细胞的免疫反应，进而损害其中的 DNA，导致人体免疫能力下降。皮肤是一个重要的免疫器官，过量的紫外线辐射照射皮肤会使其免疫功能受到扰乱，使免疫反应的平衡遭到破坏，进而导致人体免疫系统的改变，使很多疾病的发病率大大增加，并会使已有的疾病加重。最容易发生的疾病有麻疹、水痘、皮疹及通过皮肤传染的寄生虫病、细菌感染等。目前，关于紫外线辐射对人体免疫功能影响的研究工作还在进一步深入，关于细胞和分子的响应机制及免疫抑制作用等方面的研究也在进行中。

（3）导致眼疾发病率增加 过量的紫外线辐射能导致眼睛的角膜结膜炎和白内障等眼疾发病率增加。研究表明，紫外线辐射增强能直接损害人眼的晶状体，导致晶状体表面混浊。若大气中臭氧每减少 1%，白内障的发病率就会增加 0.3%～0.6%。

6.4.5.2 导致生态系统退化

紫外线辐射的增加，会对自然生态系统和作物造成直接或间接的影响。过量紫外线辐射增强对农作物的影响包括直接和间接影响，大量研究表明，这些影响是通过抑制光合作用、损害 DNA、改变植物的形态学特征及生物累积量、减少生物多样性等来实现的。当然，这一影响过程非常复杂，不同的物种或同一物种在不同的发育阶段，其对紫外线辐射的响应不同。最容易受到破坏的是豆类、甜瓜、芥菜和白菜等；土豆、西红柿、甜菜和大豆等产品质量会下降，产量会减少；大多数农作物和树木会变得衰弱，抵御病虫害的能力会大大降低，进而使农作物和森林生态系统遭受破坏。

由大气臭氧层破坏而引起的太阳紫外线辐射的增强会对海洋生态系统产生直接的危害。太阳紫外线辐射的增加会直接影响浮游生物的定向性和游动性，最终会导致它们生存能力的降低和总体数量的减少。有数据表明，大气中臭氧减少 16%，会使浮游生物数量减少 5%。有人甚至认为，当臭氧层中的臭氧量减少到正常量的 1/5 时，将是地球生物死亡的临界点。这一论点虽尚未经科学研究所证实，但至少也表明了情况的严重性和紧急性。

例如，紫外线辐射对 20 m 深度以内的海洋生物都会造成危害，会使浮游生物、幼鱼、幼蟹、虾和贝类大量死亡，会造成某些生物减少或灭绝，由于海洋中的任何生物都是海洋食物链中重要的组成部分，因此某些种类的减少或灭绝，会引起海洋生态系统的破坏。紫外线辐射的增加也会损害浮游植物，浮游植物可吸收大量二氧化碳，其产量减少，使得大气中存留更多的二氧化碳，温室效应加剧。

6.4.5.3 对气候的影响

臭氧总量的变化和臭氧含量随高度分布的变化，可引起大气温度结构的变化。研究显示，臭氧的减少，最终将造成平流层变冷和地面温度变暖。

6.4.5.4 对其他环境的影响

过量的紫外线辐射还将引起用于建筑物、绘画、包装的聚合材料的老化。过量的紫外线辐射能增加这些材料的光解速率，破坏其性能，使其变硬变脆，从而缩短使用寿命。对这些材料的广泛应用构成了威胁，造成严重的经济损失。

臭氧层臭氧浓度降低紫外线辐射增强，反而会使近地面对流层中的臭氧浓度增加，尤其是在人口和机动车量最密集的城市中心，使光化学烟雾污染的概率增加。有资料表明，大气臭氧层的浓度每减小 1%，近地面层中的臭氧浓度就增大 2%。

6.5　毒气泄漏灾害

毒气泄漏灾害是指由于人为失误等原因造成的有毒气体由其储存容器中泄漏出来，进入人类赖以生存的空气环境，并通过空气环境媒体迁移转化反作用于人类，严重危及人类与动植物生命安全，进而造成人类生命财产严重损失的灾害事件。毒气泄漏灾害具有突发性，属突发性环境灾害。表 6-9 列出了我国与其他国家近年来爆发的较为严重的毒气泄漏灾害。

表 6-9　毒气泄漏灾害表

时间（年-月-日）	地点	成因和灾情
1988-06-09	中国山西运城	原料不合格，造成 1 t 多纯硫酸酸雾排入空气，污染空气 280 亿 m^3，致使大面积植物枯死
1988-06-28	中国辽宁大连	因高温，光化学玻璃窥镜破碎，造成光气泄漏。多人中毒，3 人死亡
1988-11-15	中国河南新乡	3.25 t 的三氯化磷泄漏，扩散面积 1 km^2，5000 人受害，直接经济损失 50000 余元
1989-03-30	中国湖南洪江	硫酸分离器爆破，大量氯气泄漏，造成 200 多人中毒，大片植物枯死，直接经济损失 70000 余元
1991-09-03	中国江西	运载 2.4 t 甲胺的运货车，途中阀门管断裂，使 2.4 t 甲胺全部泄漏，致使 934 人中毒，其中 37 人死亡，1299 头畜禽死亡，死鱼 3500 kg
2003-12-23	中国重庆开县	中石油川东北气矿罗家 16 号井发生特大井喷事故，造成 243 人死亡，4000 多人中毒就医，60000 多人被紧急疏散
1976-07-10	意大利塞韦索	二噁英从容器壁泄漏，致使周围 7.7 万头家畜被处理，仅 1.7 万人的小镇先后出现怪婴 53 名
1984-12-02	印度博帕尔	甲基异氰酸盐（MIC）泄漏，造成 20 余万人中毒，2500 人死亡，共计赔偿 4.7 亿美元
1987-03-24	美国宾夕法尼亚州	金属冶炼厂喷出大量毒气，引发 200 人中毒，1.8 万人逃亡，25 km^2 成为无人区

下面以发生最严重的一起毒气泄漏灾害——印度博帕尔农药厂毒气泄漏灾害为例，探讨毒气泄漏灾害的发生、发展与演变规律及其危害性后果与灾情分析等问题。

6.5.1　异氰酸甲酯的毒性机理

异氰酸甲酯是一种烷基化合物，是生产一种专治小麦害虫的化学农药西维因的中间体，它是由氧氯化碳和带有鱼腥味的甲胺化合而成的。它产生的毒性要比氧氯化碳的毒性强 5 倍。异氰酸甲酯是无色清亮液体，有强刺激性。分子式 C_2H_3ON，相对分子质量 57.06，20℃时相对密度 0.9599，沸点 39.1℃，自燃点 534 ℃。除不锈钢、镍、玻璃、陶瓷外，其他材料与其接触均有被腐蚀的危险。尤其不能使用铁、钢、锌、锡、铜或其合金作为盛装容器。容易与含有活泼氢原子的化合物胺、水、醇、酸、碱发生反应。与水反应生成甲胺、二氧化碳；在过量水存在时，甲胺再与 MIC 反应生成 1,3-二甲基脲，在过量 MIC 时则形成 1,3,5-三甲基缩二脲。这两个反应均为放热反应。纯物在有触媒存在条件下，发生自聚反应并放出热能。遇热、明火，氧化剂易燃，燃烧时释出 MIC 蒸气、氮氧化物、一氧化碳和氰化氢。高温（350～540℃）下裂解可形成 H_2O。遇热分解放出氮氧化物气体。主要经呼吸道吸入。

本品属剧毒类。它可以破坏细胞的分子结构，自动地使红细胞分裂，有致癌作用。这种气体能引起肺部的纤维化从而使小的支气管堵塞；它可以破坏眼睛的角膜，使角膜溃烂和结疤，最后致盲。浓度很高时，也可因支气管痉挛致窒息死亡。

6.5.2 印度博帕尔农药厂毒气泄漏灾害的发生过程和形成原因

印度博帕尔农药厂隶属美国联合碳化物有限公司，始建于 1969 年。发生毒气泄漏灾害时，有 45 t 剧毒性气体异氰酸甲酯被冷却后储存在巨大的地下不锈钢储藏罐里。1984 年 12 月 2 日晚 11 点左右，罐中温度突然上升，有毒液体迅速蒸发。罐上本装有自动阀，罐内气压超过一定限度时，可让毒气进入净化器得到中和而化险为夷。不幸的是，在这生命攸关的时刻，这个阀门失灵了；同时，钢罐的紧急阀也失去了作用。惊慌失措的维修人员用简单的手工工具修理无济于事；终因罐内压力过大而冲开阀门，酿成了世界有史以来最严重的一起毒气泄漏灾害。

造成这起惨案的主要原因是杂质渗入罐内使异氰酸甲酯发生化学反应。联合碳化物有限公司宣布造成这一事故的原因时说：在 MIC 储存罐中错误地倒进了 100 kg 水，水使 MIC 的温度升高。然而，储存罐中的冷却系统和毒气外泄时所使用的中和系统均未发生作用，于是，压力冲开了储存罐的阀门，毒气开始泄漏。危险是在灾难发生的前一天下午产生的。在例行日常保养的过程中，该厂维修工人的失误导致了水突然流入装有 MIC 气体的储藏罐内，生成了一种极其危险的不稳定的混合物。温度为什么上升得如此之高呢?专家们分析得出有 3 种可能。

第一，某些物质，如不纯净的水进入了储气罐中，并引起了化学反应。在制造农药西维因时，工厂用一根管子将异氰酸甲酯从储气罐送至反应釜，在釜中与萘酚反应，但反应后，经常会剩有少量反应物，许多生产厂家都企图将其回收并再循环利用。经分离后，将异氰酸甲酯中的杂质除去然后返回储气罐。这样，如果净化装置不能正常运转，杂质就会进入储气罐并促使化学反应发生。

第二，在博帕尔有很多工厂需用氮气，它们均由同一氮气源供给。农药厂为了阻止异氰酸甲酯与空气或水分相接触，在储气罐中通入了氮气进行保护，杂质可能通过氮气管线进入了储气罐。通入氮气虽然是很平常的事，但也有危险性，因为在装置中可能发生氮气“回吹”现象，从而污染氮源。

第三，异氰酸甲酯长期储存本身发生了反应。因为它已在储气罐中放置了很长时间，有可能造成杂质聚集。工业级的异氰酸甲酯的纯度为 99%，其中不可避免地会有少量能触发反应的物质混入，储气罐底部的残渣应当定期清除，如果不这样做，而将异氰酸甲酯在罐中长期储存，最后就可能引起剧烈的化学反应。有迹象表明博帕尔农药厂原计划每年要生产 5250 t 农药，但由于市场需求下降，1982 年仅生产了 2308 t，1983 年生产降至 1657 t，因此，在当地生产出大量的异氰酸甲酯有可能被积压。

6.5.3 影响后果与灾情分析

尽管在毒气泄漏后几分钟设备就被关闭了，但 30 t 毒气以 5000 m/h 的速率扩散开来，到凌晨 4 点已笼罩了约 40 km^2 的 11 个居民区，受害者多达 20 万人，其中 2 万多人住院治疗，5 万多人失明而终生受害。中毒导致肺水肿是大部分人的死因，另外一部分人则死于心脏病。到灾难发生的第三天，统计数据显示，中毒死亡人数已达 8000 人，受伤人数达 50 万人。事件还造成 122 例的流产和死产，77 名新生儿出生不久后死去，9 名婴儿畸形。事故发生 6 天以后，患者仍以每分钟 1 人的速率向哈米第亚医院报到，其中许多兼有剧咳、气喘或痉挛等病症。到 19 年后的 2003 年为止，死亡人数已升至 2 万人，受害人数 10 万～20 万人，成为迄今世界上最严重的中毒事件。灾害发生后几天内共死亡 2500 人，截止到 1989 年年底，共有 2800 人死亡；中毒孕妇大多流产或产下死婴。

事故发生后，印度和美国双方进行了长达 5 年的反复交涉，最后美国联合碳化物总公司接受了印度最高法院提出的赔偿 4.7 亿美元的要求。

幸存者也并不是幸运者，大多数的幸存者都注定要面临早逝的悲惨命运，他们的肺部损坏无法修复，失去了工作能力，只有最微薄的救济金。而这些遗留下来的有毒的化学物质正影响着他们的后代的健康。现在，那场可怕灾难的余波仍旧影响着博帕尔人的生活，受难者的健康状况日趋衰弱，特殊气体中毒治疗的医院中挤满了患者，联合碳化物公司丢下的工厂中遗留的大量有害物质仍在污染着饮用水。

课堂讨论话题

1. 简述城市工业烟雾灾害与光化学烟雾灾害形成机制的差异。
2. 大气污染环境灾害与大气层结构特征、地形特征的关系如何？
3. 联系实际谈谈人为管理失误在大气环境灾害中致灾的原因及过程。

课后复习思考题

1. 造成臭氧层破坏的人为污染物主要有哪些？
2. 网上查找国内外主要大气污染事件。
3. 什么是酸雨？酸雨的形成过程如何？论述酸雨灾害的主要类型。
4. 简述影响大气污染物扩散的因素。

第7章　水环境污染与环境灾害

内容提要

在分析水污染物来源、污染特性及水对污染物的降解、转化、累积等过程的基础上，主要从水环境灾害形成的3个方面举例分析。一是以水域为例，阐述了海洋环境灾害的类型、成灾机制及危害性；二是以污染类型为例，重点讨论了重金属污染型的水环境灾害，从机理、成因、后果及灾情等方面进行了系统分析；三是从灾害形成过程中的典型人为失误谈起，讨论了水环境灾害的特性、频度、危害及灾情。

重点要求

✧　掌握水环境中主要污染物类型及污染过程；

✧　厘清不同水域水环境灾害的特性；

✧　掌握水环境灾害分析的思路和方法。

地球上的水似乎取之不尽，其实从目前人类的使用情况来看，只有淡水才是主要的水资源，而且只有淡水中的一小部分能被人们使用。淡水是一种可以再生的资源，其再生性取决于地球的水循环。随着工业的发展、人口的增加，大量水体被污染；为抽取河水，许多国家在河流上游建造水坝，改变了水流情况，使水的循环、自净受到了严重的影响。

污浊的水已成为世界上最大的“杀手”，据报道每天至少有25000人因饮用了污染的水而死亡，仅印度就有近千人。废水中含有生活污水、重金属、油类、碳氢化合物、垃圾渗滤物、化学去污剂、动植物有机体、灰尘和其他有害成分。每年由此而造成的灾难和经济损失非常严重。例如，佛罗里达州一半以上的水污染及河流和沼泽中发现的近85%的重金属被认为是来自该州城市街道的地表径流；伏尔加河沿岸的工业废水是伏尔加格勒河段平均流量的10%；马来西亚的主要河流受到了来自棕榈油和橡胶生产过程及生活污水和大量工农业废物的污染。据称其中40多条河流从生物学角度均已经死亡。

我国水环境总体状况不容乐观，通过多年的努力，部分水质的污染已经得到了控制，但地表水资源质量总体在下降，水环境污染势头未能有效遏制，形势严峻，水污染灾害时有发生，受灾程度在加重。

因此，研究水环境污染，探索水环境污染的成因、机理，分析水环境灾害的灾情，是水环境污染控制和水环境灾害预防的基础。

7.1　水环境污染

人类的活动会使大量的工业、农业和生活废弃物排入水中，使水受到严重污染。目前，全世界每年约有4200亿m^3的污水排入江河湖海，污染了55000亿m^3的淡水，这相当于全球径流总量的14%以上，引发了大量的环境灾害。

7.1.1　水环境和水环境污染基本概念

7.1.1.1　水环境和水体

在地球表面、岩石圈内、大气层中、生物体内以气态、液态和固态形式存在的水，包括海洋水、冰川水、湖泊水、沼泽水、河流水、地下水、土壤水、大气水和生物水，在全球构成了一个完整的水系统，是地球自然地理的重要组成部分，这就是水圈和水环境。

水体是指由以相对稳定的陆地为边界的天然或人工形成的水的聚集体。常规所称的水体是指位于地表的海洋、河流、湖泊（水库）、沼泽、冰川、积雪等。广义的水体还包括地下水体。环境学中则把水体当作包括水中的悬浮物、溶解物质、底泥和水生生物等完整的生态或完整的综合自然体。

- 水体
  - 海洋水体
  - 陆地水体
    - 地表水体——河流、湖泊、沼泽、冰川
    - 地下水体

在水环境污染研究中，区分“水”和“水体”的概念非常重要。例如，重金属污染物易于沉积，一些营养物质容易转移到植物体内，若着眼于水，似乎未受污染，但从水体来看，可能受到较严重的污染，使该水体成为长期的初生污染源。

7.1.1.2　水环境污染

1984 年颁布的《中华人民共和国水污染防治法》中为“水污染”下了明确的定义，即水体因某种物质的介入，而导致其化学、物理、生物或者放射性等方面特征的改变，从而影响水的有效利用，危害人体健康或者破坏生态环境，造成水质恶化的现象称为水污染。判断水体是否被污染必须具备两个条件：一是水质朝着恶化的方向发展；二是这种变化是由人类活动引起的。

（1）地表水体污染　人类直接或间接地把物质或能量引入河流、湖泊（水库）、海洋等水域，其含量超过了水体的自净能力，引起了水体和底泥的污染，使其物理、化学性质、生物组成及底质情况恶化，从而降低了水体的使用价值和使用功能的现象，称为地表水体污染。

目前对地表水体污染含义的理解可概括为三种：一是认为水体在受到人类活动的影响后，改变了它的自然状况，即进入水体的某种物质的含量超过了水体的本底含量；二是认为某种污染物质进入水体后，使水体质量变劣，破坏了水体原有的用途；三是认为人类活动造成进入水体的物质数量超过了水体的自净能力，导致水体质量的恶化。第一种观点是从绝对意义来理解水体污染。但是，人类活动已经大大地改变了自然环境，已很难找到“自然”状况的水。目前，更多的人认为，进入水体的污染物数量超过了水体的自净能力，水质劣变，影响到水体用途才算是水体污染。

（2）地下水体污染　目前，关于地下水体污染仍没有统一的定义。但其含义与地表水体污染的含义相近，都是指进入水体中的污染物，使地下水的某些组分浓度加大，使地下水水质朝着恶化方向发展，则视为“地下水体污染”。

7.1.2 水质指标

水质是指水及其中杂质共同表现的综合特性。水质的好坏需有个衡量标准和尺度，于是提出了水质指标，水质指标表示水中杂质的种类和数量，它是判断水污染程度的具体衡量尺度。这些水质指标着重于保障人体健康和人的用水、保护鱼类和其他水生生物资源及针对工农业用水要求而提出的。水质指标很多，根据其所表现的外观特征和转化过程，可将其分为物理性指标、化学性指标和生物性指标三大类项。

7.1.2.1 物理性指标

（1）水温 水的物理化学性质与水温有密切关系。水中可溶性气体 O_2、CO_2 等的溶解度，水中生物和微生物活动、盐度、pH 及碳酸钙饱和度等都受水温变化的影响。水温是现场观测的水质指标之一。

（2）臭味和臭阈值 纯净的水无臭，含有杂质的水通常有味，无臭无味的水虽不能保证是安全的，但有利于饮水者对水质的起码的信任。饮用水要求不得有异臭味。臭是检验原水和处理水质必测项目之一。检验水中臭味可用文字描述法和臭阈值法，文字描述法采用臭强度报告，臭强度可用无臭、微弱、弱、明显、强和很强六个等级描述。而臭阈值是指水样用无臭水稀释到闻出最低可辨别的臭气浓度的稀释倍数。规定饮用水的臭阈值≤2。臭阈值是评价处理效果和追查污染源的一种手段。

$$\text{臭阈值} = \frac{A+B}{A} \tag{7-1}$$

式中：A 为水样体积（mL）；B 为无臭水体积（mL）。

如果水样浓度低时闻出臭气（用“+”表示），而浓度高时未闻出臭气（用“−”），此时以开始连续出现“+”的那个水样的稀释倍数作为臭阈值。该水样的臭阈值用几何均值表示，几何均值等于 N 位检查人员测得的臭阈值。该水样的臭阈值数字积的 N 次方根。例如，7 位检验人员检测水样的臭阈值分别为 2、4、8、6、2、8、2，则

$$\text{臭阈值} = \sqrt[7]{2\times4\times8\times6\times2\times8\times2} = \sqrt[7]{12288} = 3.8 \approx 4.0$$

（3）透视度 透视度是表示水透明程度的指标。监测对象主要是河水或废水，并要求在现场测定。透视度的测定方法是使用底部放有白色双十字线标识板的透视度计，将水样倒入并从上部观察，以清晰地看到底部十字线的水深来表示，1 cm 表示 1 度。

（4）透明度 透明度同透视度一样，是表示水透明程度的指标，监测对象主要是湖泊或储水池水，并要求在现场测定。透明度的测定方法是以直径为 30 cm 的白瓷圆盘，用绳悬挂呈平放状态，记录从水面恰好看不到圆盘时的水深，取两者的平均值即为透明度。

（5）颜色和色度 纯净的水无色透明，混有杂质的水一般有色不透明。水中呈色的杂质可处于悬浮态、胶体或溶解状态，有颜色的水可用表色和真色来描述。度量水颜色特性的指标称为色度，与标准色水比较而得。标准色水用蒸馏水、氯铂酸钾和氯化钴配制，色度 1 度相当于含铂 1 mg/L。

包括悬浮杂质在内的三种状态所构成的水色为“表色”，是表示未经静置沉淀或离心的原始水样的颜色，用文字定性描述。除去悬浮杂质后的水，由胶体和溶解杂质所造成的颜色

称为真色。一般对天然水和饮用水的真色进行定量测定，用色度来表示，反映的是水样的光化学性质。

（6）浊度　浊度是表示水中含有悬浮及胶体状态的杂质，引起水的浑浊程度的指标，以度为单位。水中浊度是水可能受到污染的重要标志之一。标准浊度单位的表示有两种：一种是规定漂白土含量为 1 mg/L 的水所产生的浊度为 1 度；另一种是采用甲臜聚合物硫酸肼（$N_2H_4 \cdot H_2SO_4$）与六次甲基四胺[（CH_2）$_6N_4$]形成的白色高分子聚合物标准溶液，规定 1.25 mg/L 的硫酸肼和 12.5mg/L 的六次甲基四胺水中形成的甲臜聚合物所产生的浊度为 1 度。

（7）残渣　残渣可分为总残渣（总固体）、总可滤残渣（溶解性总固体）、总不可滤残渣（悬浮物）三种。

将水样混合后，在已称至恒重的蒸发皿中蒸干，再在 103～105℃烘箱中烘至恒重，增加的质量为总残渣质量（mg/L）。

将混合后的水样，通过标准玻璃纤维滤膜（0.45μm），滤液于蒸发皿中蒸发并在 103～105℃或 180℃烘箱中烘至恒重的物质为总可滤残渣（mg/L）。

$$\text{总可过滤残渣} = \frac{(A-B)\times 1000\times 1000}{V} \tag{7-2}$$

式中：A 为水样总残渣或过滤残渣及蒸发皿质量（g）；B 为蒸发皿净质量（g）；V 为水样体积（mL）。

总不可滤残渣可由总残渣与总可滤残渣之差来表示。

（8）电导率　电导率又称比电导，表示水溶液传导电流的能力，可间接表示水中可滤残渣的相对含量。标准单位是西门子/米（S/m）或毫西门子/米（mS/m），1 mS/m 等于 10 μΩ/cm（微欧姆/厘米）。

$$1\ \text{mS/m} = 0.01\ \text{mS/cm} = 10\ \mu\Omega/\text{cm} = 10\ \mu\text{S/cm}$$

（9）氧化还原电位　氧化还原电位（ORP）是水体中多种氧化性物质与还原性物质进行氧化还原反应的综合指标之一，其单位为毫伏（mV）。

7.1.2.2　生物性指标

（1）细菌总数　细菌总数指 1 mL 水样在营养琼脂培养基中，37℃下培养 24 h 后，所生长细菌菌落的总数。水中细菌总数作为判断饮用水、水源水、地面水等污染程度的标志。我国饮用水中规定细菌总数≤100 个/mL。

（2）大肠杆菌　大肠杆菌群可采用多管发酵法、滤膜法和延迟培养法测定。我国饮用水中规定大肠杆菌总数≤3 个/mL。

（3）游离性余氯　饮用水用液氯消毒后剩余的游离性有效氯为游离性余氯。其反应过程为

$$Cl_2 + H_2O \rightleftharpoons HOCl + HCl$$

$$HOCl \rightleftharpoons H^+ + OCl$$

国家饮用水规定，集中式给水出厂水游离性余氯不低于 0.3 mg/L，管网末稍水不低于 0.05 mg/L。

7.1.2.3　化学指标

表示水中污染物的化学成分和特性的综合性指标为化学指标，主要有 pH、酸度、碱度、硬度、酸根、总含盐量、高锰酸盐指数、UVA、总有机碳（TOC）、化学需氧量（COD）、生物化学需氧量（BOD）、溶解氧（DO）、总需氧量（TOD）等。

（1）pH　pH 是指溶液中氢离子浓度或活度的负对数，表示水中酸、碱强度。pH 在混凝、消毒、软化、除盐、水质稳定、腐蚀控制、生物化学处理等过程中是一重要的因素和指标，对水中有毒物质的毒性和一些重金属络合物结构等都有重要影响。pH=7 时水呈中性；pH<7 时水呈酸性；pH>7 时水呈碱性。

（2）酸度和碱度　水的酸度是水中给出质子物质的总量；水的碱度是水中接受质子的总量。酸度和碱度都是水的一种综合特性的度量，只有当水样中的化学成分已知时，它才被解释为具体的物质。酸度包括无机酸（如 HNO_3、HCl、H_2SO_4 等）、弱酸（如碳酸、乙酸、鞣酸等）和水解盐[如 Fe_2SO_4 和 $Al_2(SO_4)_3$ 等]。碱度包括水中重碳酸盐碱度（HCO_3^-）、碳酸盐碱度（CO_3^{2-}）、氢氧化物碱度（OH^-），水中的 HCO_3^-、CO_3^{2-} 和 OH^- 三种离子的总量称为总碱度。

（3）硬度　硬度一般是指水中 Ca^{2+}、Mg^{2+} 的总量，包括总硬度、碳酸盐硬度和非碳酸盐硬度。由 $Ca(HCO_3)_2$ 和 $Mg(HCO_3)_2$ 及 $MgCO_3$ 形成的硬度为碳酸盐硬度，又称暂时硬度，这些盐类煮沸后就分解形成沉淀。由 $CaSO_4$、$MgSO_4$、$CaCl_2$、$CaSiO_3$、$Ca(NO_3)_2$ 和 $Mg(NO_3)_2$ 等形成的硬度为非碳酸盐硬度，又称永久硬度，在常压下沸腾，体积不变时它们不生成沉淀。以 $CaCO_3$ 计，表示硬度的单位有 mg/L、mmol/L、德国硬度、法国硬度。

$$1\ \text{mmol/L} = 100.1\ \text{mg/L} = 5.61\text{德国度} = 10\text{法国度}$$

（4）总含盐量　总含盐量表示水中各种盐类的总和，也就是水中全部阳离子和阴离子的总量，也称矿化度。总含盐量与总可滤残渣在数值上的关系是

$$\text{总含盐量} = \text{总可滤残渣} + \frac{1}{2}HCO_3^- \tag{7-3}$$

这是因为总可滤残渣测定时将水样在 103～105℃下蒸发烘干，这时水中的 HCO_3^- 将变成 CO_3^{2-}，伴有 CO_2 和 H_2O 的逸失。这部分遗失的量约等于原水中 HCO_3^- 含量的一半。

$$2HCO_3^- \xrightarrow[103\sim105℃]{\triangle} CO_3^{2-} + CO_2 + H_2O$$

（5）有机污染物综合指标　有机污染物综合指标包括溶解氧、高锰酸盐指数、化学需氧量、生物化学需氧量、总有机碳、总需氧量和活性氯仿萃取物（CCE）等。①溶解氧是指溶解在水中的游离态氧（O_2）量，其单位为 mg/L。在一定温度下，溶解氧饱和度可用亨利定律计算求得。②化学需氧量是指用化学氧化剂氧化水中的有机污染物时所需的氧气，其单位为 mg/L。目前所用的强氧化剂有高锰酸钾和重铬酸钾。国际标准化组织（ISO）规定，化学需氧量指 COD_{Cr}，而称 COD_{Mn} 为高锰酸盐指数。③生物化学需氧量表示水中有机物经微生物分解时所需的氧量，用单位体积的污水所消耗的氧量来进行计算（mg/L）。④总有机碳是指水中有机物的含碳量，以 mg/L 表示，代表有机污染指标。⑤总需氧量是指水中被氧化的物质（主要是有机碳氢化合物，含硫、含氮、含磷等化合物）燃烧变成稳定的氧化物所需的氧量。

（6）有毒有害物质指标　我国已制定了“地面水中有害物质的最高允许浓度”的标准，

列出了汞、铬、镉、铅、铜、锌、镍、砷、氰化物、硫化物、氟化物、挥发性酚、石油类、六六六、DDT等40多种有毒物质。以下就重金属和有机氯化合物加以说明。①重金属是指金属中相对密度大于4的元素。重金属一般具有毒性大，不可生物降解，易在环境中残留等特性。重金属在水环境中浓度一般是μm/L级或更低。重金属会在生物体内浓缩和蓄积，并最终通过食物链进入人体，危害人类。②有机氯化合物是指有机物中的氢原子被氯原子置换所得的化合物，具有生化分解性差、有毒性和致癌性的特性，因此，其污染水质会直接危害人体健康。有机氯化合物可分为挥发性有机氯化合物、聚氯联苯（PCB）、多氯代二噁英等。

7.1.3 水体中主要污染物来源

水环境中污染物来源繁多，按污染物的发生源地可分为：①工业污染源，是指由工矿企业把生产过程中产生的废水、废渣排入水体；②生活污染源，主要指城市的生活污水排入水体；③农田污染源，是农田的灌溉排水和农田上的降雨径流把农田的化肥、农药等污染物质带入水体；④天然污染源，指在某些地球化学异常地区富集的某些化学元素进入水体，或天然植物在腐烂过程中产生的有毒物质进入水体等。其中以工业污染源为主。

按排入水体的方式污染源可分为点源污染和非点源污染。点源污染一般指有固定范围的排污场所或装置，排出污水由稳定的排污口进入水体，如工厂的排污、城市生活污水通过下水道向水体的排污等。非点源污染又称面源污染，一般指降水径流冲刷地表，坡面径流把污染物带入水体，以这种方式造成污染的范围和污水进入水体的地点不固定，如农田污水、城市和矿区地面污水等。非点源污染的排污量不仅取决于污染源(如农田对污染物质的储存量)，还取决于降水量、降水强度和下垫面状况等。

7.1.4 水环境中主要污染物类型

污染水体的物质种类繁多，但可概括为两大类：一类是自然污染；另一类是人为污染。当前对水体危害较大的是人为污染。进一步根据污染物质的性质不同主要分为化学性污染、物理性污染和生物性污染三大类。各类污染物污染水体造成的后果可以概括为使水体缺氧(有机污染）和富营养化、使水体具有生物毒性、水体功能破坏三个方面。

7.1.4.1 物理性污染

水体物理性污染指水温、色度、臭味、悬浮物及泡沫等，这类污染易被人们感官所觉察，引起人们感官不悦。

（1）悬浮物质污染 悬浮物质是指水中含有的不溶性物质，包括固体物质和泡沫塑料等。它们是由生活污水、垃圾和采矿、采石、建筑、食品加工、造纸等产生的废物排入水中或农田的水土流失所引起的。悬浮物质影响水体外观，妨碍水中植物的光合作用，减少氧气的溶入，对水生生物不利。

（2）热污染 来自各种工业过程的高温废水，如温度超过60℃的工业废水（如电厂直流冷却水），若不采取措施，直接排入水体，使水体水温升高，物理性质发生变化，溶解氧含量降低，水中存在的某些有毒物质的毒性增加等，从而危及水生动植物的繁殖与生长，称为水体热污染。热污染一般来源于火（核）电厂冷却水，其他主要来自冶炼厂、石油化工厂、炼焦炉、钢厂等。

水温是水体污染的一种形式，受温度影响最大的是水生生物。水体温度变化能够改变现有水生生物群落，特定水温范围内占优势的浮游植物也不相同，例如，20～30℃，硅藻占优势；30～35℃，绿藻占优势；35℃以上，蓝绿藻占优势。同样，水温上升会直接使成鱼或鱼苗死亡，使鱼类活力降低或限制鱼类繁殖。水温影响水体自净作用，从而影响水体的感官质量和卫生质量。水温上升，加速水体与底泥有机物的生物降解，加大水体溶解氧的需求。而且随着水温上升，水体中溶解氧也会降低，两方面因素造成水体溶解氧耗尽。

工业的工艺用水和冷却用水也受到水温的影响。水温对水处理工艺存在影响，水温较低会降低铝盐的混凝效果及随后的快速沙滤效果，水温下降可能降低氯化效果。

（3）放射性污染　由于原子能工业的发展，放射性矿藏的开采，核试验和核电站的建立及同位素在医学、工业、研究等领域的应用，放射性废水、废物显著增加，造成一定的放射性污染。

7.1.4.2　化学性污染

化学性污染是指污染物质为化学物品而造成的水体污染。水体中的主要污染物是化学物质。污染水体的化学物质可以分为：①无机无毒物，污染水体的无机无毒物有酸、碱和一些无机盐类，酸、碱污染使水体的 pH 发生变化，妨碍水体自净作用，还会腐蚀船舶和水下建筑物，影响渔业；②无机有毒物 ，包括重金属、氧化物、氟化物等有潜在长期影响的物质，如汞、镉、铅、砷等；③有机无毒物，包括在水中易分解、本身并无生物毒性的耗氧有机物；④有机有毒物，污染水体的有机有毒物主要是各种有机农药、多环芳烃、芳香烃等。它们大多是人工合成的物质，化学性质很稳定，很难被生物所分解。

（1）耗氧污染　生活污水和工业废水中所含的糖类、脂肪、蛋白质、木质素等有机物，可在微生物的作用下最终分解为简单的无机物，其分解过程需要消耗大量氧，故称为耗氧有机物。由此类污染物造成的污染称为耗氧有机污染。在水质评价中常采用五日生化需氧量（BOD_5）、高锰酸盐指数和化学需氧量等进行评价。

自然界中总有一些天然有机残体进入水体，所以天然水体中大多有一定的 BOD_5，其值为 1～2 mg/L。我国东北部分河流源头，由于流经草原和原始森林，汇集了大量腐殖质，所以其耗氧指标较高。

污染水体的耗氧有机物主要来自工业废水、城镇生活污水、畜禽养殖污水等。《全国水资源综合规划》评价结果表明，全国点源 COD 排放量为 1861 万 t，其中工业废水 COD 排放量占 66%，城镇生活污水 COD 排放量占 34%。2000 年全国点源和非点源污染物负荷 COD 入河量分别为 1214 万 t 和 843 万 t，其贡献比例分别为 59%和 41%。因此我国耗氧有机污染源类型呈三足鼎立之势。

耗氧有机污染消耗水中溶解氧，如果消耗的溶解氧不能及时通过水体复氧过程得到补偿，就会导致溶解氧大幅度降低，威胁耗氧生物的生存。另外，当水中溶解氧消失，厌氧细菌繁殖，形成厌氧分解，分解出甲烷、硫化氢等有毒气体，造成水体严重污染。

（2）植物营养盐　水体中的植物营养盐主要是生活与工业污水中的含氮、磷等植物营养物质及农田排水中残余的氮、磷等化合物，它们进入水体造成污染，同时引发富营养化。

富营养化可能引发短期或不可逆的长期效应。富营养化的最直接影响是在藻类或水生植物过度繁殖的水域，造成昼夜间的溶解氧波动。藻类和水生植物早晨的呼吸作用可以将水中的溶解氧消耗殆尽，致使无脊椎动物和鱼类窒息而死。如果再与藻华爆发、藻类死亡等混杂在一起，则水体中的溶解氧会更低，影响更大。某些藻类，如蓝绿藻，会释放毒素，通过食物链、密切接触和觅食等方式和途径，威胁哺乳动物（包括人类）、鱼和鸟类的健康。藻类同时也会阻塞或损伤鱼鳃，使鱼窒息而死。蓝绿藻释放的毒素包括神经毒素和肝毒素，前者引发骨骼肌和呼吸肌瘫痪，后者则可能导致严重的肝损伤。以富营养化水体作为水源，是极为危险的，有时不得不改用替代水源。即使对发生富营养化的原水进行了合适的处理，也存在食用生活在污染水体中的鱼类所造成的间接危害。水面藻类浮沫明显可见的水域，上述危害的风险更大。

伴随着耐富营养化藻类和植物的过度繁殖及对优势地位的控制，富营养化最终会对生态多样性造成显著破坏。一些对环境较敏感且具有高保护价值的物种将逐步消失，水域生态系统的结构、功能将发生大的改变。

富营养化对水体功能的破坏，直接影响人类对水资源的开发利用。发生富营养化的水域常常承担生活和工业供水、农田灌溉、旅游航运等功能。由于富营养化的发生，水体的上述功能将受到破坏，严重时甚至完全丧失。

（3）酚类污染 酚是芳香烃，苯环上连着羟基的一大类化合物。根据分子中羟基的数目可分为一元酚、二元酚、三元酚，芳烃基上可以连接其他取代基（如邻甲基苯酚、硝基苯酚等），根据物理性质可以分为挥发酚（如苯酚、间甲苯酚）和不挥发酚（如硝基苯酚）。

水体中酚的来源主要是含酚的废水。苯酚是最简单的酚，是化学工业的基本原料，可用来制造染料、合成树脂、塑料，制造合成纤维、医药、农药、炸药和木材防腐剂等。焦化厂废水、煤气厂废水、合成酚类的化工厂废水等，均是水环境中酚类污染物的主要来源。除工业含酚废水外，粪便和含氮有机物在分解过程中也产生少量的酚类化合物，因此，城镇大量粪便污水也是水体中酚污染的重要来源。

水体酚污染将严重影响水产品的产量和质量。水体中苯酚浓度达到 5～25 mg/L 时，各种鱼类会死亡；其他酚类的毒性比苯酚强。 低于致死浓度的酚浓度，影响鱼类的洄游繁殖。即使酚浓度低于 0.1～0.2 mg/L，鱼肉也有酚味而不堪入口。酚污染也会大大抑制水体微生物的生长，降低水体自净能力。极低浓度的酚污染，会使水具有臭味而无法饮用。

（4）重金属类污染 重金属等有毒有害元素对水环境的污染问题，自 20 世纪 50 年代以来引起了世界各国高度重视。特别是日本水俣湾附近发生的水俣化肥厂排出的甲基汞污染导致的“水俣病”和由镉污染导致的“骨痛病”，以及在欧洲某些工业化国家陆续发现的重金属污染的严重生态危害，使水环境重金属污染的研究和防治工作备受重视。

重金属对水体的污染分为天然和人为两种类型。由于背景值偏高，我国西南诸河和长江等局部河流（段）存在重金属污染。除此以外，我国其余区域的重金属污染则基本是人类活动造成的。化石燃料的燃烧、采矿和冶炼，以及许多工业（如电镀、燃料、陶瓷、合金制造、玻璃、造纸、制革、纺织、核工业、化肥、氯碱、炼油等）都向周围环境释放重金属，直接或间接成为水体重金属的污染源。

（5）农药污染 根据农药的物理形态、靶生物、应用目的及化学性质可以对农药进行分类。根据靶生物特性可分为除草剂、杀虫剂和杀菌剂；根据农药化学性质可以分为有机氯农药、有机磷农药、氨基甲酸酯农药等。为了提高粮食产量，农药使用量剧增。农药的使用只有一小部分能够作用于靶生物，大部分通过降水与径流汇入水体。一般来说，施用的农药只有 10%～20%附着在农作物上，80%～90%流失在土壤、水体和空气里。因为，我国雨水较多、农药使用量大，农药对水体的污染十分严重。

（6）油类污染 水体中油类污染物主要源自船舶漏油和清洗，钻井、油管和储存器泄漏，工业废水、城镇生活污水排放等。水体中油类污染物形态包括浮油（漂浮于水表面）、溶解于水体的油、乳化细滴状态的油、吸附于悬浮颗粒或底泥的油。

油类污染物对水生生态系统的影响分为两个方面：一是浮在水面的油膜，在水流作用下扩展成薄膜，对水体复氧、光照等形成直接阻遏，并且油在降解过程中消耗水中溶解氧，使水质状况恶化；二是油类污染物具有毒性，这些毒性一方面是对生物的涂敷及窒息效应，水体中非水溶性焦油类物质能附着在鸟的羽毛上，覆盖在螃蟹、牡蛎等动物的表面，损害水生生物的正常生命活动；另一方面是毒性效应，生物内脂肪或体液中油与其他碳氢化合物的摄入量达到一定浓度时，生物体内的代谢机制会受到破坏。

（7）氰化物污染 氰化物是剧毒物质，它会抑制氧的代谢，阻断生物功能组织的氧交换。氰化物会抑制各种动物的活动，是真正的非累积性毒物。

氰化物及其化合物几乎普遍存在，不但是生产工艺中的重要原料，而且是许多植物和动物的中间代谢物，这些代谢物一般存留时间较短。除简单的氰氢酸（HCN）外，其碱金属盐，如氰化钾（KCN）和氰化钠（NaCN）都是常见的氰化物。水体中的氰化物主要来自化学、电镀、煤气、炼焦等工业行业排放的废水。

氰化物在水中的持久性变化很大，主要取决于氰化物的化学形态、浓度及其他化学成分特性。天然水体对氰化物也有较强的自净能力，净化过程包括挥发和氧化分解。在酸性水体中，同时水流充分曝气，则气态氰化氢会从水体中逸出。氰化物可被高锰酸盐和次氯酸盐等强氧化剂分解。在低浓度下，有驯化微型植物群落或者微生物群落时，水体中的氰化物在厌氧和耗氧环境下能够被分解。

（8）酸污染 水体酸碱度对河流、湖泊生态系统具有重要作用，维持水体中的营养盐形态平衡（如碳酸盐、碳酸氢盐、二氧化碳等）。改变水体的酸碱度，将打破营养盐形态（如碳酸盐），进而影响水体的光合作用，同时对水体的生物造成危害。

根据对酸度的化学定义，如果水中 H^+浓度超过 OH^-浓度，水就是酸性的。由于水体中含有可溶性气体，特别是含有 CO_2，因此暴露在空气中的水一般呈微酸性，pH 为 5.6～5.7。因此酸雨通常定义为 pH 小于 5.6 的雨水。

酸性污染源来自矿山排水、冶金和金属加工酸洗废水、酸沉降。矿山排水是水体酸性污水的主要来源，美国水体中 70%的酸性水体由此类污染源造成。酸沉降包括干沉降和湿沉降。干沉降包括气体吸收和吸附、微气溶胶和粗颗粒的重力沉降和碰撞，湿沉降指雨、雪、冰雹、露水、雾和霜造成的沉降。人类活动主要通过向大气中排放大量的硫氧化物和氮氧化物影响雨水的 pH。人类活动向大气排放的酸性气体最终返回地面，与水结合生成 H_2SO_4 和 HNO_3，对水体酸度造成严重干扰。

（9）放射性污染 大多数水体在自然条件下都有极微量的放射性，随着核能开发强度的增大，水体中放射性污染的风险日益增加。放射性物质主要有 3 个来源。①核电厂，核电厂放射性物质的使用和处置是水体放射性污染物质的主要来源；②核武器试验，核武器试验放射性物质一般通过大气放射性尘埃的沉降和地表径流进入水体；③放射性同位素，在化学、冶金、医学、农业等部门的广泛应用中，随污水和地表径流造成水体污染。

污染水体最危险的放射性物质有 ^{90}Sr、^{137}Cs 等，这些物质半衰期长，化学性能与生命必需元素 Ca、K 相似，进入生物体后，能在一定部位累积，增加对人体的放射性辐照，引起变异或癌症。

（10）有毒有机化合物污染　有机化合物中，对生物生命或人体健康造成危险的化合物被称为有毒有机化合物。有毒有机化合物具有潜在的致癌、致畸、致突变的“三致”效应及干扰内分泌作用，尤其在影响人和动物的生育繁殖方面引起普遍关注。它们一般难于降解，可在生物脂肪中累积，通过食物链经生物富集、浓缩后传递。在迁移、转化过程中，浓度可提高数倍甚至上百倍。大量流行病学研究资料表明，饮用水体中的有毒有机污染物对人体健康有着极大的危害。它能破坏人体正常的内分泌，限制荷尔蒙的功能，或者影响、改变人体的免疫系统、神经系统和内分泌系统的正常调节功能。

水环境中的有毒有机化合物，部分来源于自然环境，但主要来源于工业、农业、矿山等人类生产和生活活动。

7.1.4.3　生物性污染

污水给水体带来大量污染物的同时，也带来大量病原微生物。水体中病原微生物主要来自生活污水，医院废水，制革、屠宰、洗毛等工业废水，以及畜牧污水等。病原微生物分为 3 类：①病源菌，主要是能够引起疾病的细菌，如大肠杆菌、痢疾杆菌、螺旋菌、伤寒、副伤寒、霍乱细菌等都可以通过人畜粪便的污染而进入水体，随水流动而传播等；②寄生虫，动物寄生虫的总称，如疟原虫、血吸虫、蛔虫、阿米巴痢疾、钩端螺旋体病等也可通过水进行传播；③病毒，一般没有细胞结构，但有遗传、变异、共生、干扰等生命现象的微生物，如流行性感冒、传染性肝炎病毒、SARS 等。

7.1.5　水环境中污染物的迁移累积机理

污染物进入水体后，往往物理、化学和生物过程同时发生，并且经常是多种污染物共同作用，形成复合污染效应。复合污染效应的发生形式与作用机理具有多样性，主要包括协同作用、叠加效应、拮抗效应等作用。

（1）协同作用　一般来说，协同作用是指一种或两种污染物的毒性效应和危害引起一种污染物的存在而增加的现象。

（2）叠加效应　叠加效应是指两种或两种以上的污染物共同作用时，毒性为其单独作用时毒性的总和。一般化学结构接近、性质相似的化合物或作用于同一器官的化合物或毒性作用机理相似的化合物共同作用时，其污染生态效应往往出现叠加效应。

（3）拮抗效应　拮抗效应指生态系统中的污染物因另一种污染物的存在而对生态系统的毒性效应减小。生物拮抗效应主要是有机体内相互之间的化学效应、蛋白质活性基团对不同元素络合能力的差异、元素对酶系统的干扰及相似原子结构和配位数的元素在有机体中的相互取代等造成的。

（4）竞争效应　竞争效应是指两种或多种污染物同时从外界进入生态系统，一种污染物与另一种污染物发生竞争，而另一种污染物进入生态系统的数量和概率减少的现象，或者是指外来的污染物和环境中原有的污染物竞争吸附或结合的现象。

（5）保护效应　保护效应是指生态系统中存在的一种污染物对另一种污染物具有掩盖作

用，进而改变其生物学毒性，减少与生态系统组分接触的现象。

（6）抑制效应　抑制效应是指生态系统中的一种污染物对另一种污染物的作用，使某种污染物的生物活性下降，不容易对生态系统产生危害的现象。

（7）独立作用效应　独立作用效应是指生态系统中的各种污染物之间不存在相互作用的现象。两种污染物同时存在时，对生态系统的毒性与该两种污染物各自单独存在时的毒性大小相等，各自之间不发生相互影响作用。

7.2　海洋环境灾害

7.2.1　海洋石油污染灾害

7.2.1.1　海洋石油污染概况

人们所关注的海洋石油污染是两种大量的突然的灾难性的泄漏：近海油井钻探过程中出现事故造成的泄漏；海上油轮失事引起的泄漏。

随着更多的大陆架被获许钻探，钻井事故已越来越多地被关注。正常情况下，钻井均被衬以钢套管以防止石油的侧向渗漏，但有时在套管安装完成前石油就已找到了汇溢的路线，这种情况曾于 1979 年在美国圣芭芭拉（Santa Barbara）出现过，泄漏的石油形成了 200 km^2 的油膜。再就是钻井可能意外地钻进高压油储导致油的突然喷出，像 1979 年墨西哥湾一次石油泄漏事件，喷出的油有 400 万 L 之多。

油轮灾难一直有潜在逐渐变大的倾向。现在最大的超级油轮能运输 200 万桶（约 30 万 t）石油。迄今最大的一次海上石油泄漏是 1978 年在法国 Portsall 附近失事的 Amoco Cadiz 油轮引起的。1978 年 3 月 16 日该油轮触礁沉没，漏油 16 万 t，污染海岸带长达 350 km，仅牡蛎就死去 9000 t，有 2 万只海鸟死亡，本身损失 1 亿多美元，用于清除可以回收的 160 万桶石油所需费用达 5000 万美元。数年之后在该地区仍能感到负面的环境影响。

世界最大的海洋石油污染灾害是发生于 1991 年的海湾战争所造成的海洋石油污染灾害，大约有 100 万 t 原油泄入海湾。突发性轮船漏油事件造成的海洋石油污染灾害也很严重，从 1970～1990 年，此类灾害发生千起以上。在美国海域及其附近，每年的漏油事件可有 1 万起，年漏油总量达 6820 万～1.14 亿 L。表 7-1 列出一些较为严重的海洋石油污染灾害。

表 7-1　海洋石油污染灾害一览表

时间（年-月-日）	油轮或油井名	发生地点	灾情
1967-03-18	托雷坎	英吉利海峡	油轮触礁沉没，漏油约 9.19 万 t，污染 180 km 长的海区。为清理油污，出动了 42 艘船与 1400 多人，使用了 10 万 t 清洁剂，英、法两国均蒙受巨大损失
1970-02-25	奥赛罗	瑞典特拉尔夫特湾	油船与商船相撞，漏油 7 万 t，污染了波罗的海
1972-12-19	海星	阿曼湾	油轮被撞沉没，漏油 8.4 万 t
1972-01-29	雅各·马士基	葡萄牙累克士德斯附近	触礁沉没，漏油 8 万 t 左右

续表

时间（年-月-日）	油轮或油井名	发生地点	灾情
1976-05-12	乌基奥拉	西班牙拉科鲁尼亚海域	触礁沉没，漏油 7.3 万 t
1977-02-25	夏威夷爱国者	北太平洋	起火烧毁，漏油 10 万 t
1979-06-03	爱克斯多克 1 号	墨西哥海湾南部	油井起火爆炸，漏油约 44 万 t，历时 292 天 10 m 厚的油层顺潮北流，涌向墨西哥与美国海岸。油带长 480 km，宽 40 km，覆盖 1.96 万 km^2 的海面，8 月初进入美国领海，尽管美国出动大批人力与舰艇捞油，并建了 100 km 长的浮动大坝，仍未阻止住残油扑向海滩，此次海洋石油污染灾害，美国比墨西哥的损失更严重
1979-07-19	大西洋皇后和爱琴海舰长	特立尼达与多巴哥海岸	两船相撞，漏油约 22 万 t
1983-08-06	卡斯蒂略·贝尔韦尔	南非开普敦海岸	起火，漏油约 18 万 t
1985-12-06	诺瓦	波斯湾	与一空油轮相撞，漏油 7 万多 t
1989-03-24	瓦尔迪兹	瓦尔迪茨港	触礁，漏油 2.62 万 t，污染面积达 2300 km^2，布满 130 km 的海岸线，酿成北太平洋最大一起海洋污染灾害。海湾内共有 993 只海獭、33 万只海鸟死亡，一些村庄被毁，每年有 1 亿美元的渔业收入付之东流，总共花费 30 亿美元清理油污
1989-12-19	哈克 5 号	卡萨布兰卡	爆炸，漏油 27 万 t，污染海域 260 km^2，致使摩洛哥的渔业与旅游业遭受致命打击
1992-12-03	爱琴海	拉克鲁尼亚海域	断裂爆炸，2300 万 gal①原油泄漏，经济损失达 5000 万美元

①1 gal=3.78543 L。

美国阿拉斯加漏油事故：1989 年 3 月 23 日清晨，装载了 120 万桶原油的 Exxon Valdez 号油轮在阿拉斯加输油管道所通到的 Valdezl 港口处 Bligh 岛触礁，结果导致了美国海域最严重的一次石油泄漏，事故发生后未能及时救助，在 12 h 内，估计有 4640 万 L 的石油溢出，最终散布于约 2331 km^2 的水域。

泄漏的石油使数万只鸟和海洋哺乳动物死亡或染病。Valdezl 每年的鲱鱼汛期被取消，蛙鱼的产卵场所受到威胁。耗资和损失数亿美元。

有关部门研究结果表明：1 t 原油可覆盖 12 km^2 的海面，扩散速率为 100～300 m/h。海洋一旦被石油严重污染，海洋生物要经过 7～9 年才能重新繁殖起来。如果用人工清理，每清理 1 t 石油要花费 250 美元，清理 1 m 被石油污染的海岸需花费 10～25 美元。

1999 年 10 月 25 日在宁波港发生了一起有史以来最大的由船舶造成的溢油事故，37 t 原油入海造成了较大面积海域污染，虽然在海事主管部门的指挥、组织下，船舶 55 艘次、人员 720 人次、车辆 82 辆次参与了清污。使用吸油毡 9.64 t、消油剂 463 t、围油栏 2300 m 及稻草等其他清污物资若干。清污总费用达 80 多万元。

事故发生前，“大庆 50”轮由宁波港镇海炼化算山油码头驳载中东原油 14320 t 后锚泊于金塘锚地，计划靠泊宁波港务局镇海 17 号泊位进行卸油作业。1999 年 10 月 25 日 16 时 19 分，“大庆 50”轮于金塘锚地起锚掉头，因船员操作失误，于 16 时 38 分与附近锚泊的集装箱船“向丹”轮尾部发生碰撞。此后，于 16 时 42 分，与“明州 12”轮首部发生碰撞，致“大庆 50”轮右 3 号边舱严重凹陷并破裂。裂口高 7 m，宽 0.6 m。据查，该轮右 3 号边舱空舱测深为 11.3 m，在算山码头装完油后液面空档为 2 m，碰撞发生时平均吃水 9m。碰撞发生时右 3 号边舱油量为 489 t。油品为中东原油，密度 0.8624。由于裂口较大，尽管事发后船上立即采取了堵漏及转驳措施，溢油事故最终未能幸免，约 37 t 货油溢漏入海，造成了港区水域大面积污染。

7.2.1.2　墨西哥石油污染案例

（1）事件发生概述　2010 年 4 月 20 日晚 10 点左右，英国石油公司（BP）在美国墨西哥湾租用的钻井平台“深水地平线”发生爆炸，造成 7 人重伤、至少 11 人失踪，导致大量石油泄漏，酿成一场经济和环境惨剧。爆炸发生后，平台上 126 名工作人员大部分安全逃生，其中一些被爆炸和大火吓坏了的工人纷纷跳下 30 m 高的钻塔逃生，另有一些人则选择了救生船。美国政府证实，此次漏油事故超过了 1989 年阿拉斯加埃克森美孚公司瓦尔迪兹油轮的泄漏事件，是美国历史上“最严重的一次”漏油事故。这一钻井平台建于 2001 年，由瑞士越洋钻探公司拥有，与英国石油公司签有生产合同。

美国海岸警卫队在 2010 年 4 月 24 日通报，“深水地平线”钻井平台爆炸沉没约两天，海下受损油井开始漏油。这口油井位于海面下 1525 m 处。海下探测器探查显示，钻井隔水导管和钻探管开始漏油，漏油量为每天 1000 桶左右。美国海岸警卫队在 2010 年 4 月 28 日的新闻发布会上通报，租用“深水地平线”的英国石油公司工程人员发现第三处漏油点。美国国家海洋和大气管理局漏油海面估计，在墨西哥湾沉没的海上钻井平台“深水地平线”底部油井每天漏油大约 5000 桶，5 倍于先前估计数量。为避免浮油漂至美国海岸，美国救灾部门“圈油”焚烧，烧掉数千升原油。2010 年 5 月 29 日，被认为能够在 2010 年 8 月以前控制墨西哥湾漏油局面的“灭顶法”宣告失败。墨西哥湾漏油事件进一步升级，人们对这场灾难的评估也越加悲观。“墨西哥湾原油泄漏事件已成为美国历史上最严重的生态灾难。”美国白宫能源和气候变化政策顾问卡罗尔·布劳纳在 5 月 30 日表示，如果现行所有封堵泄漏油井的方法都无法奏效，原油泄漏可能一直持续到 8 月份减压井修建完毕后才会停止。美国墨西哥湾原油泄漏事故在 2010 年 6 月 23 日再次恶化，原本用来控制漏油点的水下装置因发生故障而被拆下修理，滚滚原油在被部分压制了数周后，重新喷涌而出，继续污染墨西哥湾广大海域。2010 年 7 月 15 日，监控墨西哥湾海底漏油油井的摄像头拍摄的视频截图显示，漏油油井装上新的控油装置后再无原油漏出的迹象。在墨西哥湾漏油事件发生近 3 个月后，英国石油公司于 7 月 15 日宣布，新的控油装置已成功罩住水下漏油点，“再无原油流入墨西哥湾”。英国石油公司管理人员此前曾表示，即使新装置能完全控制漏油，英国石油公司将继续打减压井，因为这是永久性封住漏油油井的最可靠的方法。

（2）经济损失和生态危害　受漏油事故的影响，奥巴马总统不得不宣布对33个深水石油钻井项目的暂停期限延长到 6 个月，同时也暂缓在阿拉斯加沿海的石油钻探项目。英国石油公司在舆论指责中首当其冲。有媒体报道指出，英国石油公司自年初租用“深井地平线”以来，已投入巨大资金，启动经费就高达 1 亿美元。英国石油公司表示，该公司为应对漏油事故已耗费了 9.3 亿美元，其中包括控制漏油的措施和事故赔付等。据英国广播公司报道，美国总统奥巴马于 2010 年 6 月 16 日证实，英国石油公司同意设立 200 亿美元基金，赔偿因墨西哥湾漏油事件而生计受损的民众。一名美国法官于 29 日同意英国石油公司支付创纪录的

40 亿美元罚款，终止英国石油公司因美国墨西哥湾漏油事件所受刑事犯罪调查。

路易斯安那州州长于 2010 年 5 月 26 日表示，该州超过 160 km 的海岸受到泄漏原油的污染，污染范围超过密西西比州和亚拉巴马州海岸线的总长。这些泄漏的石油可以盛满 25～40 个奥林匹克标准泳池。墨西哥湾沿岸生态环境正在遭遇“灭顶之灾”，相关专家指出，污染可能导致墨西哥湾沿岸 1000 英里[①]长的湿地和海滩被毁，渔业受损，脆弱的物种灭绝。这个时间段尤其敏感，因为很多动物都在准备产卵。在墨西哥湾，大蓝鳍金枪鱼正在繁衍，它们的鱼卵和幼鱼漂浮在海面；海鸟正在筑巢。而对于产卵的海龟来说，海滩遭到破坏，其影响是致命的。杜克大学海洋生物学家拉里·克罗德说，一次重大的漏油事件将破坏整个生态系统和建立在其上的经济活动。

南佛罗里达大学海洋学家维斯伯格更担忧的是，油污会被卷入墨西哥湾暖流。因为一旦进入暖流，油污扩散到佛罗里达海峡只需一周左右；再过一周，迈阿密海滩将见到油污。进入暖流的原油会污染海龟国家公园，使当地的珊瑚礁死亡，接着大沼泽国家公园内的海豚、鲨鱼、涉禽和鳄鱼都将受害。

7.2.2　海洋或海湾赤潮灾害

赤潮是水体中某些微小的浮游植物、原生动物或细菌，在一定的环境条件下突发性地增殖和聚集，引起一定范围内一段时间中水体变色的现象。通常水体颜色因赤潮生物的数量、种类而呈红、黄、绿和褐色等。

赤潮虽然自古就有，但随着工农业生产的迅速发展，水体污染日益加重，赤潮也日趋严重。我国自 1933 年首次报道赤潮以来，至 1994 年共有 194 次较大规模的赤潮，其中 20 世纪 60 年代以前只有 4 次，1990 年后则有 157 起，在 2005 年一年中我国海域共发现赤潮 82 次。

7.2.2.1　致灾因子与成灾机制

赤潮是原本存在的自然现象，还是人为污染的产物，至今尚无定论。但根据大量调查研究发现，赤潮的发生必须具备以下条件。

一是物质基础。海洋的富营养化是引发赤潮的物质基础，因为赤潮生物在其增殖过程中需要营养物质，其中最主要的是氮、磷营养盐类。根据日本水产环境水质标准的规定，为了避免在暖流系内的近岸内湾连续长期发生赤潮，要控制无机氮在 7 μmol/L 以下，无机磷在 0.45 μmol/L 以下。我国提出将无机氮 0.2～0.3 mg/L，无机磷 0.045 mg/L，叶绿素 a1 约 10 mg/m^3，初级生产力 1～10 mgC/（L·h）作为富营养化的阈值。发生赤潮的生物类型主要为藻类，目前已发现有 63 种浮游生物，硅藻 24 种，甲藻 32 种，蓝藻 3 种，金藻 1 种，隐藻 2 种、原生动物 1 种。

二是诱发因素。促进赤潮生物生长的有机物除了氮、磷等无机营养盐类外，有些可溶性有机物（DOM）也有利于赤潮生物的增殖，它们除了作为赤潮生物的营养物质外，更重要的是充当促进赤潮生物增殖的生长素。已知的有维生素 B_1、B_{12}、铁、锰、脱氧核糖核酸。

三是环境条件。如水温、盐度等也决定着发生赤潮的生物类型。如我国赤潮多发生在水温较高、盐度较低的环境中。南方海区的赤潮多发生在春夏之交，而北方海区的赤潮多见于

① 1 英里=1609.344 m。

7～10 月，都与水温升高及因雨季而引起的海区盐度降低相符合。温度、盐度的变化速率也与赤潮的发生有关。温度在短时间内升高较快，水体表层温度的成层现象及盐度急剧下降被认为是发生赤潮的重要条件。

由此可知，赤潮灾害的主要致灾因子是排入海洋或海湾的大量有机污染物和营养盐，其中含氮与含磷有机物过多并成一定比例时，会导致浮游生物急剧繁殖，进而大量消耗海水中的溶解氧；而有机污染物分解又需要溶解氧，由此使局部海域失去自净能力，造成恶性循环，从而形成严重缺氧而不利于水生生物繁衍的环境，造成大量鱼类与贝类死亡。

7.2.2.2　赤潮灾害

赤潮不但给海洋环境、海洋渔业和海水养殖业造成严重危害，而且对人类健康甚至生命都有影响。主要包括以下两个方面。

第一，引起海洋异变，局部中断海洋食物链，使海域一度成为死海；赤潮生物大量繁殖，覆盖在海面或附着在鱼、贝类的鳃上，使它们的呼吸器官难以正常发挥作用而造成呼吸困难甚至死亡；赤潮生物在生长繁殖的代谢过程和死亡细胞被微生物分解的过程中大量消耗海水中的溶解氧，使海水严重缺氧，鱼、贝类等海洋动物因缺氧而窒息死亡。

第二，有些赤潮生物分泌毒素，引起鱼、贝中毒或死亡。如链状膝沟藻产生的石房蛤毒素就是一种剧毒的神经毒素。这些毒素被食物链中的某些生物摄入，如果人类再食用这些生物，则会导致中毒甚至死亡。目前已知的赤潮毒素有麻痹性贝毒、神经性贝毒和泻病性贝毒等三大类。

7.2.2.3　赤潮灾害的灾情分析

我国大陆沿海从 20 世纪 30 年代记录到第一次赤潮灾害起，到 60 年代只有 4 起，70 年代不足 10 起，到 80 年代猛增至 30 多起。其中 1989 年发生在渤海湾的赤潮灾害最为严重，估计仅养殖业就损失 3 亿多元。2005 年，我国海域共发现赤潮 82 次，累计面积约 27070 km^2。含有毒藻种的赤潮共 38 次，面积约 14930 km^2，均比 2004 年大幅增加。大面积赤潮集中在浙江中部海域、长江口外海域、渤海湾和海州湾等。东海仍为我国赤潮的重灾区。赤潮主要对沿岸鱼类和藻类养殖造成影响，因赤潮造成的直接经济损失逾 6900 亿元。

波罗的海是与外海交换作用较弱的内海，而沿海岸排入的污染物却很多，其中不乏营养有机污染物（含氮与含磷有机物），致使浮游生物大量繁殖，经常出现赤潮灾害，造成某些海域已成为无氧区，甚至产生硫化氢气体；如此继续下去，波罗的海 60 m 以下的深层将成为无生命的“死海”；目前，波罗的海的“水下沙漠”至少有 2 万 km^2。

1955 年以前的几十年间日本的濑户内海只发生过 5 次赤潮灾害，1965 年一年中就发生 44 起，1970 年发生 79 起，而 1976 年一年中竟发生 326 起。由于赤潮灾害，现濑户内海 75%以上的海底，生物已经绝迹，海水中化学需氧量高达 248 mg/L，而溶解氧却只有 0.3 mg/L，湾内渔业资源已完全被破坏。

7.3　重金属污染型水环境灾害

重金属污染的水环境灾害属于迟缓型水环境灾害，是由于人类生产与消费活动排入自然环境的有毒有害污染物，随着生态系统的物质循环和食物链等复杂生态过程，不断迁移、转化、积累与富集，由量变到质变，最终在人体内积聚，进而危及人类生命与动植物的生存价值，造成生命财产严重损失的水环境灾害事件。其危害性后果往往经过相当长时间才显现出来，故属于迟缓型环境灾害。

7.3.1　孟加拉国砷中毒事件

7.3.1.1　砷的毒性机理

砷是一种多价态化学元素，广泛分布于自然界中。在砷的多种化合物中，无机砷的毒性比有机砷强，三价无机砷的毒性比五价强，如三氧化二砷（As_2O_3）。砷化物在农业上可用作杀虫剂等，在工业上用作原材料，在医药上可用作药剂等。土壤环境中的砷来自两个方面，一是地壳中的天然砷通过风化作用进入土壤，地壳中的砷大多以化合物或混合物的形式存在于铅、铜、银、锑和铁等金属矿石中。二是人为因素造成的砷污染，如含砷金属矿石的开采、燃烧及冶炼过程中排放的含砷烟尘、废水、废气、废渣和矿渣造成的污染，用含砷农药防治病虫害，造成对水源、大气、土壤、水果、蔬菜的污染。环境中的砷主要储存在土壤中，通常空气中砷的含量极微，几乎检测不到，土壤中砷的浓度为 2～10 mg/L，地面水为 10 μg/L 左右，机体对砷的吸收率约为 80%。

砷化物的毒性作用，主要是与人体细胞中酶系统的六羟基相结合，致使细胞酶系统发生障碍，从而影响细胞的正常代谢，并引起神经系统、毛细血管和其他系统的功能性与器质性病变。砷的毒性作用与其化学性质有关，单质不溶于水，摄入机体后几乎不被吸收而完全排出，故无害，有机砷、五价砷离子毒性不强，最毒的是三价砷离子。砷在体内有明显的蓄积性，所以毒害作用的潜伏期很长，短的 1～2 年，长的达几年甚至十几年。砷慢性中毒时病情发展缓慢，对皮肤的原发性刺激均可引起多样的皮肤损害，易发生于皮肤皱褶或湿润处，如口角、眼睑、腋窝、阴囊、腰部、腹股沟和指（趾）间，表现为毛囊性丘疹、疱疹、脓疱样皮疹等，患部疼痛或有刺激感，如不处理可发生难以愈合的溃疡，还有四肢皮肤过度角化（尤以手掌、足最为明显）、毛发脱落、皮肤色素沉着，但较少见。色素沉着呈斑状弥漫性，棕褐色或灰黑色，多见于颈、眼睑、两颊、乳头及易受摩擦和皱褶的部位。消化系统可有食欲不振、腹痛、腹泻和消化不良；肝肿大和疼痛，可有黄疸，个别严重者可发生肝硬化。神经系统有头痛、感觉过敏、四肢乏力、肌肉萎缩、多发性神经炎等。周围神经炎的特征是皮肤感觉过敏和肌肉触痛，先是四肢感觉异常，如麻木、刺痛、灼痛或压痛，继而无力衰弱，行走困难，直至完全瘫痪，肌肉迅速萎缩。患者因疼痛常蜷曲而卧，可继发关节挛缩。砷中毒还可引发皮肤癌、膀胱癌、肾脏和肺部癌症，肢体血管疾患，以及可能出现的糖尿病、高血压和生殖障碍。

7.3.1.2　灾害发生过程和形成原因

20 世纪 90 年代初，印度的沙哈医师首先在印度的某村落中发现反复发作的皮肤溃疡患者，他们无法被治愈并逐渐加重至坏死。经调查排除其他可能病因后，发现这些患者饮用的井水中含砷量很高，远远超过了世界卫生组织（WHO）规定的正常值上限。根据孟加拉国的官方报道，在孟加拉国 64 个地区中，有 59 个地区的地下水砷含量超过正常饮用标准，属于砷污染。WHO 对饮水中砷含量所提出的最新的基准值为 10 μg/L，在 1993 年当时规定的限量水平为 50 μg/L，在孟加拉受砷危及地区的饮水中砷含量都大大超过 50 μg/L。由于长期饮用砷污染的水，孟加拉全国城市 17%的人和农村 3000 万人患有不同程度的砷中毒，是世界上规模最大、最严重的污染灾害。

孟加拉国砷污染灾害发生的原因有自然环境、人为作用两大方面的三种过程。①孟加拉国地处喜马拉雅山的南坡，属南亚次大陆东北区域，位于由恒河和布拉马普特拉河冲积而成的三角洲上。该国大部分地区属亚热带季风气候，湿热多雨，地表水丰富。孟加拉国人一直饮用河水，但由于该国卫生条件较差，地表水污染严重，河水无法做到净化处理，人们很容易患上多种疾病。从 20 世纪 70 年代开始，改用深层地下水，但由于该国复杂的地质条件、地壳中的砷含量很高，在多雨的气候条件下，砷很容易被溶解进入地下水中，致使地下水中的无机砷含量大大超标。②大量抽取地下水进行农业灌溉，一方面地下水直接进入土壤层中，使得砷在土壤层中富集和活化，还引起了农作物的砷污染；另一方面导致地下水位下降，促进了地下水中砷的渗出和活化。③由于恒河三角洲是冲积平原，地层中含砷的黄铁矿经氧化后形成的稀硫酸会将毒沙中所含的砷溶解出来，进入地下水中，随着地下水开采区域的不断扩大，被砷污染的地下水的地区也在不断扩大。

7.3.1.3　影响后果与灾情分析

大面积严重的砷污染，导致孟加拉国全国许多地区的人们遭受不同程度的砷中毒危害。1996 年 12 月～1997 年 1 月孟加拉国的达卡社区医院进行了流行病调查，在 18 个砷污染区的 1630 名成人和儿童中，57.5% 患有砷中毒引起的皮肤病；孟加拉国首都达卡的社区医院设有一家砷中毒研究中心，该中心在对 6 万人进行检查后发现，被检查者中有 1 万多人遭受砷中毒的折磨。在广大的农村 1.3 亿居民中，约有 3000 万人患有不同程度的砷中毒，至少有 8000 万人居住在砷污染区。

砷污染的患者不仅要承受疾病带来的痛苦，还要忍受精神上的折磨。因为砷中毒皮肤病对外表的影响很大，因而给患者的生理和心理都造成了很大损害。更有甚者，将砷中毒皮肤病等同为麻风之类传染病，下意识地对砷中毒患者进行隔离。这不是个体行为，而是目前孟加拉国整个社会的行为取向。砷中毒患者被迫辍学和辞职，甚至不敢出门，不但生活没有保障，而且还有抑郁症等精神疾病的倾向。患者本身的生活质量很低，同时还是社会的隐患。考虑孟加拉国受害人数众多，将来的社会稳定性令人担忧。

由于砷中毒的健康效应是长期的，目前在孟加拉国主要表现的是皮肤病，完全有可能在将来的 10 年或 20 年中，陆续有皮肤癌、消化道肿瘤、神经系统和心血管系统疾病的发生。砷导致突变性可能对子孙后代的健康造成影响，可谓后患无穷。

孟加拉国的砷污染不但使近二分之一的国民身染疾患，而且已使孟加拉国的社会生产力大幅下降，经济发展受到严重影响。此外，为调查和防治砷中毒，本不富裕的孟加拉国还背负沉重的经济负担。2002 年 3000 多名供水专家在孟加拉国集会上指出，要彻底解决孟加拉国的砷污染，至少需要 5 亿美元资金。虽然国际社会予以经济和技术的支持，但防治工作耗资巨大，并且是一项长期工作，对孟加拉国政府确实是一项严峻的考验。

7.3.2　日本的水俣病事件

水俣病是指由于含汞废水污染所造成的中枢神经汞中毒症。含汞废水污染海水，汞受水底微生物作用而转化为甲基汞。在 20 世纪 50 年代日本九州水俣市水俣湾附近渔村陆续出现神经系统疾病患者，1956 年报道的首批患者，主要症状为肢端麻木、感觉障碍、视野缩小。以后在患者中陆续发现上肢震颤、共济失调、发音困难、视力和听力障碍、智力低下、精神失常等临床症状。经过调查证实该病是长期食用被甲基汞污染的鱼类和贝类所致的甲基汞中毒，并定名为水俣病。不久，于 1965 年新潟县发现的新公害病也称水俣病。

在 1971～1972 年，伊拉克发生了一宗大规模的汞中毒事件，中毒人数多达 6000 人，死亡 500 多人，其原因是食用了用汞杀菌剂处理的小麦种子所发生的集体中毒事件。20 世纪 70 年代中国在东北松花江中、下游地区的渔民中也曾发现过类似水俣病的病例。

7.3.2.1　汞的毒性机理

汞通称为“水银”，是一种易流动的银白色液体金属。内聚力很强，熔点–38.87℃，沸点 356.58℃，在 20℃时，相对密度为 13.546。汞具有高挥发和高脂溶性特性，蒸气剧毒，在空气中稳定。溶解于硝酸和王水，并能溶解金、银、锡、钾、钠等。汞可分为无机离子型汞、有机汞（甲基汞）和无机汞。无机汞在细菌的参与下，能转变为有机汞或金属汞。无机汞在体内可使蛋白质产生明显变性，对肾、肝等实质性器官的细胞也产生不同程度的变性和坏死。甲基汞主要引起神经系统的损害，在末梢神经中其感觉神经元出现强烈变性，而中枢神经中各处均可产生神经细胞变性、脱落。

汞污染物主要是通过消化道、呼吸道和皮肤侵入生物体，并经过各级食物链进行积累。如人体内甲基汞蓄积量为 25 mg 时，人的知觉就会发现异常，到了 55 mg 时，出现步行障碍，到了 90 mg 时，出现说话障碍，170 mg 时，听觉消失。汞的急性中毒表现为头痛、头昏、乏力、失眠、多梦、低烧或中等发热等神经系统和全身症状，明显的口腔炎及胃肠症状，有的出现呼吸道症状，发生间质性肺炎，还引起肾功能衰竭。慢性中毒表现为精神神经障碍（汞性震颤）和口腔炎。溃疡为有机水银中毒。患者手足麻痹，甚至步行困难，运动障碍、失智、听力及言语障碍；重者如痉挛、神经错乱，最后死亡。发病起三个月内，约有半数重症者死亡，怀孕妇女亦会将这种汞中毒遗传给胎中幼儿。

汞的来源有两个方面：一是岩石风化和火山爆发所释放的；二是人为活动所造成的污染，如汞矿的开采、仪表工业、氯碱工业、电气电子工业、造纸和农药等。

7.3.2.2　灾害发生过程和形成原因

1955 年左右，水俣当地许多猫出现不寻常现象。第二年，人类也被确认发生同样的症例，当中的患者多为渔民家庭出身。这种怪病被称为“水俣奇病”。1959 年，熊本大学医学部水俣病研究班发表研究报告，指出水俣病的原因为当地氮肥厂所排出的有机汞污染。

“水俣病”的致灾因子是一家氮肥公司与电气公司排出的含汞废水。氮用于肥皂、化学调味料等日用品及乙酸（CH_3COOH）、硫酸（H_2SO_4）等工业用品的制造上。乙烯和乙酸乙烯在制造过程中要使用含汞（Hg）的催化剂，这使排放的废水含有大量的汞。含汞废水被排入海湾后，经过海湾中某些生物的迁移、转化与富集，而形成甲基汞（CH_3HgCl）。这种剧毒物质只要有挖耳勺的一半大小就可以致命，而当时由于氮的持续生产已使水俣湾的甲基汞含量达到了足以毒死日本全国人口 2 次都有余的程度。水俣湾由于常年的工业废水排放而被严重污染了，水俣湾里的鱼虾类也由此被污染了。这些被污染的鱼虾通过食物链又进入了动物和人类的体内。甲基汞通过鱼虾进入人体，被肠胃吸收，侵害脑部和身体其他部分，造成生物累积。进入脑部的甲基汞会使脑萎缩，侵害神经细胞，破坏掌握身体平衡的小脑和知觉系统，首先是发疯痉挛，犹如醉酒，步态蹒跚，最后跳海“自杀”。据统计，有数十万人食用了水俣湾中被甲基汞污染的鱼虾。

7.3.2.3　影响后果与灾情分析

含汞废水污染首先危及的是海湾内的动植物，导致大量鱼类与海鸟死亡，贝类腐烂，海藻枯死……其次是人类。据报道 20 世纪 70 年代日本正式确定为水俣病的患者达 784 名，有 103 名已死亡，另外尚有约 3000 名属可疑患者，仅氮肥公司就因此赔偿 8000 多万美元。甲基汞可通过胎盘进入胎儿体内致先天性水俣病，也可通过母乳进入婴儿体内。

水俣病危害了当地人的健康和家庭幸福，使很多人身心受到摧残，经济上受到沉重的打击，甚至家破人亡。更可悲的是，由于甲基汞污染，水俣湾的鱼虾不能再被捕捞食用，当地渔民的生活失去了依赖，很多家庭陷于贫困之中。此事造成水俣近海鱼、贝类市场价值一落千丈，水俣居民由于陷入贫困，反而大量食用有毒的鱼、贝，使得灾情扩大。

1977 年起，水俣市耗资 2 亿多美元，用 10 年多时间挖掉海湾 151 万 m^3 含汞污泥，同时填海 60 万 m^2，将水银污泥固化密封。

7.4　人为失误型突发性水环境灾害

突发性水环境灾害是指那些由于人为失误或自然灾害诱发等原因造成的有毒污染物由其储存容器中泄漏出来，进入人类赖以生存的水环境，并通过水环境媒体迁移、转化与富集的过程，反作用于人类，严重危及人类与动植物的生命安全，进而造成人类生命财产严重损失的灾害事件。突发性水环境灾害具有突发性，其严重的危害性后果在短时间即呈现，故属突发性环境灾害。

从 2001 年到 2004 年，全国共发生水污染突发性事故 3988 起，平均每年近 1000 起，已经进入水污染事故的高发期。水污染事故中以化工类剧毒污染物质（如铬、苯、镉、砷、农药等）和石油类污染物质泄漏造成的污染影响为甚。例如，2000 年陕西商洛地区丹江支流铁河发生氰化钠的重大污染灾害；2003 年发生在黄河兰州段的油污染事故；2005 年广东韶关含镉工业废水的事故性排放造成北江的重大污染灾害；2006 年湘江株洲霞湾港至长沙江段的镉污染灾害；2004 年川化集团有限责任公司违法排污使沱江发生氨氮污染灾害，造成沱江下游死鱼 100 万 kg，25 天近 100 万群众饮水中断，生产停顿，生态环境遭受严重破坏，直接经济损失达 3 亿元；特别是 2005 年中石油吉林石化公司双苯厂爆炸，约有 100 万 t 硝基苯进入松花江水体，导致松花江严重的污染灾害，造成了巨大的经济损失和严重的国际国内影响。这些水污染灾害导致人畜伤亡和长期的生态环境影响，甚至因停止供水而严重影响工农业生产和人民生活，造成巨大的社会影响和经济损失。根据国家环境保护部的调查，全国有大量的化工企业分布在江河湖海沿岸的环境敏感区，成为发生水污染灾害的隐患。例如，三峡库区及上游区有 2000 余个化工、医药企业，包括重庆主城区、长寿、万州、永川化工园区及泸州、宜宾化工城等化工基地；库区内还有上千处固体废弃物堆放点，沿江有几十个化学品的装卸码头和中转仓库，公路运输化工原料的车辆不计其数，每年化工原料及危险产品的运输能力达到 200 万 t。所有这些构成了三峡库区发生水污染灾害的隐患，并可能造成比松花江污染事件后果更为严重、损失更为惨重的重大水污染灾害。鉴于我国东西部经济和社会发展的不平衡，严重污染企业的逐步西迁，水污染事故的高发期会持续比较长的时间。因此，突发性水污染事故将在 21 世纪的上半叶成为我国公共安全与水环境保护面临的新挑战。

从 20 世纪 60 年代开始，欧美国家进入工业化与城镇化的高速发展阶段，诱发了大量的环境问题，其中水污染灾害不断发生。典型的案例有莱茵河与多瑙河的水污染事件。1986 年 11 月 1 日深夜，位于瑞士巴塞尔市的桑多兹化学公司的一个化学品仓库发生火灾，装有约 1250 t 剧毒农药的钢罐爆炸，硫、磷、汞等有毒物质随着大量的灭火用水流入下水道排入莱茵河。桑多兹化学公司事后承认剧毒农药包括 824 t 杀虫剂、71 t 除草剂、39 t 除菌剂、4 t 溶剂和 12 t 有机汞等。有毒物质形成 70 km 长的微红色飘带向下游流去。第二天，化工厂用塑料塞堵下水道。8 天后，塑料塞在水的压力下脱落，几十吨有毒物质流入莱茵河后，再一次造成污染。事故造成约 160 km 范围内多数鱼类死亡，约 480 km 范围内的井水受到污染影响不能饮用。污染事故警报传向下游瑞士、德国、法国、荷兰 4 国沿岸城市，沿河自来水厂全部关闭改用汽车向居民定量供水。由于莱茵河在德国境内长达 865 km，是德国最重要的河流，因而遭受损失最大。法国和德国的一些报纸将这次事件与印度博帕尔毒气泄漏事件和前苏联的切尔诺贝利核电站爆炸事件相提并论。2010 年 10 月 4 日，位于匈牙利西部维斯普雷姆州奥伊考的匈牙利铝生产销售公司一个有毒废水池决堤，导致大约 100 万 m^3 含有铅等重金属的有毒废水涌向附近 3 个村镇和河流，许多房屋被淹，农田被毁。迄今，受伤总人数达到 150 人。废水的 pH 极高，可达 9.6 以上，废水流入多瑙河，毒水覆盖 41 km^2 河域。

2000 年 1 月 30 日夜至 31 日晨，罗马尼亚西北部城市奥拉迪亚市附近的巴亚马雷金矿的污水处理池出现了一个大裂口，1 万 m^3 多含剧毒的氨化物及铅、汞等重金属的污水流入附近的索莫什河，而后又冲入匈牙利境内多瑙河支流蒂萨河。污水进入匈牙利境内时多瑙河支流蒂萨河中氰化物含量最高超标 700～800 倍，从索莫什河到蒂萨河，再到多瑙河，污水流经之处，几乎所有水生生物迅速死亡，河流两岸的鸟类、野猪、狐狸等陆地动物纷纷死亡，植物渐渐枯萎。2 月 11 日，剧毒物质随着蒂萨河水又流入南斯拉夫境内，两天后污水流入多瑙河。突然降临的灾难使匈牙利、南斯拉夫等国深受其害，给多瑙河沿岸国家的经济和人民生活都带来了严重的影响，蒂萨河沿岸世代靠打鱼为生的渔民丧失了生计，流域生态环境也遭到了严重破坏。欧盟官员发表的声明称："这是一场全欧洲的环境灾难，是欧洲近 25 年来最严重的环境污染，需要欧洲各个国家团结一致，共同对付这场污染。"

课堂讨论话题

1. 主要的水环境污染源有哪些？
2. 分析海洋石油污染灾害的致灾过程。
3. 简述各种污染类型的特征。
4. 联系实际谈谈水环境灾害的成因及类型。

课后复习思考题

1. 区分水环境和水体的基本概念，熟悉主要水质指标的意义。
2. 收集我国近年赤潮灾害发生的范围、频度和经济损失状况。
3. 收集我国重金属污染型水环境灾害发生的范围、频度和经济损失状况。
4. 收集我国突发性水环境灾害发生的频度、强度和经济损失状况。

第 8 章　土壤环境污染与环境灾害

内容提要

本章从土壤环境污染的基础知识展开论述，分析了土壤污染物的来源和类型，阐述了土壤污染物的转化和累积机制，归纳了土壤污染的危害。土壤环境污染直接影响着人类的食品安全问题，基于土壤污染物在生物体内的转化和累积机制，以农药为例，阐述了其转化过程及对农产品质量的影响。引起土壤严重污染的另一个污染物类型是重金属，论述了不同的重金属导致的人类肌体疾病的毒害机理。

重点要求

✧　掌握土壤质量、土壤环境质量、土壤污染的概念；
✧　掌握土壤背景值在土壤环境容量计算中的作用；
✧　厘清土壤重金属污染过程及致灾机制。

8.1　土壤环境污染

8.1.1　土壤环境污染的基本概念

8.1.1.1　土壤质量和土壤环境质量

土壤质量是指土壤生态系统所具有的维持生态系统生产力、人与动植物健康而自身不发生退化的能力，是土壤特定或整体功能的综合体现。土壤质量的内涵包括土壤的肥力质量和土壤的环境质量（包括土壤的健康质量）。土壤污染是导致土壤质量下降的主要根源之一。

土壤环境质量是指在一定时间和空间范围内，土壤自身性状对其持续利用及对其环境要素，特别是对人类或其他生物的生存、繁衍及社会经济发展的适宜性，是土壤环境“优劣”的一种概念，它与土壤遭受污染的程度密切相关。影响土壤环境质量变化的因素主要有两方面：①土壤自然形成过程中所固有的环境条件和地球化学元素；②人为活动引发的土壤环境条件的变异。

8.1.1.2　土壤环境污染的定义

土壤污染是指人类活动所产生的污染物，通过多种途径进入土壤，其数量和速度超过了土壤的容纳能力和土壤的净化速率，从而导致土壤正常功能遭到破坏或土壤肥力下降，其所生产的植物有机体遭到污染，影响食品安全的现象。土壤污染可使土壤性质、组成等发生变化，使污染物质的积累过程逐渐占优势，破坏土壤的自然动态平衡，从而导致土壤自然正常功能失调，土壤质量恶化，影响作物的生长发育，以至造成产量和质量的下降，并可通过食物链引起对生物和人类的危害。

目前关于土壤污染的判别标准尚不统一。有的人认为土壤污染的关键鉴别标准是土壤中是否存在人为污染物，强调了土壤绝对污染的性质。另一种观点认为，土壤污染的判别标准是土壤背景值，强调了土壤相对污染的性质。第三种观点认为，度量土壤污染时，不仅要考虑土壤的背景值，更要考虑植物中有害物质的含量、生物反应和对人体健康的影响。有时污染物超过背景值，但并未影响植物正常生长，也未在植物体内进行累积；有时污染物虽然没有超过背景值，但由于某种植物对某些污染物的吸收和富集能力特别强，反而使得植物体中的含量达到了污染程度。

虽然这三种定义的土壤污染判别要点不同，但其根本宗旨是一致的，即认为土壤中某种成分的含量明显高于原有的含量时就构成了污染。

8.1.1.3　土壤污染的诊断指标

土壤环境是否受到人为污染，污染程度如何，所造成的土壤环境灾害是否严重，都需要采用特定的标准和有效的方法予以诊断。目前常用的指标有以下几方面。

（1）土壤背景值（本底值）　通常以一个国家或地区的土壤中某元素的平均含量作为背景值，与污染区土壤中同一元素的平均含量进行对比，超过背景值或所规定的临界值时，即属于土壤污染。由于不同土壤中同一元素的含量是不同的，因此，用同一土壤类型的污染和非污染土壤的元素平均含量作对比，结果才能比较准确。

（2）生物指标　土壤中某种有害元素或污染物含量较高时，被植物吸收的量相应增加，可引起植物的一系列反应，人们食用了受污染的植物后对人体健康的危害程度等均可作为度量污染的生物指标。如生物的相对数量、生物量或质量，发育过程的延迟、繁衍过程障碍等，都可作为判断土壤污染的生物指标。

（3）植物中污染物的含量　如果土壤中某种有害元素或污染物含量较高时，根据质量作用定律，被植物吸收的量也相应增加，因而土壤与植物体中污染物含量之间有一定的正比关系，所以可以用植物体的污染物含量作为土壤污染的指标。

8.1.2　土壤污染物的来源和类型

8.1.2.1　土壤污染源

根据污染物进入土壤的途径，可将土壤污染源分为污水灌溉、固体废弃物、农药和化肥、大气沉降物等。

（1）污水灌溉　污水灌溉是指利用城市污水、工业废水或混合污水进行农田灌溉。由于在一个相当长的时间内，我国污水处理率和排放达标率都较低，用这样的污水灌溉后，使一些灌区土壤中有毒有害物质明显累积。张士灌区在 20 多年的污灌中，污灌面积约达 2500 hm^2，镉污染十分严重，其中约有 330 hm^2 土壤含镉 5～7 mg/kg，稻米含镉 0.4～1.0 mg/kg，最高达 3.4 mg/kg。利用含重金属的矿坑水进行灌溉后，土壤 Cu 含量由 31 mg/kg 增加到 133 mg/kg；Pb 含量由 44 mg/kg 增加到 1600 mg/kg；Zn 含量由 121 mg/kg 增加到 3700 mg/kg。

（2）固体废弃物　固体废弃物包括工业废渣、污泥、城市垃圾等多种来源。由于污泥中含有一定的养分，因而可用作肥料使用，城市生活污水处理厂的污泥含氮量为 0.8%～0.9%，含磷量为 0.3%～0.4%，含钾量为 0.2%～0.35%，有机质含量为 16%～20%。工业废水处理厂的污泥，其成分复杂得多，特别是重金属含量很高。在农田中使用这样的污泥，势必造成土壤污染。一些城市在历史上曾经将大量垃圾运往农村，垃圾中含有的煤灰、砖瓦碎块、玻璃、塑料等都会影响土壤的性质。在 1986 年，广州市居民生活垃圾的平均组成为：动植物残体占 28%，无机物、煤灰、砖瓦、陶瓷等约占 64.9%，纸、纤维、塑料等约占 5%，金属和玻璃约占 2.1%。含这些成分的垃圾长期施用于农田，可破坏土壤的团粒结构和理化性质。城市垃圾也含有一定量的重金属，使土壤中重金属的含量随着垃圾施用量的增多而增加（表 8-1）。

表 8-1　施用垃圾对土壤、稻谷中重金属含量的影响　（单位：mg/kg）

处理	Cd	Hg	Cr	Pb	Ni	Cu	Zn
施垃圾肥土壤	1.5	0.07	12.0	82	—	—	92
对照土壤	0.6	0.05	12.0	24	—	—	20
施垃圾肥稻谷	0.033	<0.08	0.01	0.27	6.27	3.0	16.2
对照稻谷	0.007	<0.008	0.001	0.18	0.18	2.7	19.0

（3）农药和化肥　农药在生产、储存、运输、销售和使用过程中都会产生污染，施在作物上的杀虫剂有一半左右流入土壤中。进入土壤中的农药虽然经历着生物降解、光降解和化学降解，但对于像有机氯这样的长效农药来说，那是十分缓慢的。

化肥污染，一是来自不合理施用和过量施用，促使土壤养分平衡失调。土壤中的氮和磷进入地表和地下水可使水源受污染，造成河川、湖泊、海湾的富营养化。二是施用的肥料中含有有毒物质。例如，含三氯乙醛的磷肥，是由含三氯乙醛的废硫酸生产的，当它施用于土壤后，三氯乙醛转化为三氯乙酸，两者均可给植物造成毒害。磷肥中重金属特别是 Cd 的含量是一个不容忽视的问题。世界各地磷矿 Cd 含量一般为 1～110 mg/kg，但也有个别矿高达 980 mg/kg。我国每年随磷肥带入土壤的总 Cd 量是一种潜在的污染源。

（4）大气沉降物　气源重金属微粒是土壤重金属污染的途径之一，它的构成主要是金属飘尘。在重金属加工过程中，在交通繁忙的地区，往往伴随有金属尘埃进入大气。这些飘尘自身降落或随着雨水接触植物体或进入土壤后被植物和动物吸收，在大气污染严重的地区，对作物也有某些污染（表 8-2）。酸沉降本身就是一种土壤污染源，又可加重其他有毒物质的危害。我国长江以南大部分地区本来就是酸性土壤，在酸雨的作用下，土壤进一步酸化，养分淋溶，有害物质活化，结构破坏，肥力降低，作物受损，从而破坏了土壤的生产力。

表 8-2　钢冶炼厂周围水稻中一些元素含量　（单位：mg/kg）

地点	叶			茎			谷粒		
	Cu	Pb	As	Cu	Pb	As	Cu	Pb	As
污染区	176	9.7	15.3	48.0	3.5	11.9	24.0	2.7	0.7
参比区	38.4	0.8	0.9	41.1	1.2	0.7	14.2	0.6	痕量

由核裂变产生的两个重要的长半衰期放射性元素是 ^{90}Sr（半衰期为 28 年）和 ^{137}Cs（半衰期为 30 年），它们可经由大气沉降而进入土壤，土壤中 ^{90}Sr 的浓度常与当地降雨量成正比。公路两侧土壤中重金属的含量随距离的增加而减少。此外，还有多个污染源的复合污染。

8.1.2.2 土壤污染物的类型

据污染物的属性进行分类，一般可分为有机物污染、无机物污染、生物污染和放射性污染。

（1）有机物污染 包括天然有机污染物和人工合成有机污染物，对人体有威胁，容易造成环境灾害的主要是人工合成的有机污染物。如有机废弃物（如工农业生产及生活废弃物中生物易降解和生物难降解的有机毒物）、农药（包括杀虫剂、杀菌剂和除莠剂）等污染。有机污染物进入土壤后，可危及作物的生长和土壤生物的生存。人体接触污染土壤后，手脚出现红色皮疹，并有恶心、头昏现象。进入土壤中的农药主要来自直接使用和叶面喷施，也有一部分来自回归土壤的动植物残体。近年来，塑料地膜覆盖栽培技术发展很快，部分地膜弃于田间，是一种新的高分子有机污染物。

（2）无机物污染 无机污染物有的是随着地壳变迁、火山爆发、岩石风化等天然过程进入土壤，有的是随着人类的生产和消费活动进入土壤。采矿、冶炼、机械制造、建筑材料、化工等生产部门，每天都排放大量的无机污染物，如有害的氧化物、酸、碱和盐类等。生活垃圾中的煤渣也是土壤无机污染物的重要组成部分。

（3）生物污染 造成土壤生物污染的主要物质来源是未经处理的粪便、垃圾、城市生活污水、饲养场和屠宰场的污染物等。其中危害最大的是传染病医院未经消毒处理的污水和污物。进入土壤的病原体能在其中生存较长的时间（痢疾杆菌生存22～142天，结核杆菌生存1年左右，蛔虫卵生存315～420天）。

（4）放射性污染 放射性物质是指各种放射性核素。每一种放射性核素都有一定的半衰期，能放射具有一定能量的射线。除了在核反应条件下，任何化学、物理或生物处理都不能改变放射性核素的这一特性。

土壤放射性污染是指人类生产生活排放的放射性核素，通过多种途径污染土壤，使土壤的放射性水平高于土壤本底值。排放到地面的放射性废水，埋藏处置在地下的放射性固体废弃物，核企业发生的放射性排放事故等，都会造成局部地区土壤的严重污染。大气中的放射性沉降，施用含有铀、镭等放射性核素的磷肥和用放射性污染的河水灌溉农田也会造成土壤的放射性污染。

土壤被放射性污染后，通过放射性衰变，产生α、β和γ射线，这些射线能穿透人体组织，损害细胞或造成外照射损伤，或通过呼吸系统或通过食物链进入人体，造成内照射损伤。

8.1.3 土壤污染物的转化和累积

8.1.3.1 土壤中重金属元素的转化和累积

重金属在土壤中的转化和累积取决于重金属在土壤中的化学行为。在土壤中由于各种环境化学条件的变化，可直接影响重金属元素在土壤中的转化和累积。

（1）重金属元素在土壤中的污染特征 重金属元素在土壤中一般不易随水移动，不能被微生物分解，而在土壤中积累。甚至有的可能转化成毒性更强的化合物（如甲基化合物），它可以被植物吸收，在植物体内富集转化，从而给动物和人类带来潜在的危害。重金属在土壤中积累的初期，不易被人们觉察和关注。一旦毒害作用明显地表现出来时，就难以彻底消除。

重金属元素对土壤环境污染的危害作用还与它们的存在形态有关。在土壤中的重金属元素可分为五种形态：①水溶态的；②弱代换剂（如乙酸盐溶液等）可代换的；③强代换剂（与络合剂络合的）提取的；④次生矿物中的；⑤原生矿物中的。其中①、②、③部分在土壤中可能被植物吸收，因此，它们的含量越高越易对植物形成危害。因此，在研究土壤的重金属污染危害时，不仅应注意它们的总含量，还必须重视重金属各种形态的含量。

（2）土壤性质与重金属转化累积的关系　各种不同的土壤条件，包括土壤类型、土地利用方式（如水田、旱地、果园、林地、草场等）、土壤的理化性状（如酸碱度、氧化还原条件、吸附作用、络合作用等），都能引起土壤中重金属元素存在形态的差异，从而影响重金属的迁移转化和作物对重金属的吸收。

第一，土壤氧化还原条件。土壤不但是一个氧化还原体系，而且是一个由众多无机和有机单项氧化还原体系组成的复杂体系。在无机体系中，重要的有氧体系、铁体系、硫体系和氢体系等，由起主导作用的决定电位体系控制。其中 O_2-H_2O 体系和硫体系在土壤氧化还原反应中作用明显，对重金属元素价态变化起重要作用。例如，在溶液氧化还原电位（Eh）值降低时（+100 mV 左右），硝酸铁可还原成亚铁形态，致使砷酸盐还原为亚砷酸盐，增强了砷的移动性。相反，土壤中铁、铝组分的增加，又可能使水溶性砷转化为不溶态砷。重金属元素按其性质一般可以大致分为氧化难溶性（氧化固定）元素和还原难溶性（还原固定）元素。例如，铁、锰等属于前者；镉、铜、锌、铬等属于后者。随着氧化还原作用，重金属元素还发生价态变化。土壤中，氧化还原作用还会影响变价元素价态的变化。

第二，土壤酸碱度。土壤的 pH 与重金属的溶解度有密切关系。在碱性条件下，进入土壤的重金属多以难溶性的氢氧化物形态存在，也可能以碳酸盐和磷酸盐的形态存在，它们的溶解度都比较小。因此，土壤溶液中重金属的离子浓度也比较低。

第三，土壤胶体的吸附作用。土壤中含有丰富的无机和有机胶体，对进入土壤中的重金属元素具有明显的固定作用。一般来讲，土壤的重金属元素有两种存在形式。一种是重金属元素在土壤溶液中呈胶体状态，主要发生在湿润气候地区和富含有机质的酸性条件下，如铁、锰、钛、铬、砷等元素可呈胶体状态，铜、铅、锌等也部分呈胶体形态迁移。另一种是土壤中存在的有机和无机胶体对金属离子的吸附固定。在胶体对金属离子吸附时，金属离子通过同晶替代作用吸附在晶格中作为吸着离子。这种金属离子保持在胶体矿物晶格中，则很难释放。这是许多金属离子和分子从不饱和溶液转入固相的主要途径，是重金属在土壤中积累而使土壤被污染的重要原因。土壤胶体能吸附重金属的数量，主要取决于土壤胶体的代换能力和重金属离子在土壤溶液中的浓度与酸碱度。如高岭土对金属元素吸附能力的顺序是：$Hg^{2+}>Cu^{2+}>Pb^{2+}$；腐殖质胶体是：$Pb^{2+}>Cu^{2+}>Cd^{2+}>Zn^{2+}>Ca^{2+}>Mg^{2+}$；带正电荷的水含氧化铁胶体可以吸附。

第四，土壤中重金属的络合、螯合作用。重金属元素在土壤中除了吸附作用外，还存在络合、螯合作用。一般认为，当金属离子浓度高时，以吸附交换作用为主，而土壤溶液中重金属离子浓度低时，则以络合、螯合作用为主。人们更重视重金属与羟基和氯离子的络合作用，认为这两者是影响一些重金属难溶盐类溶解度的重要因素。

羟基离子对重金属的络合作用实际上是金属离子的水解反应。重金属在较低的 pH 条件下可以水解，水解过程中 H^+离开水合重金属离子的配位水分子，反应式为

$$M(H_2O)_n^{2+} + H_2O = M(OH)(H_2O)_{n-1}^{+} + H_3O^{+}$$

Mg^{2+}、Cd^{2+}、Pb^{2+}、Zn^{2+} 的水解作用表明，羟基与重金属的络合作用可大大提高重金属氢氧化物的溶解度。

氯络合重金属离子的形式只会出现在含盐土壤中氯离子浓度较高时，一般土壤中氯离子浓度很低时，则不会形成重金属离子和氯离子的络合物。

土壤中腐殖质具有很强的螯合能力，具有与金属离子牢固螯合的配位体，如氨基、亚氨基、酮基、羟基及硫醚等基团。这些螯合配位体通过含有的氮、氧或硫的活性基可与金属离子形成封闭的环，如在螯合物氨基乙酸铜中，铜以主键与羟基连接，以副键与氨基连接。

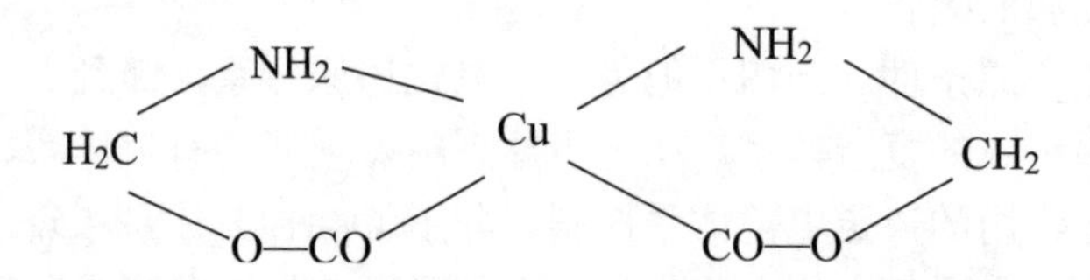

一般胡敏酸和富里酸中的酸羟基是螯合剂，富里酸中所含的多糖也有较强的螯合力。某些腐殖质中所含的蛋白质中的氨基酸也有螯合金属的能力。

土壤中螯合物的稳定性受金属离子性质的影响。在金属离子与螯合剂的离子键结合时，中心离子的电离势越大，越有利于配位化合物的形成。

从螯合物的稳定性看，金属离子之间有很大差异，大致形成如下有机-金属螯合物的稳定性顺序：

$$Pb > Cu > Ni > Co > Zn > Mn > Mg > Ba > Ca > Hg > Cd$$

8.1.3.2 农药在土壤中的转化和残留

农药是消灭植物病虫害的有效药物，对农、林、牧业的增产、保收和保存，以及人类传染病的预防和控制等方面都起了非常大的作用。迄今，农药的品种已发展到上千种，农药的使用量也急剧增加，成为决定现代化农业生产效率和提高产量的重要因素。

自 1939 年瑞士科学家穆勒（Müller）发明了 DDT 杀虫剂以来，农药的应用取得了很大进展。现在，世界农药的年产量已超过 200 万 t，每年农药的销售平均增长率大于 6%～8%。化学农药的品种日渐增加，已研制成功并受到专利保护的品种有 1200 多种，约有 500 多个品种已投入市场使用。

农药生产的发展之所以如此迅速，这与它在保证农业增产方面所起的作用是分不开的。有人估计，如果不使用化学农药，现在全世界粮食总产量的一半将被各种病虫害和杂草所吞噬，由于使用了化学农药，目前已能挽回总收成的 15%。但由于农药不足，每年造成的损失仍达总产量的 35%。因此，目前人类已处于不得不用农药的地步。而且在未来的长时间内，农业的生命力仍将与化学农药的使用密切相关。

同时，日益增加的化学农药通过生产、运输、储存、使用、废弃等不同环节进入环境和生态系统后，产生了不少的不良后果。它们主要是：①有机氯农药不仅对害虫有杀伤毒害作用，同时对害虫的“天敌”及传粉昆虫等益虫及益鸟也有杀伤作用，因而破坏了自然界的生态平衡；②长期使用同一类型农药，使害虫产生了抗药性，因而增加了农药的用量和防治次数，也大大增加了防治费用和成本；③长期大量使用农药，使农药在环境中逐渐积累，尤其是在土壤环境中，产生了农药污染环境，危害生物和人类。目前，防止农药对土壤和水域的污染已成为当前世界上很多国家严重关切的环境问题。

农药进入土壤后，与土壤中的固、气、液体物质发生一系列物理的、化学的和生物的反应。土壤中的农药发生三方面的作用：①土壤的吸附作用使农药残留于土壤中；②农药在土壤中随水迁移，并被植物吸收；③农药在土壤中发生化学降解作用，残留量逐渐减少。

（1）农药在土壤中的残留　进入土壤中的化学农药，易受各种化学、物理和生物的作用，并以多种途径进行反应或降解，但是不同类型的农药的降解速率和难易程度不同。因此，农药在土壤中存留的时间也不同。其存留时间常用两种概念来表示：即半衰期和残留量。半衰期指的是施入土壤中的农药因降解等原因使其浓度减少一半所需要的时间；而残留量指土壤中的农药因降解等去除过程后残留在土壤中的数量，单位是 mg/kg 土壤。残留量 R 可用下式表示

$$R = C^{-kt} \tag{8-1}$$

式中：C 为农药在土壤中初始含量；t 为农药在土壤中的衰减时间；k 为常数。

从式（8-1）可以看出，连续使用农药，将使农药在土壤中的积累不断增加，但不会无限增加，达到一定值后趋于平衡。假定一次施用农药后，土壤中农药浓度为 C_0，一年后残留量为 C，则 C 与 C_0 的比值（设为 f ）一定小于 1。f 称为农药残留率。即第一年后土壤中农药残留量为 C_0f，n 年后为 C_0f^n。如连续施用农药，每年一次，n 年后土壤中农药残留量（R_n）以下式表示

$$R_n = (1 + f + f^2 + \cdots + f^n)C_0 \tag{8-2}$$

$n \to \infty$，即括号内级数等于 $\frac{1}{1-f}$ 时，$R_\infty = \frac{1}{1-f}C_0$。如农药半衰期为一年，即一年农药降解消失一半，则 $f = \frac{1}{2}$。根据式（8-2）计算可得，土壤中农药残留量为最初施用农药量的 2 倍时达到平衡。

由于影响农药在土壤中残留的因素很多，所以农药在土壤中含量的变化实际上不像上述计算那么简单。

许多研究结果显示，有机氯农药在土壤中残留期最长，一般都有数年之久；其次是二氯苯类，取代脲类和苯氧乙酸类除草剂，残留期一般为数月至一年；有机磷和氨基甲酸酯类杀虫剂及一般杀菌剂的残留时间一般只有几天或几周时间，土壤中很少累积；但也有少数有机磷农药在土壤中的残留期较长，如二嗪农的残留期可达数月之久（表 8-3 和表 8-4）。

表 8-3　农药在土壤中的残留期

农药名称	残留期	农药名称	残留期	农药名称	残留期	农药名称	残留期
DDT	10 年①	地虫磷	2 年②	2,4,5-T	150 天②	乙拌磷	30 天②
狄氏剂	8 年①	扑灭津	1.5 年②	2,4-D	30 天②	甲拌磷	15 天②
林丹	6.5 年①	西玛津	1 年②	西维因	135 天③	对硫磷	7 天②
氯丹	4 年①	莠去津	300 天②	三硫磷	100～200 天②	马拉硫磷	7 天②
碳氯特灵	4 年①	草乃敌	240 天②	二嗪农	50～180 天②	乐果	4 天②
七氯	3.5 年①	氯苯胺灵	240 天②	呋喃丹	46～177 天④	敌敌畏	1 天②
艾氏剂	3 年①	氟乐灵	180 天②	涕灭威	36～63 天③		

①消解 95%所需时间；②消解 75%～100%所需时间；③消解 95%以上所需时间；④为半衰期。

表 8-4　有机氯农药在土壤中的残留率

农药名称	一年后的残留率/%	农药名称	一年后的残留率/%
DDT	80	艾氏剂	26
狄氏剂	75	氯丹	55
林丹	60	七氯	45

农药在土壤中残留受以下因素的影响：①化学农药的性质。农药本身的化学性质，如挥发性、溶解度、化学稳定性、剂型等和土壤中农药的残留有一定关系。一些有机氯农药的残留率顺序为艾氏剂<七氯<狄氏剂< DDT，而且挥发的速率与农药的浓度、大气的相对湿度、土壤表面上方空气的运动（风速）及土壤的湿度等因素有关。一般浓度、湿度、含水量、风速越大则挥发作用越强。②土壤性质。农药在质地黏重和有机质含量高的土壤中存留时间较长。主要是由于土壤是一个黏土矿物-有机质的复合胶体。其吸附性能的作用是可形成稳定的难溶性残留物。③土壤 pH 对有机磷农药残留的影响，比对有机氯农药更敏感，这主要是与 pH 对土壤中农药分解速率与分解途径有关。农药的降解、分解和挥发过程均受温度的影响，低温时这些过程减慢，农药消失的速率减小。④土壤水分。主要是因为水是极性分子，因与农药竞争吸附位置，被胶体强烈吸附，在较干燥的土壤中，与农药竞争吸附位置的水分子较少。

（2）农药在土壤中的转化　一是吸附作用。农药进入土壤后，通过物理吸附和化学吸附等形式吸附在土壤颗粒表面，这时农药的移动性和毒性发生变化。在某种意义上讲，土壤的吸附作用就是土壤对毒物质的净化和解毒作用。但这种作用是不稳定的，也是有限的；当被吸附的农药在土壤溶液中被其他物质重新置换出来时，就又恢复了原来的性质。土壤吸附农药的作用有以下途径。

物理吸附：土壤胶体上扩散层的阳离子通过“水桥”吸附农药极性分子的途径如下

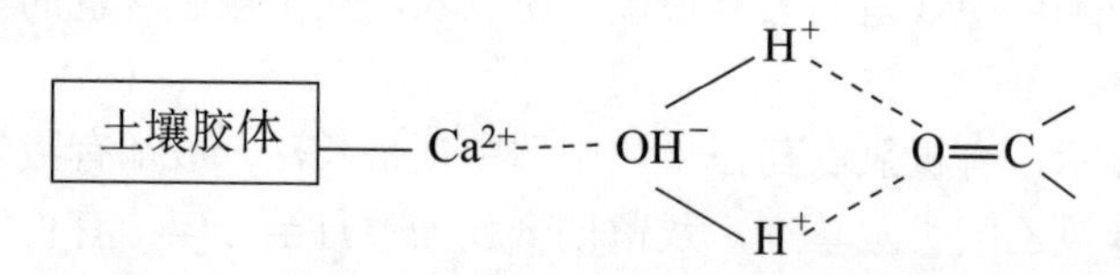

物理化学吸附：因土壤胶体带有电荷，能吸附离子态的农药，凡是带—OH、—$CONH_2$、—NH_2COR、—COR 功能团的农药，都能增强被土壤吸附的能力，特别是带—NH_2 的农药被土壤吸附的能力更为强烈。

土壤胶体除通过交换作用对农药吸附外，还可借助氢键将农药与胶体联系在一起，如

R—N—H···O—黏土矿物

$$\mathrm{R{-}\overset{\displaystyle O}{\overset{\|}{C}}{-}OH\cdots O{-}}\text{黏土矿物}$$

二是扩散作用。土壤中的农药，在被土壤固相物质吸附的同时，还通过气体挥发和水的淋溶在土壤中扩散迁移，因而导致大气、水和生物的污染。

大量资料证明，易挥发的农药和不易挥发的农药（如有机氯）都可以从土壤、水及植物表面大量挥发。对于低水溶性和持久性的化学农药来说，挥发是农药进入大气中的重要途径。

空气中的农药以气态为主。

化学农药在土壤中的挥发速率取决于农药本身的溶解度、蒸气压和近地表空气层的扩散速率。其他一些条件可通过这些基本因素而影响农药的挥发。这些条件包括温度、农药在地表的浓度、吸附强度、农药剂型、移动到地表-空气间农药的转移率、蒸发潜热的供给等。农药挥发的快慢与它们的蒸气压有关。DDT、狄氏剂和林丹等的蒸气压较低，而有机磷和某些氨基甲酸酯的蒸气压相当高。因而，它们的挥发速率快慢有所不同（表 8-5）。

表 8-5　农药在土壤中挥发能力的比较

农药名称	挥发指数	农药名称	挥发指数
敌稗	2.0	乐果	2.0
茅草枯	1.0	毒杀酚	4.0
2,4-D	1.0	七氯	3.0
2,4,5-T	1.0	六六六	3.0
甲基对硫磷	4.0	氯丹	2.0
对硫磷	3.0	DDT	1.0
西维因	3.0～4.0	艾氏剂	1.0
地亚农	3.0	狄氏剂	1.0
马拉硫磷	2.0	代森锌	1.0

农药的蒸发与土壤含水量有密切关系。土壤干燥时，农药不扩散，主要是被土壤表面所吸附。由于水的极性大于有机农药，因此，随着土壤水分的增加，水占据了土壤物质表面，而把农药从土壤表面赶走，使农药的挥发性大大增加。当土壤含水量达 4% 时，扩散最快，以后逐渐减慢。溶解于有机质中的农药不受土壤含水量的影响，因为含水量增加时，土壤中残留的农药主要是溶解在土壤有机质中。农药随水的迁移形式有两种，一种是在水中溶解度大的农药可直接随水迁移；另一种是难溶性农药主要附着于土壤颗粒表面进行随水的机械迁移，最后进入江河水体。

三是降解作用。土壤对农药的降解作用可通过以下几种过程来实现。

第一种是光化学降解。土壤表面接受太阳辐射能和紫外线光谱等能流而引起农药的分解作用。农药分子吸收光能，使其分子具有过剩的能量，而呈“激发状态”。这种过剩的能量可以通过荧光或热等形式释放出来，使化合物回到原来状态。但是，这些能量也可引发光化学反应，使农药分子发生光分解、光氧化或光异构化。其中光分解反应是最重要的一种，因为分解可能由光直接或间接获得。由紫外线产生的能量足以使农药分子结构中碳碳键和碳氢键发生断裂，引起农药分子结构的转化。这可能是农药转化或消失的一个重要途径。

第二种是化学降解。以水解和氧化最为重要，水解是最重要的反应过程之一。有人研究了有机磷的水解反应，认为土壤 pH 和吸附是影响水解反应的重要因素。例如，二嗪农在土壤中具有较强的水解作用，并且是受到吸附催化的。二嗪农的降解反应如下：

$$(R-O)_2\overset{S}{\overset{\|}{P}}-O-R' \xrightarrow[H^+\text{或}OH^-]{H_2O} (R-O)_2\overset{S}{\overset{\|}{P}}-OH+HO-R'$$

第三种是微生物降解。土壤中微生物对有机农药的降解起着重要的作用。土壤中的微生物（包括细菌、霉菌、放线菌等各类微生物），能够通过各种生物化学作用参与分解土壤中的有机农药。由于微生物的种类不同，破坏化学物质的机理也不同。土壤中微生物对有机农药的生物化学作用主要有：氧化还原作用、脱烷基作用、水解作用、环裂解作用等。土壤中微生物降解作用也受到土壤的 pH 、有机物、湿度、温度、通气状况、代换吸附能力等因素的影响。

8.1.3.3　化肥在土壤中的转化及对环境的污染

化肥对农业生产的作用很大，但需施用得当，即合理地控制施用量、注意施用方式与时间，否则不仅对农业生产不利，还会对环境造成污染。

（1）氮肥对土壤的影响　关于长期使用化肥，是否会使土壤板结、理化性质变坏等问题，至今尚有争论。一些试验材料，如日本与我国一些地区未有土壤理化性质变劣的结果。但也有一些地区，存在长期使用化肥，或长期施用单一品种的化肥，导致土壤理化性质变劣的事实。如江西红壤丘陵肥料试验，分别以每亩相当于氮素 4 kg 的量施用氯化铵和硫铵两年后表土 pH 从 5.0 分别降至 4.3 和 4.7 左右，土壤酸化作用更强。

除水稻主要吸收铵态氮素外，大多数作物与蔬菜主要吸收硝态氮素。目前，已知硝酸盐含量高的主要有菠菜、甜菜、小白菜等。凡增施化肥，菠菜、小白菜全株可食部分硝态氮含量比施厩肥者高 1～4 倍。收获后的植物体内除含有硝酸盐外，还有亚硝酸盐，对动物和人体有毒害作用。

（2）硝酸盐的淋失及对地下水的污染　氮肥施入土壤后，在有氧条件下，很容易通过硝化作用而被氧化成硝酸根。据研究，土壤中施用不同形态的氮肥都随土壤水分淋失，其中以 NO_3^--N 为最多，NO_2^--N 次之，NH_4^+-N 只占很小比例。这是由于 NO_3^- 带负电，不被带负电荷的土粒所吸附，因此很容易被淋溶到地下水、河流等排水系统，造成污染。

影响土壤中氮淋溶的主要因素有降雨量、土壤性质、肥料种类和用量及植物覆盖度等。我国各地气候条件差异较大，土壤性质各异，淋失量差别也较大。硝酸盐的淋失与地表覆盖度有关。牧草地由于地上部阻截雨水强，地下部根系密集，能减少硝酸盐的淋溶。栽培作物，由于根系的吸收、阻截等作用，也能减少硝酸盐的淋失。土壤质地与硝酸盐的淋失也有关系，黏重土壤淋溶慢，而砂性土壤则淋溶快。

8.1.4　土壤污染物的特点

8.1.4.1　隐蔽性和潜伏性

水体和大气的污染比较直观，严重时通过人的感官就能发现，而土壤的污染则要通过农作物或牧草及摄食的人或动物的健康状况才能反映出来，从遭受污染到产生恶果有一个逐步累积过程，具有隐蔽性和潜伏性。日本的第二公害病——骨痛病就是一个典型的实例。在 20 世纪 60 年代发生于富山县神通川流域，直至 70 年代才基本证实其原因之一是当地居民长期食用被镉废水污染了的土壤所生产的“镉米”（重病区大米含镉量平均为 0.527 mg/kg）。此时，致害的那个铅锌矿已经开采结束了，其间经历了 20 余年。

我国张士灌区人和家畜也受到明显的镉污染危害。污灌区居民每人每日摄取镉量达 55.8 μg，而对照区仅有 17.6 μg，两者相差 3 倍，镉在人体器官中有明显的累积。灌区家畜脏器中的积累也十分明显，猪肉和猪肾中的含量分别是对照区的 8 倍和 460 倍。

8.1.4.2　不可逆性和长期性

土壤一旦遭到污染后很难恢复，重金属元素对土壤的污染是一个不可逆过程，而许多的有机化学物质的污染也需要一个比较长的降解时间。如 1966 年冬～1977 年春，沈阳抚顺污水灌区发生石油、酚类及后来张士灌区的镉污染，造成大面积的土壤毒化、水稻矮化、稻米异味、含镉量超过食品卫生标准。用了很多年的艰苦努力，施用改良剂、深翻、清灌、客土和选择品种等措施，才逐步恢复其部分生产力，为此付出了大量的劳动力和代价。

8.1.4.3　后果的严重性

土壤污染后果的严重性包括以下两个方面。

第一，主要体现在对粮食生产和人体健康的影响。研究表明，土壤和粮食的污染与一些地区居民肝肿大之间有着明显的剂量-效应关系。由于施用含三氯乙醛的废硫酸生产的普通过磷酸钙肥料，在山东、河南、河北、辽宁、江苏北部、安徽北部等地曾多次发生大面积土壤污染事故，轻者减产，重者绝收，有的田块毁苗后重新播种多次仍然受害，损失十分惨重。

第二，“化学定时炸弹问题”。包括累积和爆炸两个阶段。化学物质在土壤中的累积和储存，在一定时间内并不表现出它的危害，但当储存量超过土壤或沉积物承受能力的限度，即超过其负载容量时，或者当气候、土地利用方式发生改变时，就会突然活化，产生严重灾害。由于两个世纪的工业化进程，在德国、捷克与波兰边界的森林土壤中积累了大量的酸性物质，当森林土壤承受并中和酸性物质的能力达到极限时，土壤 pH 突然降低到 4.2 以下，导致大量 Al 的活化。因而，在 20 世纪 80 年代初引起大片森林的死亡。

8.1.5　土壤污染的危害

土壤环境污染正在剥夺大片肥沃土地的生产力和相关生态系统的健康。严重的土壤污染可以导致农作物生长发育的抑制甚至枯萎死亡，更多的土壤污染并无明显表现，主要是通过破坏土壤的物理化学性质，降低农产品的质量，特别是通过农作物对有害物的富集作用，危害牲畜和人体健康。

8.1.5.1　破坏农业生态安全

目前，我国农药产量居世界前列。1999 年中国的农药总产量 67 万 t，总施用量 130 万 t，平均每亩施用量 929.7 g，单位面积施用量是发达国家的 2 倍，利用率不足 30%。农药被长期大量使用，造成农药对土壤环境的大面积污染，土壤害虫抗药性不断增加，同时也杀死了大量的害虫天敌和土壤有益动物，进而使农业生态安全受到威胁，以至于遭到破坏。

8.1.5.2　诱发水体污染的祸害

资料表明，我国 1999 年化肥使用量 4100 万 t，平均 268 kg/hm^2，是世界平均水平的 2.5 倍。其中淮河流域平均 415 kg/hm^2，太湖流域 600 kg/hm^2，蔬菜基地 2000 kg/hm^2。农田生态系统中仅化肥氮的淋洗和径流损失量每年就约 170 万 t，长江、黄河、珠江每年输出的溶解态无机氮达 98 万 t，是造成近海赤潮的主要污染源。

土壤环境受到污染后，重金属浓度较高的污染表土还容易在水力的作用下，使表土中的重金属进入水环境中，导致地表水和地下水的重金属污染。例如，任意堆放的含毒废渣及被农药等有毒化学物质污染的土壤，通过雨水的冲刷、携带和下渗，会污染水源。人、畜通过饮水和食物可引起中毒。

8.1.5.3　直接危害人、畜的生命安全

用未经无害化处理的人、畜粪便、垃圾作为肥料，或直接用生活污水和医院污水灌溉农田，会使农田受到病原体的污染。被病原体污染的土壤能传染各种疾病（如痢疾、伤寒、病毒性肝炎和 SARS 等传染病）。

进入土壤的有毒化学物质如镉、铅等重金属及有机氯农药等，对人体健康的影响大多是间接的，主要是通过食物链富集到人体和动物体中，危害人、畜健康，引发癌症和其他疾病（表 8-6）。

表 8-6　土壤化学品污染的人体健康效应

化学品	人体健康效应
铬	皮肤病
苯	对血造成不良影响，白血病
二溴氯丙烷	精子数量减少，不育症
铅	不育、流产、死产、神经错乱
氯乙烯	血管肉瘤、肝癌
石棉	肺癌
多氯联苯	痤疮

进入土壤中的放射性物质可通过放射性衰变，一部分随植物的摄取通过食物链进入人体，另一部分产生α射线、β射线、γ射线。这些射线能穿透人体组织，使机体的一些组织细胞受伤害和死亡。这些射线对机体既可造成外照射损伤，又可通过饮食或呼吸进入人体，造成内照射损伤，使受害者头昏、疲乏无力、脱发、白细胞减少或增多，发生癌变。

8.1.5.4　造成严重的经济损失

对于各种土壤污染造成的直接或间接经济损失，目前尚缺乏系统的调查资料。仅以土壤重金属污染为例，根据有关资料的计算表明，农产品的重金属污染导致的经济损失在逐年增加，2000 年已达到 320 亿元。

据估计，全国近年来，乡镇工业污染造成的农业经济损失在 100 亿元以上。全国每年发

生污染渔业事故造成的经济损失约 3 亿元以上，并呈明显上升趋势。水污染直接造成水资源短缺，直接损害饮水安全和人体健康，并且影响农作物安全及农业生产，最终导致其经济损失占 GDP 的 0.5%～1.3%。对于农药和有机物污染、放射性污染、病原菌污染等其他类型的污染所导致的经济损失，目前尚难以估计。但是，这些类型的污染问题在国内确实存在，而且日益严重。

8.2　土壤环境污染与食品安全

污染物在食物链中的传递严重地威胁着食品安全和人体健康。一些持久性有机污染物，例如，有机氯农药可通过土壤-植物系统残留于肉、蛋、奶、植物油中，通过人的膳食进入人体后，参与人体内各种生理过程，使人体产生致命的病变，破坏酶系统，阻碍器官的正常运行，从而导致神经系统功能失调，引起致癌、致畸、致突变等问题。

8.2.1　作物对土壤中农药的吸收、转运与积累

许多农药都是通过土壤-植物系统进入生物圈的。由于残留在食物中的农药对生物的直接影响，植物对农药的吸收被认为是农药在食物链中的生物积累并危害陆生动物的第一步。农药由土壤进入植物体内至少有两个过程：①根部吸收；②农药随蒸腾流而输送至植物体各部分。

8.2.1.1　根部吸收与输送过程

土壤中的农药主要通过根部吸收进入植物体。农药通过植物吸收进入根部的方式有两种：主动吸收过程和被动吸收过程，前者需要消耗代谢能量，后者则包括吸收、扩散和质量流动。为了研究农药的根部吸收过程，可借助根部浓缩系数（root concentration factor，RCF）的概念，即

$$\text{RCF}=\text{根部农药的浓度}/\text{外部溶液中农药的浓度} \tag{8-3}$$

通过水培大麦苗对放射性标记农药吸收的研究，发现 RCF 值很快达到了一个常数，表明根部吸收很快达到了平衡，因而可以认为根部吸收主要是物理吸附而不是生物化学行为。一些研究者研究了在水培条件下大麦根部的吸收过程，发现在最初的 1 h 内吸收最快，占经历了 48 h 吸收总量的 50%～70%；而在起始的 2～5 min 占经历了 48 h 吸收总量的 25%，此时在茎部、叶部还检测不到它们的存在。对于活体植物根部的吸收，RCF 值可以用以下两个过程来解释：①平衡分配过程，即农药在外部溶液和亲脂性外表皮之间的分配；②水化过程，根部液泡中农药的浓度与外部相等。

为了研究农药如何从根部运输到茎部，首先必须了解农药的运输与水吸收的关系。研究表明，水培条件下生长 6 天的大麦苗对农药西玛津的吸收、运输和积累过程，可用蒸腾流浓缩系数（transpiration stream concentration factor，TSCF）来表示

$$\text{TSCF}=\text{蒸腾流中农药的浓度}/\text{外部溶液中农药的浓度} \tag{8-4}$$

研究发现水总是优先于农药而被吸收，TSCF 值总是小于 1，即在植物蒸腾流中西玛津浓度一直达不到外部溶液中的浓度，而且在实验过程中也没有发现西玛津的降解或其他损失途

径。对六种除草剂，一种杀虫剂的研究表明，TSCF 值与农药在培养液中的浓度无关，说明农药从根部到茎部的运输过程是一种平衡分配的结果。对于农药在茎部的分布，可用茎部浓缩系数（stern concentration factor，SCF）来表示

$$\text{SCF}=\text{茎部农药的浓度}/\text{外部溶液农药的浓度} \tag{8-5}$$

茎只起着一种导管的作用，农药在茎部的基部和中部的积累是由茎表皮层和木质素液泡之间的可逆分配过程决定的。虽然在茎部浓度达到最大平衡值之前有小部分的农药到达了茎叶顶部，但是只有当茎部完全达到平衡后，进入木质部的农药才能有效地运输到茎叶顶部，并在水蒸发的部位积累起来。

如果假设农药在植物体内不发生降解作用，植物根部吸收及随后的运输过程是一个被动过程，它可以被描述为一系列的连续分配过程的总和，其中包括农药在土壤颗粒与土壤溶液之间的分配、土壤溶液与植物根部之间的分配、植物根部与蒸腾之间的分配、蒸腾溶液与植物茎叶之间的分配，这些分配过程均和农药的正辛醇/水分配系数 $K_{\sigma W}$（某一化学品在正辛醇相和水相浓度之比）有关。

8.2.1.2　农药的性质与作物累积量的相关性

RCF 值随着农药亲脂性的降低而降低，极性农药的 RCF 值可一直下降到小于 1。对于极性农药来说，分配作用很弱，RCF 值一直下降到 0.6～1.0，可能存在着另一种吸着行为，这种吸着可能在所有农药吸收过程中都起作用，但是对极性农药来说起主导作用。为了说明这种吸着行为在吸收中的贡献，通过对 9 种极性化合物的计算，发现 RCF 值为 0.82，这是极性化合物的极限值。

曾有研究者研究了两类 18 种化合物的植物吸收过程，认为植物从根部到茎部的运输是随着水蒸腾的被动过程，将 TSCF 和 $K_{\sigma w}$ 进行拟合，得到了很好的相关性的高斯分布方程

$$\text{TSCF}=0.784\exp\left[\frac{-(\lg K_{\sigma w}-1.78)^2}{2.44}\right] \tag{8-6}$$

研究表明，$\lg K_{\sigma w}$ 为 1.5～2.0 的农药是最适宜运输的，即存在着一个最适宜的亲脂性 $K_{\sigma w}$，即 $\lg K_{\sigma w}=1.8$。对于极性农药，$\lg K_{\sigma w}<1.8$，运输作用受到根部的类脂膜所阻止；对于亲脂性农药，$\lg K_{\sigma w}>1.8$，输送作用被亲脂性化合物的迁移速率所限制。虽然从理论上认为当达到平衡时，亲脂性农药能自由地、可逆地通过木质部，这时 TSCF 值达到最大值（等于 1）；然而对于非亲脂性农药，即使经长时间的暴露，也不能完全从根部输送到茎部，它可在 24～48 h 达到平衡，TSCF 值不再改变。存在于土壤中的高 $\lg K_{\sigma w}$ 值的农药，主要被土壤或植物的根部吸着，低 $\lg K_{\sigma w}$ 值的农药才能迁移到植物体内，并运输至植物地上部分而在植物体内积累。

8.2.2　农产品的农药污染

农药的发明和使用无疑大大提高了农业生产力，被称为农业生产的一次革命。中国是农业大国，每年均有大面积的病虫害发生，需施用大量的农药进行病虫害防治，由此可挽回粮食损失 200 亿～300 亿 kg。但由于过量和不当使用对农产品造成的污染也不可忽视。使用农药可造成农产品中硝酸盐、亚硝酸盐、亚硝胺、重金属和其他有毒物质在农产品中的积累，

造成农药在动植物食品中的富集和残留，直接威胁着动植物和人体的健康，化学农药的使用使农产品质量与安全性降低。在我国，农药污染的不断加剧，以至于出现农产品中农药超标而使农产品的国际竞争力下降的现象。例如，我国苹果产量居世界第 1 位，但目前苹果出口量仅占生产总量的 1% 左右，出口受阻的主要原因是农药残留量超标。中国橙子优质品率为 3%左右， 而美国、巴西等柑橘大国橙类的优质品率达 90%以上，原因是中国橙子的农药残留量超标。我国加入世界贸易组织后，一些国家对我国出口的茶叶允许的农药残留指标只有原来的 1%。因此，农药残留已成为制约农产品质量的重要因素之一。

农药对农作物的污染程度与作物种类、土壤质地、有机质含量和土壤水分有关。砂质土壤要比壤土对农药的吸附弱，作物从中吸取的农药较多。土壤有机质含量高时，土壤的吸附能力强，作物吸取的农药较少。土壤水分因能减弱土壤的吸附能力，从而增加了作物对农药的吸收。根据日本各地对污染严重的有机氯农药的调查可知，马铃薯和胡萝卜等作物的地下部分被农药污染严重，大豆、花生等油料作物污染也较严重，而茄子、番茄、辣椒、白菜等茄果类、叶菜类一般污染较少。

8.2.3　导致农产品污染超标，品质下降

中国大多数城市近郊土壤受到了不同程度的污染，许多地方粮食、蔬菜和水果等食物中镉、铬、砷、铅等重金属含量超标或接近临界值。据报道，1992 年全国有不少地区已经发展到生产“镉米”的程度，每年生产的“镉米”多达数亿千克。稻米中含镉浓度高达 0.4～1.0 mg/kg（这已经达到或超过诱发“骨痛病”的平均含镉浓度）。江西省某县多达 44%的耕地遭到污染，并形成了 670 hm^2 的“镉米”区。2000 年全国 2.2 亿 kg 粮食调查发现，粮食中重金属铅、汞、砷超标率达 10%。广东省 9 个商品粮基地 10 种农产品调查，发现农产品各种重金属超标，超标率均在 67.2%以上。

1999 年，北京市对部分蔬菜市场检查表明，京郊自产的蔬菜中有机磷农药残留量超标 17%，外埠进京蔬菜达 69%。2000 年春节期间，农业部组织广东、北京等 11 个省、自治区和直辖市的农业环境监测站，对其所在城市市场的 30 多种蔬菜、17 种水果中的农药残留污染状况进行了抽样检测，发现被抽查的蔬菜、水果中农药总检出率达 32.3%，总超标率达 25.3%，其中北京、天津、上海、广州、南宁、昆明 6 城市蔬菜中农药残留量超标率超过了 50%。

土壤环境污染除影响农产品的卫生品质外，也明显影响农产品的其他品质。有些地区的污染已经使得蔬菜的味道变差，不容易储藏，易腐烂，甚至出现难闻的异味，农产品的储藏品质和加工品质也不能满足深加工的要求。

8.3　土壤重金属污染灾害

8.3.1　土壤重金属污染概况

土壤重金属污染是指由于人类活动将重金属加入土壤中，土壤中重金属含量明显高于原有含量，并造成生态环境恶化的现象。重金属是指相对密度等于或大于 5.0 的金属，如 Fe、Mn、Cu、Zn、Cd、Hg、Ni、Co 等。As 是一种准金属，但由于其化学性质和环境行为与重

金属多有相似之处，在研究过程中往往将其包括在内。由于土壤中 Fe 和 Mn 含量较高，因而一般认为它们不是土壤污染元素，但在还原条件下，Fe 和 Mn 所引起的毒害也应引起足够的重视。

8.3.2　土壤重金属污染对人体的危害机理

生长在重金属污染土壤上的作物，其可食部位的重金属含量较高，并能通过食物链经消化道进入人体；同时，受重金属污染的土壤还可经扬尘和人体暴露等途径进入人体。

过量的砷、汞、镉、铅通过食物链进入人体后将对人类健康产生极大的危害。砷、汞、铅均能引起神经系统病变。砷是人们熟知的剧毒物，As_2O_3 即砒霜对人体有很大毒性。人体砷中毒是由于三价砷的氧化物与酶蛋白质中的硫基（—SH）结合，抑制了细胞呼吸酶的活性，使细胞正常代谢发生障碍，破坏细胞分解及有关中间代谢过程，最终可造成细胞死亡。慢性砷中毒主要表现为神经衰弱、消化系统障碍等，并有致癌作用，研究表明砷污染区恶性肿瘤的发病率明显高于非污染区。汞的毒性很强，在人体中蓄积于肾、肝、脑中，毒害神经，从而出现手足麻木、神经紊乱、多汗、易怒、头痛等症状。有机汞化合物的毒性超过无机汞，"八大公害事件"之一的日本水俣病就是由无机汞转化为有机汞，经食物链进入人体而引起的。镉属于易富积性元素，引起慢性中毒的潜伏期可达 10～30 年之久。镉中毒除引起肾功能障碍外，长期摄入还可引起"骨痛病"，如日本神通川流域由于镉污染引起的"骨痛病"是举世皆知的公害事件之一。贫血是慢性镉中毒的常见症状，此外，镉还可能造成高血压、肺气肿等，并发现有致突变、致癌和致畸的作用。铅中毒除引起神经病变外，还能引起血液、造血、消化、心血管和泌尿系统病变。侵入体内的铅还能随血液流进脑组织，损伤小脑和大脑皮质细胞。儿童比成人对铅更敏感，铅会影响儿童的智力发育和行为。

铬、铜、锌是人体必需元素，铬是人体内分泌腺组成的成分之一，二价铬协助胰岛素发挥生物作用，为糖和胆固醇代谢所必需。人体缺乏铬会导致糖、脂肪或蛋白质代谢系统的紊乱。铜、锌参与人体很多酶的合成、核酸和蛋白质的代谢过程，缺乏会引起疾病。例如，在新生乳儿中有因缺铜而引起的营养患疾，孕妇缺铜时会形成低色素细胞性贫血，导致胎儿骨骼、心血管及中枢神经系统结构异常或畸形；人体缺锌时表现为生长发育停滞、骨骼发育障碍、智力低下、肝脾肿大、皮肤粗糙、色素沉着、性成熟受到抑制等，易引起贫血、侏儒症、高血压、糖尿病等疾病。但铬、铜、锌过多时也会引发疾病。例如，铬过量导致消化系统紊乱、呼吸道疾病等，能引起溃疡，在动物体内蓄积而致癌；过量的铜会引起人体溶血、肝胆损害等疾病；过量的锌进入人体也会造成疾病，表现为腹痛、呕吐、厌食、倦怠及引发一些疾病，如贫血、高血压、冠心病、动脉粥样硬化等。

8.3.3　骨痛病

骨痛病是土壤镉污染的典型实例。它的致灾原因是炼锌厂排出的含镉废水污染了河水。居民利用被污染了的河水灌溉，使得镉在稻谷中富集。人长期饮用被污染的河水与含镉稻米，致使镉在人体内蓄积而造成肾损害，进而导致骨软化症，并因此诱发内分泌失调、营养匮乏和衰老等疾病。

8.3.3.1　镉的特性和中毒机理

镉是银白色有光泽的金属，熔点 320.9℃、沸点 765℃、相对密度 8.642。镉有韧性和延展性。镉在潮湿空气中被缓慢氧化并失去金属光泽，加热时表面形成棕色的氧化物层。高温下镉与卤素反应剧烈，形成卤化镉，也可与硫直接化合，生成硫化镉。氧化镉和氢氧化镉的溶解度都很小，它们溶于酸，但不溶于碱。

镉中毒是通过镉及其化合物经食物、水和空气进入人体后产生的毒害作用。有急性、慢性中毒之分。工业生产中吸入大量的氧化镉烟雾可发生急性中毒。早期表现为咽痛、咳嗽、胸闷、气短、头晕、恶心、全身酸痛、无力、发热等，严重时可出现中毒性肺水肿或化学性肺炎，中毒者高度呼吸困难，咳大量泡沫血色痰，可因急性呼吸衰竭而危及生命。用镀镉的器皿调制或存放酸性食物或饮料，食物和饮料中可含镉，误食后可引起中毒。潜伏期短，通常经 10～20 min 后，即可发生恶心、呕吐、腹痛、腹泻等消化道症状。严重者可有眩晕、大汗、虚脱、四肢麻木、抽搐。长期接触镉及其化合物可产生慢性中毒，引起肾脏损害，主要表现为尿中含大量低分子量的蛋白，肾小球的过滤功能虽属正常，但肾小管的吸收功能却降低，尿镉排出增加。

吸入氧化镉烟雾所致的急性中毒，其治疗关键在于防止肺水肿。应及早撤离有毒现场，安静卧床，吸氧，保持呼吸道通畅，吸入消泡灵（二甲基硅油）以消除泡沫；肾上腺皮质激素能降低毛细血管通透性，应早期足量使用；限制液体入量，给予抗生素防止继发感染；急性食入性镉中毒主要进行对症治疗；给予大量补液，注射阿托品用来止吐和消除腹痛；慢性镉中毒引起肾脏损害者，膳食中应增加钙和磷酸盐的摄入，供给充足的锌和蛋白质。镉中毒可使肌肉萎缩关节变形，骨骼疼痛难忍，不能入睡，发生病理性骨折，以致死亡。

镉在地壳中的含量为 $2\times10^{-5}\%$，在自然界中都以化合物的形式存在，主要矿物为硫镉矿与锌矿、铅锌矿、铜铅锌矿共生，浮选时大部分进入锌精矿，在焙烧过程中富集在烟尘中。在湿法炼锌时，镉存在于铜镉渣中。镉的主要来源是工厂排放的含镉废水进入河流，灌溉稻田，被植株吸收并在稻米中积累，人类若长期食用含镉的大米，或饮用含镉的污水，容易造成“骨痛病”。

8.3.3.2　日本骨痛病事件

骨痛病事件是 1955 年至 1972 年间发生在日本富山县神通川流域的镉中毒事件。

神通川横贯日本中部的富山平原，是两岸人民的主要饮水源，也是两岸肥沃农田的灌溉水源，使这一带成为日本主要粮食产地。后来三井金属矿业公司在这条河的上游设立了神冈矿业所，建成炼锌工厂，把大量污水排入神通川。1952 年，这条河里的鱼大量死亡，两岸稻田大面积死秧减产，该公司不得不赔偿损失 300 万日元。1955 年以后，在河流两岸如群马县等地出现一种怪病。患者一开始是腰、手、脚等各关节疼痛，延续几年之后，身体各部位神经痛和全身骨病，使人不能行动，以至呼吸都带来难以忍受的痛苦，最后骨骼软化萎缩，自然骨折，一直到饮食不进，在衰弱疼痛中死去，有的甚至因无法忍受痛苦而自杀。由于患者经常“哎唷——哎唷”地呼叫呻吟，日本人便称这种奇怪的病症为“哎唷——哎唷病”，即“骨痛病”。经骨痛病尸体解剖，有的骨折达 73 处之多，身长缩短了 30 cm，病态十分凄惨。

到 1961 年查明，神通川两岸骨痛病患者与三井金属矿业公司神冈炼锌厂的废水有关。

该公司把炼锌过程中未经处理净化的含镉废水连年累月地排放到神通川中，两岸居民引水灌溉农田，使土地含镉量高达7～8 μg/g，居民食用的稻米含镉量达1～2 μg/g。居民饮用含镉的水，久而久之体内积累大量的镉毒而产生骨痛病。进入体内的镉首先破坏了骨骼内的钙质，进而肾脏发病，内分泌失调，经过10多年后进入晚期而死亡。三井金属矿业公司工人因镉中毒生病者也不在少数。有两名怀孕妇女因体内急需钙质，但因镉中毒使钙质遭到破坏，骨痛病越趋严重，无法忍受而自杀。死后解剖肾脏发现含有大量镉，甚至骨灰中镉含量达到2%。

1961年日本厚生省公布的材料指出，骨痛病发病的主要原因是当地居民长期饮用受镉污染的河水，并食用此水灌溉的含镉稻米，致使镉在体内蓄积而造成肾损害，进而导致骨软化症。妊娠、哺乳、内分泌失调、营养缺乏（尤其是缺钙）和衰老被认为是骨痛病的诱因。但这时的骨痛病已开始在日本各地蔓延了。后来日本骨痛病患区已远远超过神通川，而扩大到黑川、铅川、二迫川等7条河的流域，其中除富山县的神通川之外，群马县的碓水川、柳濑川和富山的黑部川都已发现镉中毒的骨痛病患者。

课堂讨论话题

1. 分析土壤污染与食品安全的关系。
2. 联系实际，谈谈土壤主要污染物的积累和转化过程。
3. 不同农药类型的降解和累积特征。

课后复习思考题

1. 收集资料和网上查阅，目前，土壤重金属污染的修复方法有多少？
2. 论述土壤污染物的来源和种类。
3. 收集资料和网上查阅土壤有机污染的主要类型及修复方法。

第9章 自然资源开发与环境地质灾害

内容提要

自然资源的开发利用是经济发展的基础，合理开发利用自然资源是维护生态环境良性演化的根本。本章首先对自然资源开发所诱发的环境地质灾害进行了概述，在此基础上，讨论了几种常见的易发性的环境地质灾害。地面沉降和地裂缝是地下矿产资源开发所诱发的典型的环境地质灾害。滑坡、崩塌是常见的危害明显的环境地质灾害，矿山泥石流灾害主要是矿产资源开发改变地质环境所诱发的。人类在资源开发利用中的负荷加重、定向爆破及注水和废液处理等活动所诱发的地质灾害危害更为严重。

重点要求

✧ 掌握环境地质灾害的特点和主要类型；

✧ 掌握诱发性滑坡、崩塌灾害形成的力学机制；

✧ 掌握矿产资源开发诱发泥石流的过程及原因。

随着人口的增加、科学技术的进步，人类的创造力与其对自然资源的消耗和对环境的破坏力，均以空前的速率急剧增长。由于人类对自然资源、环境的不合理开发利用，自然界则以一系列的危害和灾难“报复”于人类，而且这个过程还在不断地发展。实际上，众多灾害的产生与发展既受控于自然，又与人类活动有关，存在着人类与自然界的相互作用，不但导致已十分脆弱的生态系统进一步破坏和环境污染，而且加剧了灾害的强度和频度。其潜在的影响是极其巨大的；同时，还有数不胜数的人类活动，又是一系列灾害的“肇事者”。因此，人类自我反思和对生存环境改善的价值在今天、明天都是难以估量的。

9.1 自然资源开发诱发的环境地质灾害概述

自然资源开发利用是社会经济发展的物质基础，是人类生存和提高生活水平的必要手段。在社会发展的历史进程中，人类不断地认识自然、利用资源，从而促进经济社会的发展。然而，资源开发活动与环境地质有着相互依存和相互制约的关系，在资源开发的过程中，若能遵循自然规律，有效合理地开发利用，资源就能得以充分利用，地球环境所遭受的破坏就小；但是，自工业革命以来的200年间，尤其是近几十年来，人类对资源的开发强度随着科学技术的发展、人口的剧增而迅速增大。资源开发过程中人为对环境地质的作用远远超过自然地质作用的速度。人类活动已成为地球上一种巨大的营力，迅速而剧烈地改变着自然界，深刻地影响着地质环境。若对资源开发的地质环境的客观认识做出了错误的判断或盲目的行为，将致使一系列事与愿违的事件反馈给人们，这就是环境地质灾害。资源开发导致的环境地质灾害已经严重威胁到人类的生存和生产。

9.1.1 环境地质灾害的相关含义

地球内外营力的地质作用（包括自然和人类活动的营力作用），造成地质环境恶化（包括突发或缓慢地变化），并导致生命财产损失的现象，称为地质灾害。其中以人类活动为主要营力而诱发的地质灾害称为环境地质灾害。

地质环境容量：特定的地质空间可能提供人类利用而不造成地质灾害或生态破坏的地质资源量或对人类排放的有害废弃物的容纳能力。

9.1.2 环境地质灾害的特点

资源开发诱发的环境地质灾害与自然地质灾害相比，在发生过程方面具有相同的机制和相似的特征，而且二者也常相互叠加。但诱发的动力不同，爆发的频度和强度差异也很大，发生的区域分布和灾情也各不相同。概括起来，主要表现在以下几方面。

9.1.2.1 环境地质灾害的分布特征

环境地质灾害的形成受控于人为和自然双重影响。从大的区域分布来看，地质地貌基础仍然起着支配作用，复杂的地质构造、破碎的岩层结构、陡峭的地形条件是环境地质灾害发生的基础。矿产资源主要分布在一些构造运动强烈、地层变动复杂的地区，如我国的横断山区就是金属矿产的主要分布区之一；或者说在地史时期构造、环境发生过强烈的变动，如神府东胜煤田分布区。同时资源的开发运输和经济联系所需的交通线路，也在这些区域进行，如我国的成昆铁路和宝成铁路沿线的滑坡、崩塌灾害。就环境地质灾害的形成来讲，环境地质灾害是人为作用所致。由此可知，环境地质灾害主要分布于人类活动最强烈、最频繁、地质地貌最复杂的区域和地段，随着资源开发和工程建设的集中分布状况，以及人类开发资源工程技术的发展情况而变化的。人类活动的经济区位特点决定了环境地质灾害的分布规律，其一是以人为活动为中心的大范围的放射状分布及小范围内交通便利原则的线状分布；其二是以交通线路为主线的网状分布。

9.1.2.2 环境地质灾害发生的根本原因是资源开发活动同地质环境不协调

资源开发类型的多样性和地质环境的复杂性决定了环境灾害类型多、形成机制各异。但各种环境地质灾害发生的共同原因是资源开发活动的盲目性和不科学性，是资源开发过程中的系列配套工程建设同地质环境间的不协调。例如，平原与滨海区城市地面沉降和岩溶区的地面塌陷多是过量抽取地下水引起的；许多矿山城市发生的塌陷是采空区失稳造成的；大量的滑坡、泥石流是因移动土石破坏了天然岩土体平衡。

9.1.2.3 环境地质灾害规模小、密度大、频率大，危害性严重

这里所说的环境地质灾害规模小、强度低是指与同类型自然地质灾害的单次灾害相比较而言的。众所周知，一次火山爆发、一场大地震等释放的能量和对地质环境所带来的变化都是资源开发活动无法比拟的。这也就是人类只能减轻自然灾害的危害，而无法制止自然灾害的根本原因。例如，水库诱发地震远较天然地震强度低、规模小、破坏性小；又如除极特殊情况外，诱发型滑坡、崩塌和泥石流均小于天然形成的同类灾害等。如矿山泥石流的发生部

位主要是坡地和沟道，坡面上发生的泥石流主要是指弃土、石、渣的渣山上和松散土体的堆积坡面，其规模以坡面长度而定，但最大面积也不过只有几十到几百平方米；发生在沟道的泥石流大部分是由原先的冲沟、老冲沟、切沟等，经过修路、采石等，改变了原来的形状，堆积了大量的、松散的弃土、石、渣，使其畸变所致，因而，其面积均较小。

密度大是指环境地质灾害发生的群集性，与人类活动的集中程度相联系，并呈正比关系。环境地质灾害分布的密度很大，集中性很强。

环境地质灾害较自然地质灾害频率大、危害性严重的主要原因有以下几方面：①人类开发资源活动的广度和速率在许多情况下超过了自然力，而且超越了自然地质灾害发生的区域性规律。这也就是说，在许多不能发生某自然地质灾害的地区可发生环境地质灾害。②环境地质灾害多发生在人口集中、社会经济发达的地区，故其危害性很大。这是因为灾害造成的损失除受其类型、规模控制外，同时还与当地社会经济情况有直接关系。如神府东胜矿区，1989 年 7 月 11 日，一场暴雨在乌兰木伦河形成了含沙量高达 1360 kg/m^3 的泥石流过程，淤平坑井 11 处和露天矿坑 9 处，其中马家塔矿，泥沙淤积厚度达 6～7 m，折合为 15 万 m^3，泥石流冲毁两岸矿堤 1870 m，水浇地 600 亩，路基挡墙 60 m，铁轨悬空，中断行车一个多月，加之其他机具材料等，直接造成经济损失 2000 多万元。

9.1.2.4　环境地质灾害具有可控和可预测性

环境地质灾害主要是人类资源开发和工程建设活动引起的，其起源于人类活动，从而决定了它的人为性，这是环境地质灾害不同于其他地质灾害的根本所在。显然是可以预防和控制的。在科学技术高度发达的今天，人类一方面藐视自然力；另一方面因社会或经济原因忽视自然力，导致环境地质灾害频发。如矿山泥石流是人为开发利用资源过程中忽略环境问题的后遗症之一，是先布局生产部门、交通线路，吸引居民集中，而后由于环境建设的滞后性，泥石流暴发，所以说矿山泥石流是可控和可预测的，应以防为主，开采前的总体规划、环境建设意识是非常重要的。自然泥石流是客观存在的，在泥石流易暴发区，开展经济建设、修筑交通线路、城市化扩建过程中必须考虑这一因素，应以治、避、防为主。但在自然界中，自然泥石流的暴发也常常受人为干扰而加重，矿山泥石流暴发的基础是脆弱的生态环境，二者并非绝对的不同，而是相互联系的。

9.1.3　环境地质灾害的主要类型

根据环境地质灾害发生的地质原因，可将其分为以下几种。

9.1.3.1　地表岩土赋存环境变异引起的环境地质灾害

人类大规模的资源开发和工程建设活动，即进行大量的土石方工程，无疑要改变岩土的天然状态、赋存环境和地貌形态，破坏应力状态和岩土结构，使其卸荷或超载荷失稳和耗损，从而可以诱发各种环境地质灾害，这种类型的灾害主要包括滑坡、崩塌、泥石流和塌陷等。它们主要是在开发矿产资源和道路、堤坝、运河、飞机场、城市建设等工程建设过程中发生的。

9.1.3.2　地层结构变异诱发的环境地质灾害

由于人类开采地下矿产和能源资源、过量抽取地下水，强烈地改变着地层结构，形成了大面积的采空区，岩、土层失去支撑力，而发生一系列环境地质灾害，这种类型的灾害主要是地面沉降、地裂缝、沉积层湿陷或压缩导致的地基失稳，以及采矿中的地下突水等。

9.1.3.3 载荷超压引发的环境地质灾害

这类灾害以水库诱发地震、注水诱发地震及一些超大型滑坡等为代表。它们是人类资源开发和工程建设活动使处于临界状态的自然环境发生急剧变化而发生的灾害。如水库诱发的地震，它与修建地区的地质环境、坝高、库容及蓄水时间和状态等工程因素有密切的关系。

9.2 地面沉降和地裂缝灾害

地面沉降和地裂缝是由人类超量开发地下资源或地面负荷超压作用而引起的地面降低和张裂的环境地质灾害。在许多情况下，地面沉降和地裂缝是相伴而生的，在地面沉降的同时可以引起周围区域地面的张裂，有时，地裂缝出现是地面沉降的预兆。地面沉降和地裂缝灾害尤以滨海平原和内陆河谷盆地的城市过量开采地下水者为主，如墨西哥城、东京、大阪、上海、天津、西安等。近年来，随着城市化的发展、城市规模的扩大，各大中城市都处于巨大的人口压力之下，地下水的过度抽采更为严重，导致大部分城市出现地面沉降和地裂缝，在沿海地区还造成了海水入侵。地面沉降和地裂缝还导致了许多地表建筑和地下设施的破坏。据统计，我国因地面沉降和地裂缝导致的直接经济损失每年在数十亿元以上。

9.2.1 地面沉降和地裂缝定义

地面沉降是指在一定的地表面积内所发生的地面水平面降低的现象。地面沉降涉及的范围常达数平方千米、数千平方千米甚至上万平方千米。沉降地面的宏观形态似碟形，主要呈垂直沉降，有时在水平方向上也发生蠕动。作为灾害，地面沉降的发生有着一定的地质原因。但是，随着人类社会经济的发展、人口的膨胀，地面沉降现象越来越频繁，沉降面积也越来越大。在人口密集的城市，地面沉降现象尤为严重。在研究地面沉降的原因时，不难发现，人为因素已大大超过了自然因素。地面沉降是典型的人类资源开发活动诱发的环境地质灾害，尤其在滨海平原和内陆河谷盆地的城市，由于过量开采地下水导致的环境地质灾害最为严重。

地裂缝是呈一定方向延伸的线状地面裂开或塌陷，在形态上可呈直线状、弧状、锯齿状、雁列状、放射状等，延长距离从数十米、数百米至数十千米。

地裂缝主要有张裂缝和剪裂缝，它们都与开采地下水或石油而导致的地面沉降有密切的联系。张裂缝，即地面上水平张开的裂缝。它没有剪切运动分量。最长的张裂缝带长 3.5 km，但几百米的较为常见。裂缝因冲蚀而加宽，常形成 1～2 m 宽的地沟。据测量，最大张开深度为 25 m，但 2～3 m 的比较普遍。剪裂缝，即垂直于地面做剪切滑动的裂缝，是由抽取地下流体而形成差异沉降所致。其形态酷似正断层，因而容易混淆。它们的差别在于：是否存在季节性蠕滑，或蠕滑运动是否随地下水位波动而变化；是否存在断裂活动与抽取地下流体之间的相关联系，以及断裂错动是否局限在被开采的含水层深度内。这类地裂缝最长达 16.7 km，地表断坎最高可达 1 m。

9.2.2　地面沉降和地裂缝的成因分析

9.2.2.1　地质原因

从地质因素看，自然界发生的地面沉降和地裂缝大致有下列四种原因：①地表松散地层或半松散地层等在重力作用下，在松散层变成致密的、坚硬或半坚硬岩层时，地面会因地层厚度的变小而发生沉降；②因地质构造作用导致地面凹陷；③地震导致地面沉降和地裂缝形成；④黄土湿陷和隐伏岩溶区塌陷引起。

湿陷性是黄土的特殊工程地质性质。我国黄土广布，有许多城镇位于黄土地区。诱发性黄土湿陷，指人类活动引起地下水位抬升导致的黄土湿陷，其直接危害是造成的建筑物地基失稳而发生破坏，以及破坏道路、地下管线等市政设施。例如，兰州西固区曾发生地下水水位升高，造成了大面积黄土湿陷，许多建筑物遭破坏。又如，西北民族学院主楼曾因管道漏水流入地下，发生主楼地基黄土湿陷，地坪悬空 40 cm，直接经济损失 10 万多元。

9.2.2.2　过量抽取地下水

地下水主要赋存于地下黏土层矿物颗粒间和裂隙中，形成较大的内压，支撑住上覆地面的重量。若过量抽取地下水，使矿物颗粒间和裂隙中的水吸出，孔隙内压力减小，有效应力增大，砂和黏土层等的密度也将增大，体积缩小，导致地面下沉。

超量开采地下水，对于受地表水补给的浅层地下水会发生累积性的纯水位下降，导致地面沉降；对于封存于地下深处无现代补给源的深层地下水，开采的是其弹性储量（靠含水层的弹性压力和孔隙水的弹性膨胀释放的水)，因此必然会造成不可自然恢复的水位损失和地面沉降，地下水资源的超量开采主要是由水危机和区域水资源短缺造成的。水危机包括气候的干旱化趋势、区域降水量和当地可供水量的减少、人口和经济的迅速增长所需水量的猛增。因此，在区域空间内人口和经济发展与自然环境的不相协调是引起地下水位灾难性下降的根本因素。并且人为因素导致的陆地地面沉降，又造成了海平面的相对上升。

此外，我国岩溶分布面积约 200 万 km^2，其中覆盖岩溶区近 80 万 km^2，岩溶区地面塌陷危害很大。引起岩溶区地面塌陷的根本原因是过量抽取地下水，或矿山疏干排水与矿坑突水。

9.2.2.3　开采地下石油、天然气、地热和固体矿产资源

开采地下石油、天然气等，造成地下压力亏损，引起地面沉降。与地下水相似，石油和天然气原来充满岩石裂隙，形成内压，支撑上覆地面的重量，经抽吸后岩石内压力骤减，原应力平衡遭到破坏，地面沉降是新平衡建立的结果。开采石油、天然气引起的地面沉降幅度一般小于由过量抽吸地下水所造成的地面沉降幅度，其原因是开采油气深度较大，含油气岩石的孔隙度一般小于饱和地下水的岩土。当采油、气深度小于 1000～2000 m 时才会引起地面沉降。著名的加利福尼亚长滩市地面沉降就属于这一类。

9.2.2.4　地面负荷增大

修建水库、人工湖泊、高层建筑物等都能导致地面沉降。由地面负荷增大而引起的地面沉降幅度较小，沉降地面的范围可超过承载地面范围的 2～3 倍。

9.2.3 地面沉降和地裂缝灾害特点

9.2.3.1 地面沉降灾害特点

（1）渐变累积性 与地震、泥石流等突发性地质灾害不同，地面沉降是缓变的、潜在的地质灾害，其最终的结果是不断累积的。如上海市区，1921 年前地面无明显沉降现象。从 1921 年发现地面沉降后，市区地面沉降现象日益明显。1921～2000 年的 80 年内，上海市中心城区约平均累积下沉了 1.892 m，平均每年累积下降 23.650 mm，最大累积沉降量达 2.630 m，沉降面积约 400 km^2。

（2）人为性 地下水开采是引起地面沉降的主要原因。据研究，上海市区 1921～1948 年地下水开采量逐年增加，地面沉降日趋明显。1949～1961 年地下水开采量急剧增加，地面沉降严重加剧。20 世纪 90 年代以前，上海市施工量较少，地面沉降的主要原因为抽采地下水。20 世纪 90 年代以来，上海跨入发展新时期，到 2000 年年底上海共有高层建筑 3529 幢，这一时期工程施工对地面沉降的影响约为 32%。

（3）阶段性 地面沉降灾害的人为性使其具有显著的阶段性。如上海市区，1921～1965 年为地面沉降失控的快速沉降时期，其间经历沉降明显、沉降加快、沉降剧烈、沉降缓和几个阶段；从 1966 年开始为控制地面沉降后的缓慢沉降时期，其间经历了微量回弹、微量沉降、沉降加速等阶段。

（4）可控性 地面沉降灾害的人为性和发展的阶段性又使得其表现出一定的可控性。如上海市区，由于采取限制和压缩地下水开采措施，地面的严重沉降逐年得到缓和；在采用推广地下水人工回灌措施后，地面沉降得到初步控制，并出现微量的回弹。但是，20 世纪 90 年代后建筑工程猛增，大量的基坑开挖、井点降水，又致使地面沉降加速。

9.2.3.2 地裂缝灾害特点

地裂缝的发育分布规律决定了地裂缝灾害的特点，是确定地裂缝产生机理和对建筑物影响程度的主要依据。

（1）成带性 这是地裂缝灾害分布最主要的特征。沿地裂缝走向，在建筑物上具有明显的带状分布，这就是追随于地裂缝带，在一定宽度范围内灾害具有在不同类型建筑物上连续显示的特点。

（2）灾害的不可抗拒性 灾害调查证明，凡地裂缝通过的地方，建筑物无论新旧、材料结构类型如何，最终均被破坏，无一幸免；位于地裂缝带上的建筑物无论怎么加固，都抗拒不了地裂缝的破坏。

（3）方向性 地裂缝带内建筑物开裂、变形形态和发育趋势均具有方向性。①地裂缝引起建筑物开裂的顺序通常是自下而上发展，标志着地裂缝对建筑物的影响是由下而上传递的。②建筑物开裂形态与地裂缝倾向及活动方式有关。

（4）周期性 地裂缝活动具有周期性。如河南构造地裂缝的活动周期与太阳黑子活动周期一致，而且发生在谷年附近。对大同地裂缝短周期观察发现，一年之内，每逢枯水期，地裂缝活动速率明显增加 4～5 倍。

9.2.4　地面沉降和地裂缝

地面沉降灾害是一种潜移默化、宏观上不宜察觉的迟缓型环境地质灾害，但其危害与影响却很大。特别是在大城市，由于地下水连年超采，形成大规模的地下漏斗，地面沉降异常严重；加之大城市人类活动和市政建设均很集中，这进一步加大了地面沉降灾害的危害程度。

在沿海地区，大量开采地下水导致地下水位大幅度下降，海水侵入沿岸含水层并逐渐向内陆渗透，这种现象被称为海水入侵。海水入侵的直接后果是地下淡水受到海水的污染、沿岸土地盐碱化、水源受到破坏。从 20 世纪初欧洲首先发现海水入侵到现在，人类居住的五大洲都先后发生了海水入侵。我国从 20 世纪 60 年代初开始，自大连、宁波等个别城市直到现在整个东部沿海地带都发生了海水入侵。目前大连市的一些水源地的 Cl^-含量已经高达 1300 mg/L，水源地已面临被废弃的危险。

世界上许多国家地面沉降灾害十分严重。在美国，地面沉降已经有遍及 45 个州，超过 44030 km^2 的土地受到了地面沉降的影响，相当于新罕布什尔州与佛蒙特州的总和。由此引发的经济损失更是惊人：仅在圣克拉拉山谷，沉降所造成的直接经济损失在 1979 年大约为 1.3 亿美元，到了 1998 年则高达 3 亿美元。美国著名港口城市长滩市，1936～1968 年的 33 年中，下沉了 9.57 m；休斯敦市因地面不均匀沉降毁坏了几百座大楼。日本沉降范围超过了 8000 m^2，其中 1000 m^2 已沉至海平面以下。东京 90%以上地面逐年下沉，部分地区已降至海平面以下，引起海水倒灌，仅修筑防潮堤就花费了 820 亿日元；在大阪和新潟等地地面严重沉降，严重降低了预防台风和洪涝灾害的能力。著名的“水上城市”威尼斯由于地面沉降，目前平均海拔仅有 1 m，一年中有 30～40 次潮水泛滥，最严重的是整个城市全被淹没，如此下去，100 年后全城将沉入海底，沦为“海底宫殿”。

2005 年召开的中国地下水资源与环境调查成果通报会上透露，我国有 50 多个城市在不同程度上出现了地面沉降和地裂缝灾害，沉降面积扩展到 9.4 万 km^2，出现地下水降落漏斗 180 多个，总面积约 19 万 km^2。发生岩溶塌陷 1400 多起，海水入侵面积逐年扩大，北方土地荒漠化面积有所增加。

在北京市，地下水严重超采，引起 600 km^2 之多的地面沉降，超过 10 cm 的面积达 190 多 km^2，最大累积下沉量已达 59 cm。上海市在 1921 年发现地面沉降，到了 1965 年以市区为中心的 300 km^2 的沉降区已形成碟形洼地，44 年沉降了 1.6 m，最严重处下降了 2.63 m，位于该区域的一座酒楼一层已下陷为地下室，不少地下污水管道渐低于黄浦江水位，致使雨季排水不畅。从 1965 年开始治理，略有反弹，1985 年停止反弹，反而又有下沉。地面沉降灾害造成上海市潮水侵岸，建筑倾斜，地下管道毁坏，严重危及城市建设、工业生产和居民生活，目前整治地面沉降已投入数亿资金。

在华北平原，根据河北省的水准测量资料，整个华北平原都存在着下降的趋势，在大范围下降背景上，又存在着许多大小不同的沉降中心，并且在 20 世纪 60 年代以后，下降速率有逐渐加快的趋势。天津市沉降区是河北平原上最大的沉降区，自 1970 年到 1988 年天津市中心的累计下降量达到 1.56 m 以上，面积超过了 5700 km^2，中心的下沉速率均匀，平均约为 –87 m/a。1985～1991 年，天津市采取了许多控沉措施，地面下沉得到了控制，部分区域地面开始回升。虽然天津市区控沉工作取得了一定的成效，但有大量的资料显示，天津外围广大的平原地区地面沉降灾害影响面积在逐年增加，形成了一个以天津为中心开口向渤海湾的大型沉降漏斗区。

据 2005 年《长三角地区地下水资源与地质灾害调查评价》披露，长江三角洲区域内 1/3 范围内累计沉降已超过了 20 cm，面积近 10000 km^2。在浙江省沿海地区，地面沉降面积合计约为 15000 km^2。截至 2003 年，宁波市区地面沉降面积已经超过了 190 km^2，沉降中心累计沉降量 48.9 cm。

到 1985 年年底，西安市沉降累积超过 5 cm 的范围达 200 km^2，致使 2000 多幢房屋不同程度损坏，大雁塔已向西北倾斜 1 m 左右。1988 年 8 月 28 日，大同市新荣区唐山沟煤矿附近，由于煤矿采空区冒顶，发生突发性地面沉降，面积超过 3000 m^2，深度 1～5 m，倒塌房屋 14 间，死 2 人，伤 4 人。

自 1976 年以来，西安市发现了北东东向斜过市区的 13 条地裂缝。据不完全统计，地裂缝通过之处，已造成 337 幢房屋破坏，221 处市政设施损坏，严重危及城市的安全。许多研究表明，西安地裂缝是自然和人为叠加作用的结果。在历史上一直存在，时隐时现，呈间歇性的周期活动，其主控因素是地质构造和现代区域引张应力场的作用，同时叠加了近期城市过量抽吸地下水的作用，激化和加剧了地裂缝的发展。

9.3 诱发性滑坡、崩塌灾害

9.3.1 滑坡和崩塌的相关概念

9.3.1.1 滑坡的概念

广义的滑坡定义为形成斜坡的物质——天然的岩石、土、人工填土或这些物质的结合体向下和向外的移动。国外一直流行着广义的滑坡概念。但是自 20 世纪 70 年代以来，广义的滑坡概念逐渐地被“斜坡移动”、“块体运动”等概念所代替，它包括坠落、崩塌、滑动、侧向扩展和流动五大类型。

狭义的滑坡是指构成斜坡的岩土体在重力作用下失稳、沿着坡体内部的一个（或几个）软弱面（带）发生剪切而产生的整体性下滑现象。沿特定的面或组合面产生剪切破坏的斜坡移动。

滑坡的内涵体现以下特点：①滑坡体的物质成分就是那些构成斜坡坡体的岩土体，而不是斜坡坡面上的其他物质；②滑坡是发生在地壳表部的处于重力场之中的块体运动，产生块体滑动的力源是重力，当块体的重力沿滑动面（带）的下滑分力大于抗滑阻力时，一部分斜坡体即可脱离斜坡（母体）发生顺坡滑动；③滑坡下部的滑动面（带）是发生滑坡时应力集中的部位，斜坡坡体在这一位置上发生着剪切作用；④坡体内同时发生滑动剪切的软弱面（带）不止一个；⑤整体性是滑坡体的重要特征；⑥滑坡是包含滑动过程和滑坡堆积物的双重概念。

9.3.1.2 崩塌的概念

在陡峻的斜坡上，巨大的岩体、土体、块石或碎屑层，在长期的重力作用下向坡下弯曲，最终发生断裂，突然发生急剧的倾倒、崩落等现象，在坡脚形成倒石堆或岩屑堆，这种现象称为崩塌。它的运动速率很快，一般为 5～200 m/s，有时可以达到自由落体的速率。崩塌的体积大小不同，从小于 1 m^3 到若干亿立方米。

斜坡上的岩土体已有变形迹象，但还没有崩塌坠落下来，称为危岩。显然危岩是崩塌发生前的称呼。

9.3.2 诱发性滑坡、崩塌的形成条件

9.3.2.1 滑坡、崩塌形成机制

滑坡和崩塌的形成必须具备复杂的构造岩性条件、适当的地形条件、促使滑坡和崩塌发生的外动力条件（如岩土层中的水分含量、暴雨、剧烈的温度变化等）。这些要素的有机组合，最终导致坡面岩土体下滑力大于抗滑强度，使滑坡、崩塌发生。二者的对比关系可用稳定系数 K 来表示

$$K = \frac{抗滑阻力}{下滑力} = \frac{N \cdot \mathrm{tg}\varphi + C \cdot A}{T} \tag{9-1}$$

式中：$N = G \cdot \cos\theta$; $T = G \cdot \sin\theta$；G 为下滑岩土体重力；θ 为坡面的坡角；C 为黏结力（kg/cm^2）；A 为下滑岩土体与坡面的接触面积（cm^2）；φ 为坡面下滑岩土体的内摩擦角。

在理论上，当 K=1 时，斜坡面上的岩土体处于极限平衡状态；当 K<1 时，斜坡面上的岩土体处于不稳定状态；当 K >1 时，斜坡面上的岩土体处于稳定状态。但在工程上，一般采用 K=2～3 为安全系数。

9.3.2.2 诱发性滑坡、崩塌发生的触发因素

资源开发和工程建设，进行大量的土石方工程，对地表可以产生大的扰动，在短时间内可以使地貌形态发生大的变化。在很大程度上，有利于滑坡、崩塌的发生。第一，通过开挖边坡、堆积弃土石渣改变地形条件和物质结构。如斜坡开挖从坡脚扩展到全断面，经常形成高而陡的斜坡坡面，为滑坡崩塌创造了地形条件。第二，在一些坡脚容易形成滞水洼地，使水渗入坡体。另一些临河边坡，岸边丁坝设置不当或无丁坝，致使河水直冲河岸，水侵和水渗坡脚岩土层，促使滑坡、崩塌发生。第三，大型机械化施工和强大的爆破震动，改变了坡面岩土层结构，降低了抗剪强度，削弱了抗滑段，破坏了坡体的完整性。第四，在一些库坝周围，由于水库蓄水，水位抬高，对库区周围坡地造成不同程度的水分浸湿和饱和，降低了坡面抗剪强度，增大了坡面块体的下滑力。第五，在一些斜坡上，由于堆放材料、修建筑物、弃土石渣等，这些人为加载使斜坡上的岩土体超载，增大了坡体的重量，使下滑剪切力加大。

9.3.3 诱发性滑坡、崩塌

统计资料表明，滑坡是仅次于地震对人类威胁最大的地质灾害。如日本建设省公布的资料表明，1969～1972 年，死于滑坡灾害的人数占死于全部自然灾害人数的百分比分别为 50%、26%、54%、44%。1958 年史密斯估计美国平均每年滑坡灾害损失达数亿美元；而美国加利福尼亚州矿山与地质局估计，1970～2000 年该州因滑坡造成的损失达 100 亿美元，平均每年达 3 亿美元。除了美元变价因素外，主要说明，随着人类活动的扩展，滑坡造成的损失在急剧增加。有人曾估计全球滑坡有 70% 是人类活动引起；美国尼尔森等指出，加利福尼亚州康错考斯塔郡将近 80%滑坡与人类活动有关；布立格兹等认为，宾夕法尼亚州阿利享郡的滑

坡 90%由人类活动引起。

我国是一个多滑坡的国家，由滑坡造成的损失相当巨大。如四川 1981 年暴雨季节全省发生了 6 万多个滑坡，其中有 4.6 万个滑坡造成了直接或间接损失。举世闻名的甘肃洒勒山滑坡造成了四个村庄破坏，数百人丧生。长江西陵峡的新滩滑坡，致使新滩镇毁灭，毁船 77 艘，船工伤亡 17 人。在 1996 年 5 月 31 日和 6 月 3 日，发生在云南元阳县老金山金矿开采区的两次大滑坡，造成 82 人死亡，77 人受伤，144 人失踪。人类活动诱发的滑坡也多不胜数，如成昆铁路的铁西滑坡、柘溪水库的塘岩光滑坡等，又如黄河某水电工程 1989 年汛期，大坝底孔放水引起的水雾犹如暴雨，致使下游冲刷坑岸坡 10 万多 m^3 岩体发生滑坡，幸好未造成经济损失。

大部分滑坡是人类工程活动诱发的，只有人类自觉地在工程活动中注意防治滑坡，才能减轻滑坡灾害，大量的经验教训都说明了这方面问题。如勒顿曾估计，对美国的加利福尼亚州，通过采取多种预防措施，能使滑坡造成的损失减少 95%～99%。

崩塌与塌陷也是人类移动土石常见的诱发灾害类型。一般来说，地表移动土石可引起崩塌，但规模都较小。如我国新闻部门多次报道农田水利和公路施工中发生岩土崩塌致使发生人员伤亡的事件。只要科学地组织施工，这类崩塌灾害就完全能避免。地下移动土石既可引起崩塌，又可导致塌陷。以地下采矿引起的这类灾害规模大，轻者破坏土地资源，严重者造成生命财产损失。如湖北远安盐池河磷矿因地下采空区扩展而引起的大规模崩塌，不但使矿山地表设施遭毁，而且 289 名人员死亡。又如江西盘古山钨矿发生的全矿性大规模崩塌，数小时内 373 个采空场岩壁相继倒塌，万余米巷道随之报废，地表山崩地裂，四个开采中段及其采矿工艺系统毁于一旦，迫使全矿停产，恰遇工休，数百名职工幸免劫难。地下工程失事引起的地面塌陷也是一种不容忽视的诱发灾害。如我国郑州、大连等许多城市都存在地下人防工程破坏导致地面塌陷的实例，轻者造成经济损失，重者引起人员伤亡。例如，日本东京地铁施工引起地面突然出现大陷坑，致使 4 辆机动车落入坑中。

9.4 矿山泥石流灾害

9.4.1 矿山泥石流的相关概念

泥石流是脆弱山区，介于携沙水流与滑坡体之间的土、水、气混合流。但由于气体含量甚微，可略而不计，故一般视为两相流。根据定义，结合泥石流运动特性及破坏程度，可将泥石流描述为：泥石流是山区常见的一种自然现象，是一种含有大量泥沙、石块等固体物质、突然暴发、历时短暂、来势凶猛、具有强大破坏力的特殊的固液两相流。它是各种自然因素和人为因素综合作用的产物。

矿山泥石流是矿产资源开发过程中，环境建设滞后的产物。可将其定义为：在一些生态环境脆弱、地形陡峭、岩层疏松的丘陵山区，由于大规模地集中开采矿产资源，为泥石流的形成提供了大量的松散固体物质，加大了地面坡度，使非泥石流沟演化为泥石流沟，泥石流少发区转变为泥石流多发区，形成了新生的泥石流——矿山泥石流。

9.4.2　矿山泥石流的形成条件

矿山泥石流是泥石流研究领域的一个重要分支学科，其形成条件当然与其他类型的泥石流相同，只是其的诱发作用力不同而已。泥石流的形成要具备三大要素：固体物质基础、地貌条件、动力条件。

9.4.2.1　固体物质基础

固体物质是泥石流的主要组成部分。固体物质来源的多少，控制了泥石流的规模及类型。一般来说，泥石流中的固体物质可分为两类，一是基岩风化碎屑物；二是松散堆积物（如洪积、冲积、人工废弃物）。矿山泥石流形成的固体物质主要来自矿区建设直接排放的废土石渣及工程建设导致地形条件变化所提供的侵蚀堆积物。矿区建设过程中人为直接补给是指采矿、修路、开采建筑材料所导致的人为固体松散堆积物。间接补给是指资源开发破坏了原有的地貌形态，多数情况是加大了地形坡度，使崩塌、滑坡增加，土壤侵蚀加重，扩大了泥石流固体物质的来源。沟谷基岩开采，建路劈山掘石，不仅造成了大量的弃土弃石，还降低了侵蚀基准面，加大了沟坡坡度或沟床比降。

9.4.2.2　地貌条件

地貌是形成泥石流的必要条件。沟道流域是泥石流的活动场所，坡地是提供固体物质的源地，沟道是泥石流暴发能量集中、消亡的调节纽带，沟道形态是泥石流暴发的决定性因素。它们不仅影响泥石流的流速、流态，还可以控制泥石流的规模及灾害程度。在泥石流形成的三个基本条件中，地貌条件是相对稳定的，在自然状态下变化是缓慢的，但在大规模的人类资源开发过程中，其变化速率是很快的。同时在泥石流活动过程中，也具有再塑造的作用。一般来说，影响泥石流暴发的地貌条件主要是沟床比降、沟坡坡度、给养面积和沟谷形态等。沟床比降是流体由位能转变为动能的底床条件，一般来说，泥石流沟床比降越大，则越有利于泥石流的发生，反之亦然。泥石流沟的沟床比降为 50‰～300‰，最有利于泥石流形成和运动的沟床比降为 100‰～300‰。沟谷内沟坡的陡缓直接影响泥石流的规模和固体物质的补给方式与数量。沟坡较陡的沟谷内，崩塌、滑坡的规模较大，且形成泥石流的规模也大。泥石流的形成不仅需要丰富的固体物质，还需要流量大、流速快的水动力条件，就需要有较大的给养面积。泥石流沟谷因泥石流类型和发育阶段不同而具有多种形态。其中漏斗状和勺状为典型的泥石流沟谷形态。这种流域形态大多有泥石流形成、流通和堆积等三个区段，是发育比较完善的泥石流沟谷。

9.4.2.3　动力条件

水不仅是泥石流的组成部分，也是泥石流的搬运介质，水在泥石流暴发中有三大作用：①流域面上降雨径流造成坡面侵蚀，使固体物质汇集到泥石流沟内，造成固体物质的富集，侵蚀切割泥石流沟使泥石流沟道两侧的岩体或土体失稳，从而促成了崩塌或滑坡等，水还可浸入岩体或土体，使它们与下伏岩层之间的摩擦系数减小，使岩体或土体滑坡；②水使固体物质饱和液化；③水是泥石流暴发的主要动力。

9.4.3　矿产资源的开发利用与矿山泥石流

9.4.3.1　矿产资源的开发方式与矿山泥石流

人类开发利用矿产资源的发展历史，在某种程度上改变了矿产资源的分布格局。矿产资源的开发方式还因矿种的不同而变化。目前，我国的采矿方式可分为地下采矿和地表采矿两种。

地下采矿主要是指矿井和矿坑取矿的方式。如神府东胜矿区的地下采煤的方式主要是平洞式和斜井式。地下采矿一般没有地表采矿那么显眼。它们扰动紧邻主要矿井的地表区域相对较小，挖出的废物可以堆积在矿井的进口附近，但对大多数地下采矿而言，坑道是尽可能紧随矿体延伸的，这样可使得移出的非矿体岩石的量减到最低程度，从而也使采矿成本降到最低。采矿活动结束时，可以封死矿井，矿区常恢复到采矿前的状态。因而，它对矿山泥石流的形成，无论是物质来源，还是地形条件的改变，都影响不大。但是，当坑道支柱腐烂或地下水通过溶解扩大地下溶洞时，废弃多年的地下矿井就会塌陷，会造成大面积的地面沉陷的环境问题。

地表采矿是指剥离露天采矿或挖坑露天采矿。剥离露天采矿大多用于煤的开采。如神府东胜矿区的煤资源，大部分是露天开采；铁矿也可采用露天开采，如我国海南岛的石碌铁矿，每年开挖 4 万 t 矿石，已连续几十年，澳大利亚西部露天开采的铁矿规模更大；对于一些大的三维矿体位于近地表时，主要是采用挖坑露天开采。这两种露天开采方式，都会造成地表形态的永久改变和堆积大量的废弃物，促使矿山泥石流发生。如神府东胜矿区的武家塔露天煤矿，在一条深约 50 m 的支沟下游，直接引水改道，使原沟道变为干沟，直接在沟床部位掘坑，将挖掘的覆盖层移至另一沟道，形成了填沟造山之势，使沟道填满，并形成了多座人造山体，遇暴雨沟水冲刷、渣山滑塌，形成矿山泥石流。神府东胜矿区的活鸡兔露天煤矿是典型的区域剥离露天开采，将大量的剥离物堆积于河道两侧，逐渐堆高，直逼水路，使河岸左右摆动，掏蚀两岸，遇暴雨两岸堆积体崩塌，形成泥石流。

9.4.3.2　矿产资源的利用程度与矿山泥石流

从人类发展的历史来看，对矿产资源的利用程度，不但反映当时人类科学技术的水平，而且从某种意义来看，也是人类社会发展阶段的划时代的重要标志。中华人民共和国成立以来，我国矿产资源的开发取得了很大的成就。但是，由于我国经济发展水平和科学技术水平的有限性，一些矿产资源的利用程度和废旧利用水平不高，许多伴生矿产作为弃渣成为矿山泥石流的物质补给源；在从矿石提炼金属的过程中，矿石需压碎或磨碎，残留的废物或尾矿，最终在处理工厂附近堆积起来，也成为矿山泥石流的补给源；再加之有许多矿产属贫矿，所形成的弃土、石、渣量更为庞大。矿渣的废旧利用率低，所以矿渣是矿山泥石流提供物质的又一物源。

矿产资源开采的行政管理体系和矿产资源开采法是近几年来才逐步完善的。在改革开放的初期，我国的乡镇矿业发展很快，据不完全统计，截至 1986 年年底，全国就有 12 万多处，而这些采矿业，无论在采矿技术上，还是矿产提炼分选等技术上，都是非常简单的，技术设备落后，因而，矿产的利用率很低，废弃的矿渣、土、石更多。这些乡镇矿业缺乏总体规划布局，分布零散，弃土、石、渣堆放不规范，是导致矿山泥石流暴发的又一主要根源。

9.4.3.3　矿区建设与矿山泥石流

矿产资源的开发并非是单一的产业结构，而是随着矿产资源的开采，一大批配套企业（如洗煤厂、发电厂等）相继上马；资源的外运需建立四通八达的交通网络；人是资源开发的主力，随着资源的开发，形成了一个大的社会群聚体，矿区的生活基础设施、文化设施等必须相随而上，这样就需要大量的建筑材料，开采大量的土石方，其中废弃的土、石、渣就会大量增加，为矿山泥石流的暴发提供了充足的物源。

9.4.4　矿山泥石流

矿山泥石流源于矿产资源的开采，并随着开采规模的扩大、强度的加大而加重。根据我国矿产资源的分布特征和组合特点，从而可以得出我国矿山泥石流主要分布在北部、西部地区，在东南丘陵山区也有零散分布。尤其以大型的露天开采矿区最为集中。

辽宁阜新海州露天煤矿，是 1953 年 7 月投产的，总面积达 30 km^2 有余，设计开采深度为 350 m 的大型煤矿，除存在大量的弃土、石、渣外，由于煤层及其顶、底板呈 18°～25°的单斜构造，属倾向采矿场，而岩性软弱的页岩夹层，层间内摩擦角为 13°～18°，明显小于煤层倾角，具有很强的欲滑趋势，矿山部门忽视这一严重情况，违反边坡稳定性规律，边坡设计不合理，致使已经具备失稳条件的软弱层临空失稳，结果在大雨或融雪水的作用下，形成了典型的矿山滑坡泥石流，以后又多次发生，严重地威胁矿山安全。

四川省的攀枝花地区矿产资源极其丰富，国家、地方、群众都在进行开采。在矿山建设中，破坏森林植被，加上矿山开采技术落后，有的矿山露天开采，弃渣不做处理，甚至有的乱挖、乱采破坏山体，遇暴雨常常发生泥石流。如 1981 年，会理县就有 15 个矿区暴发了泥石流；宁南县的银厂沟，因群众开采锡矿，年年发生泥石流，不但直接影响矿区，还危害下游交通，淤埋附近大片农田。

盐井沟位于四川省冕宁县境的成昆铁路沿线，1970 年由于泸沽铁矿的开采，排土弃渣改变了原沟谷的地形和固体物质条件，从而使衰亡了的泥石流重新复活，多次暴发了较大规模的泥石流。

大格排土场是福建省潘洛铁矿潘田矿区的一个高阶段排土场，它紧邻采矿场地，排土场地形陡，矿渣含有大量的云母成分，当地降雨量高，断层发育。1983 年 11 月 13 日在暴雨的激发下暴发了泥石流。

1990 年 5 月 31 日，四川省会理县炭山沟泥石流，给沟内及沟口的四川凉山彝族自治州益门煤矿造成了严重灾害。泥石流致死 31 人，3 人失踪，29 人受伤，摧毁房屋 16 幢，堵塞公路桥梁，淤埋、冲毁公路 2.4 km，堵塞采煤井洞 4 个，毁坏输水管道 1.2 km、输电线路 4.5 km、通信线路 1.9 km，淤埋原煤运输机道 1 条和职工食堂 1 个。泥石流冲出物入益门河后，堵河成坝，坝上游河水陡涨，由此而生成的次生洪水淹没炼焦窑 7 座、泥煤池 5 座、水泵房 1 个，原矿子弟学校宿舍区等房屋 47 幢，造成危房面积 1.2 万 m^2，淹损部分库存物资，流失原煤、焦煤、泥煤、洗精煤近 6500 t，直接经济损失 400 万元。炭山沟是一条老泥石流沟。在自然状态下，泥石流暴发频率很低，规模和危害均较小。而近几十年来，在沟内采煤等人类强烈经济活动作用下，松散碎屑物质剧增，极大地促进了泥石流的形成，使泥石流的形成因素由自然型转化为人为型，泥石流活动随着采煤弃渣等松散碎屑物质的积累而增强。1981～1990 年，该沟内就多次暴发泥石流，其中以 1990 年 5 月 31 日泥石流灾害最为严重。

山西省安太堡露天煤矿，因采用大型机械进行剥离、运输、排弃土石，岩土层组完全被破坏，原地貌形态已不复存在。同时，在高速采排进度下，新构成的排土场，岩土呈松散状，地貌形态独特，岩土的起动、搬运、堆积规律与原状土迥然不同，在连续暴雨条件下，弃土、石、渣达超饱和状态而发生坡面泥石流。

20 世纪 80 年代煤田的大面积开采以来，在神府东胜矿区暴发了规模不等、数量之多的泥石流。1993 年矿区大规模环境考察记录，从店塔到石圪台公路 80 km 的施工段，形成泥石流沟道 50 多条，5 年来暴发 200 多次泥石流；1997 年 5 月作者在上次调查资料的基础上，进行了详细的徒步考察量测统计，从店塔—石圪台 80km 长的公路两侧，4 年来泥石流沟道由 50 条增到 98 条，暴发泥石流 250 多次。在距大柳塔镇以南不足 600 m 的王渠沟，流域面积仅有 4.3 km^2，主沟道长 4.7 km，发育有百米以上的支沟 29 条，其中泥石流沟 10 条，累计形成区面积 0.85 km^2，占全流域面积的 20%，占全流域开挖面积的 90%。自 1992 年沟被开采以来，连年暴发泥石流。1993 年在临近公路的大海子村采石场发生较大规模的人为泥石流，形成区面积不足 0.2 km^2，沟长 370 m，落差 110 m，泥石流堆积物 3000 m^3，越过公路、冲毁农田 8 亩，逼近乌兰木伦河岸边，在公路上堆积厚 0.5～1.0 m，延伸达 200 多 m，致使交通中断、经济损失严重。在神木县的黄羊城沟，燕家也因修铁路弃土 20 万 m^3，东沟隧道向沟内倾倒弃渣 1500 m^3，1991 年 6 月 10 日、7 月 9 日暴发两次泥石流、淤埋 4.2 m 深的神府公路泄洪涵洞，冲毁公路多处，中断交通数日。在中鸡乡武家塔沟内，堆放大量弃渣，一次暴发泥石流过程冲出物达 7.5 万 m^3，堆积在公路及农田上。包神公路 14K+800m 处涵洞，修建在一支毛沟上，沟口为采石场，1994 年 7 月连降暴雨，使沟内弃渣充水饱和，在 7 月 22 日晚的大暴雨冲刷作用下，泥石流暴发，沙石冲进居民院内，8 户居民遭受灾难，经济损失达 10 万多元。矿区人为泥石流均分布在主河道两侧，泥石流冲出物直接注入河床，加之河床上堆积的弃土、弃渣，使河床过水断面缩小，抗洪能力大大降低，即使是中等水深洪水，也能造成很大灾害。在 1989 年 7 月 2 日，矿区上游骤降暴雨，3 h 降雨 120 mm，洪水漫岸，使沿河两岸的一些水利设施、交通线路及居民点、各大单位、工厂被冲毁，煤场的煤被冲走，马家塔露天矿惨遭淹没，大柳塔大桥漫水没顶而过，各种损失总计上千万元。据调查神木县店塔镇 1990～1997 年每年均有洪灾，因河床淤积，洪水泛滥，破坏交通线路及居民住房，维修费用每年大约 100 万元。

此外，我国海南岛的石碌铁矿山的渣山也发生过多次矿山泥石流。还有云南东川汤丹铜矿的排土场泥石流，江西永平铜矿露天采场排土场等。湖北省秭归县新滩滑坡与附近的煤炭开采也有一定的关系。威尔士的阿伯芬矿把高 180 m 的废石堆选在一个陡峻的小丘陡坡上，并且在泉水线上，形成的泥石流淹没了城市的一部分，毁坏了一所学校，使 150 多人丧生。

9.5　诱发性地震灾害

诱发性地震灾害是指由人类活动（如修建水库、采矿、废液深井处置、核爆炸等）诱发的地震所造成的灾害。

9.5.1　水库诱发地震

水库诱发地震是由水库蓄水后诱发的地震。水库诱发地震的特征主要有：①有地震的水库一般分布在构造活动带或岩溶发育的巨厚碳酸盐分布区；②地震活动与水库的水位呈正消长关系，在主震后期或蓄水后期，这种关系将变得不明显；③震源浅（几千米至几十千米深处），震级一般较小，地震波及范围较小；④一些水库地震与地下热异常区、热应力较高区在空间上、成因上有关，库区内常分布有温泉。

有关水库诱发地震的原因，一般认为是水库静压力改变了地下岩石原有应力平衡状态，诱发断裂发生或复活，伴以地震（构造型水库地震）；或在岩溶发育地段受库水重量作用，岩体或岩层局部失去应力平衡，发生岩溶塌陷，伴以地震（重力型或岩溶塌陷型水库地震）；或兼具上述两种成因的水库地震（混合型水库地震）。

水库诱发地震最早发现于希腊的马拉松水库。该水库建于 1930 年，在 1931 年便发生 5 级地震。美国胡佛水库于 1936 年建成，1939 年发生 5 级地震。20 世纪 60 年代，世界上有几个大水库地区相继发生 6 级以上的破坏性地震，造成了建筑物、水坝损坏和人员伤亡。在 1967 年印度柯依那水库地区发生 6.5 级地震，坝体被损坏，柯依那市的绝大部分石砌和砖坯墙倒塌，死 180 人，伤 2000 人。据统计，截至 20 世纪末，全世界较大的水库诱发性地震约 45 例。

据不完全资料统计，迄今，全世界有 30 多个国家，120 余座水库诱发过地震，其中发生过 6.0～6.5 级的 4 例约占 4%，5.0～5.9 级约占 14%，4.0～4.9 级、3.0～3.9 级和小于 3.0 级分别约占 24%、25%和 33%。在这些震例中，我国有 21 例，最大诱发地震是新丰江水库的 6.1 级，其次是参窝、丹江口和大化水库，分别为 4.8 级、4.7 级和 4.5 级。其他水库诱发地震的震级均小于 4.0 级，约占我国已建成库容大于 1 亿 m^3 的 360 多座大型水库的 5.8%(表 9-1)。

表 9-1　中国水库诱发地震震例统计表

序号	水库名称	位置	坝高/m	库容/亿 m^3	蓄水时间	发震时间	最大震级	震中烈度	最大地震日期	震中岩性
1	新丰江	广东	105	115	1959.10	1960.4	6.1	Ⅷ	1962.3.18	花岗岩
2	参窝	辽宁	50	5.4	1972.10	1973.2	4.8	Ⅵ	1974.12.22	灰岩
3	丹江口	湖北	97	160	1967.11	1970.1	4.7	Ⅶ	1973.11.29	灰岩
4	大化	广西	74.5	4.2	1982.2.7	1982.6.4	4.5	Ⅶ	1993.2.10	灰岩
5	盛家峡	青海	35	0.045	1980.10	1981	3.6	Ⅵ	1984.3.7	花岗岩
6	乌江渡	贵州	165	21	1979.11	1980.4	3.5	Ⅵ	1992.5.20	灰岩
7	水口	福建	101	23	1993.4.2	1993.5.23	3.2	Ⅵ	1994.1.12	花岗岩
8	柘林	江西	62	71.7	1972.2	1972.2	3.2	Ⅴ	1972.10.14	灰岩
9	前进	湖北	50	0.2	1970.5	1971.10	3.0	Ⅵ	1971.10.20	灰岩
10	铜街子	四川	82	2	1992.4.5	1992.4.6	2.9	Ⅴ	1992.7.17	灰岩
11	湖南镇	浙江	29	20	1979.1	1979.6	2.8	Ⅴ	1979.10.7	花岗岩
12	南冲	湖南	45	0.2	1969	1969	2.8	Ⅵ	1974.7.25	灰岩
13	黄岩	湖南	40	6.1	1970	1973.5	2.3	Ⅴ	1974.9.21	灰岩
14	岩滩	广西	110	24	1992.3.19	1992.3.29	2.6	Ⅴ	1994.2.10	灰岩

续表

序号	水库名称	位置	坝高/m	库容/亿 m^3	蓄水时间	发震时间	最大震级	震中烈度	最大地震日期	震中岩性
15	隔河岩	湖北	151	34	1993.4.10	1993.4.21	2.6	Ⅴ	1993.5.30	灰岩
16	东江	湖南	157	81	1986.7	1987.11	2.3	Ⅴ	1989.7.24	灰岩
17	渔洞	云南	87	3.64	1997.6.1	1997.7.1	2.5	Ⅴ	1999.10.30	灰岩
18	鲁布革	云南	103	1.1	1988.11.21	1988.11.25	3.1	Ⅵ	1988.12.17	灰岩
19	南水	广东	81.5	10.5	1969.2	1970.1	3.0	Ⅴ	1970.2.26	灰岩
20	邓家桥	湖北	12	0.04	1979.12	1980.8	2.2	Ⅴ	1983.10.30	灰岩
21	东风	贵州	162	8.6	1994.4.6	1995.3.31	2.5	Ⅴ	1995.3.31	灰岩

9.5.2 采矿诱发地震

采矿诱发地震是指开采地下固体、液体矿产过程中出现的地震，是完全由人类采矿活动诱发的地震。例如，南非约翰内斯堡金矿山因掘进放炮，引起矿区小地震，地震频率与放炮次数呈正相关，在星期日因大部分矿工休息，矿井放炮数量减少，地震次数也相应减少。在美国洛杉矶英格尔伍德油田，为了提高采油率，向地下注水以增高地下压力，结果引起地震，震裂了鲍德温山水库的水坝。

根据研究结果，引起地震的因素主要有：①地下体积亏损。由于从地下采取固体矿石或液体石油等，地下体积亏空，改变了原来应力平衡状态，引起塌陷、断裂活动等，伴以地震。②孔隙压力系统的变化。石油等液体矿产被开采前，各油藏有其统一、固有的压力系统，开采后油井附近压力下降，后经高压注水，注水井井底压力远大于原油井底压力和采油前原始孔隙压力，这种压力不平衡便可能导致地震。③掘进放炮，冲击波诱发断裂复活或岩溶塌陷，诱发地震，南非金矿山地震即属此类。④油、水的定向流动。油田的产油井和注水井分布于油藏的不同部位，因而造成地下原油和水由注水井方向流向油井方向，这在油田注采中心尤为强烈，从而大大地加速了地下水对白云岩、石灰岩的侵蚀（溶蚀）作用，到一定程度，诱发塌陷地震。

我国的矿震广泛分布于大陆的东部，北起黑龙江，南至广西，呈 NE—SW 方向展布。关于矿震及其监测和研究的报道，北京、辽宁、山东、山西、江苏、湖南、贵州和湖北地区的比较详尽，其他地区的散见于各种文献中。我国最早的矿震报道见于 1933 年抚顺胜利煤矿，随着时间的推移，全国范围矿震灾害不断加剧，1950 年前全国关于发生矿震报道的矿区只见到 2 个，20 世纪 50 年代增加到 8 个，60 年代 14 个，70 年代 30 个，到目前为止，已见到 102 个煤矿、20 个非煤矿的 122 个矿井和一些地下岩石工程有发生矿震详略不同的报道，大部分深采矿井都发生过矿震灾害，表现出矿震灾害与开采深度和矿产资源采出量的同步发展。

黑龙江南山煤矿 2001 年 2 月 1 日发生的 3.7 级矿震是迄今该矿历史上的最强矿震，地表民房受损。1998 年 6 月 15 日发生在富力煤矿 410m 深度的 2.5 级矿震，造成 2 人死亡，多人受伤，设备破坏严重。双鸭山岗东煤矿 1974 年开始发生矿震，目前仍很活跃，双鸭山地震台的地震观测记录显示，2001 年 12 月至 2003 年 10 月，双鸭山矿区共发生矿震 318 次。

吉林省西安煤矿到 2003 年发生矿震的工作面达 104 个，造成人身事故 42 次，个别工作面 1 个月发生矿震 324 次，矿震问题比较严重。

矿震给抚顺老虎台矿造成严重的人员伤亡和经济损失。据不完全统计，1950～2003 年的 54 年间，矿震造成 67 人死亡，而其中 1989～2003 年的 15 年间，死亡 38 人，超过前 39 年的总和，反映出这一时期矿震活动水平的增强。2001 年 1 月 6 日和 12 日分别发生 2.7 级、2.8 级矿震，造成 4 人死亡，28 人受伤，采区被迫关闭，设备未能运出，毁坏巷道 300 m，20 万 t 优质煤炭不能采出，一次性直接经济损失超过亿元。

北京门头沟煤矿 1947 年 5 月首次发生矿震，矿震活动水平在国内最高。1976 年以来有记录的矿震 11 万余次。1994 年 5 月 19 日该矿发生的最强矿震 M4.2 级，整个海淀区震感明显，5318 间民房受损，直接经济损失 300 万余元。1986 年北京市人民政府将该矿矿震列为北京市十大工业灾害之一。

矿产资源开发由浅向深发展是客观的必然规律。1980 年我国煤矿平均开采深度为 288 m，2000 年为 500 m，20 年内开采深度增加了 212 m，平均降深速率约为 10 m/a。据煤炭部 1995 年初对 599 处国有重点煤矿开拓参数的调查，未来开采深度小于 400 m 浅矿井的数目将大为减少，400～800 m 的中深矿井数目将明显增加，800～1200 m 的深矿井数目将成倍增加，并将出现更多的超过 1200 m 的特深矿井。截至 2003 年年末，我国 600 m、1000 m 深度以上煤炭资源的 83%、76%已经采出，2003 年我国煤炭产量为 16 亿 t，预计 2020 年的煤炭需求量将达到 29 亿 t。伴随着全面大规模的深部开采，地下采空区容积也必将不断增大。大量事实证明，随着开采深度和地下采空区容积的增加，诱发矿震的可能性和矿震频率、强度将同步增强，开采工作面和巷道附近的矿震对采矿人员的生命和矿井安全构成很大威胁，强矿震还将造成工程损伤，破坏人居环境，对公共安全构成威胁。因此，深入开展对矿震的研究和治理意义重大。

9.5.3　注水和废液处置诱发地震

为了保持油田高产、稳产，普遍采取高压注水措施。随着油田开发，注水压力不断提高，注入水量越来越大。地层岩石物理性质发生变化，有效的应力降低，引起地面变形，断层“复活”，从而诱发地震或引起油井套管变形损坏。

据已有资料显示，我国任丘油田在 1976 年开发前，曾发生过十余次地震（该油田位于华北平原地震带上），自 1978 年开始大量注水后，11 年中共发生 2.0 级以上地震 94 次，最大震级 3.9。其中 1986 年 9 月至 1987 年 6 月发生地震 66 次，烈度可达Ⅴ度，造成一定破坏。地震震级与月采油量、月注水量有关，当注水量增大、注采比大于 1 时，地震震级随之增大，这表明孔隙压力变化是导致矿震的要素之一。大庆油田注水引起套管损坏约 7967 口（截至 1990 年），严重影响原油产量或增加巨额钻井投资；吉林油田已损坏套管占油田总井数的 38.4%，对油田生产和寿命的威胁很大。研究油田注水诱发地震与地质灾害有着极为重要的现实意义（表 9-2）。

与在产油井中注水能诱发地震一样，通过深井（或深钻孔）向地下灌注废液时，能局部改变地下岩石中的原有应力平衡状态，诱发地震。例如，美国科罗拉多州丹佛废液处置场，在 1962～1965 年曾发生多次地震，地震频率和发震时间与向地下灌注的废液数量、灌注时间密切相关。在世界其他地区也曾出现过类似的地震。1970 年日本松代的注水试验和 1972 年美国兰吉利油田油井注水诱发地震是广为人知的。1976 年任丘油口、1985 年胜利油田油井注水也诱发了地震。

表 9-2 注水与地震关系对比表

地震地点	注水井深/m	注水时间	注水量	诱发地震时间	最大震级或频度	备注
美国丹佛	3800	1962～1965 年	2 万 m^3/月	注水后 1 个月，持续 10 年	最大 3.7 级，10～20 次/天	范围 8 km×3 km，震源深度 4.5～5.5 km
日本松代	1800	1970 年 1～2 月	注水总量 2880 m^3/月	注水后 5～10 天	日频率增加 10 倍	距井孔 4 km，震源逐步加深
美国兰吉利	2000	1969～1973 年			最大频率 150 次/月	注水压力超过 25 万 Pa 时诱发地震
中国安富	1900	1988 年 7 月～1992 年	200～3000 m^3/月	注水量大于 500 m^3/月的当月或次月	最大 3.1 级	震源深度为 4～6 km

9.5.4 核爆炸诱发地震

核爆炸冲击波可诱发地震。这类地震数量远较前述三类诱发地震少，仅出现在核试验场附近（如美国内华达试验场等）。

研究资料显示，1999 年科索沃爆炸后一年内，在离爆点 500 km 和 1000 km 范围内发生的地震似乎比爆炸前一年的地震增加了一倍，对于这次爆炸，另一值得注意的事实是就在爆炸一个月后开始频繁发生地震。1991 年伊拉克巴格达爆炸后地震活动没有明显增加的迹象，爆炸后只在 500 km 范围内发生一次 $M \geqslant 5.5$ 的地震。2001 年阿富汗托拉波拉爆炸前一年在其周围 500 km 和 1000 km 范围内只发生过 2 次 $M \geqslant 5.5$ 地震，而在爆炸后同一时期内，$M \geqslant 5.5$ 地震在 500 km 范围内发生了 9 次，在 1000 km 范围内发生了 10 次。根据已有资料可知，2003 年伊拉克基尔库克爆炸前后的地震，未见爆炸后地震活动有所增加，但在爆炸后几天，在土耳其发生了一次 M 为 6.4 的破坏性强震，地震与爆点的距离在 1000 km 以内。

课堂讨论话题

1. 理解地面沉降灾害与地裂缝灾害的联系和区别。
2. 简述诱发型地震灾害的种类和灾情。
3. 联系实际，谈谈资源开发过程中的易发性环境地质灾害。
4. 谈谈不同采矿方式对诱发性环境地质灾害形成的影响及作用强度。

课后复习思考题

1. 熟悉地面沉降灾害和地裂缝灾害的成因。
2. 查资料了解我国诱发性滑坡、崩塌灾害的危害。
3. 收集资料和网上查阅近年来主要的环境地质灾害的灾情。

第 10 章　生态系统退化与环境灾害

内容提要

生态系统的良性循环是维持地球生命系统持续发展的关键，不同的生态系统对环境的响应差异很大，在一些生态环境脆弱地区维护生态系统的良性循环意义更为重大。本章首先讲述了生态系统演化原理，分析了生态系统退化的原因。其次，以土地沙漠化和水土流失过程为例，阐述了沙漠化与水土流失过程的机理及危害，讨论了荒漠化与荒漠、土壤侵蚀与水土流失概念的区别及关联。最后，论述了生物多样性的生态意义、人类活动对生物多样性的影响，分析了生物入侵、物种减少及生物多样性丧失的危害。

重点要求

- ✧ 掌握有关定义：生态系统退化、沙漠化、水土流失、生物多样性等；
- ✧ 掌握沙漠化过程与水土流失过程及机理；
- ✧ 理解荒漠与荒漠化含义的实质。

10.1　生态系统退化概述

10.1.1　生态系统退化的含义

退化生态系统是一类病态的生态系统，它是指在一定的时空背景下，在自然因素、人为因素，或两者的共同干扰下，导致生态要素和生态系统整体发生的不利于生物和人类生存的量变和质变，生态系统的结构和功能发生与其原有的平衡状态或进化方向相反的变化过程。具体表现为生态系统的结构和功能发生变化和障碍，生物多样性下降，系统稳定性和抗逆性能力减弱，系统生产力下降。这类系统也被称为受害或受损生态系统。

与自然生态系统相比，退化生态系统主要表现为：①结构失衡。退化生态系统的种类组成、群落或系统结构改变，生物多样性、结构多样性和空间异质性降低，系统组成不稳定，生物间的相互关系改变，一些物种丧失或优势种、建群种的优势降低。②功能衰退。退化生态系统的能量转化量、储存量降低，能量交换水平下降，食物链缩短、多呈直线状。③物质循环受阻。退化生态系统中的总有机质储存少，生产者子系统的物质积累降低，无机营养物质多储存于环境中，而较少地储存在生物库中。④稳定性减低。由于退化生态系统的组成和结构单一，生态联系和生态学过程简单，退化生态系统对外界的干扰敏感，系统的抗逆能力和自我恢复能力低，系统变得十分脆弱。

根据生态系统的退化过程及景观生态学特征，可分为不同的退化类型。对陆地生态系统而言，可分为以下几种：①裸地，裸地通常具有较为极端的环境条件，或是较为潮湿，或是较为干旱，可能盐渍化程度较深，或是缺乏有机质甚至无有机质，或是基质移动性强等。②森林采伐迹地，其退化状态随采伐强度和频率而异。③弃耕地，弃耕地退化状态随弃耕的时间而异。④沙漠化土地，随人类对环境的直接和间接干扰强度而变。⑤退化草场，其是过度放牧的结果。⑥采矿废弃地，其是矿产资源开发结束而废弃的、不经治理无法利用的土地。⑦垃圾堆放场，其是生活、工业废弃物堆放的场所。水生生态系统的退化类型可分为水体富营养化、赤潮、水体沼泽化、水体酸化等。

根据退化生态系统的退化程度，可将生态系统的退化分为轻度退化、中度退化和强度退化。

10.1.2 生态系统退化的原因

造成生态系统退化的直接原因主要是人类的干扰，部分来自自然因素，有时两者叠加发生作用。自然干扰包括全球环境变化（如冰期、间冰期的气候冷暖波动），以及地球自身的地质地貌过程（如火山爆发、地震、滑坡、泥石流等自然灾害）和区域气候变异（如大气环境、洋流及水分模式的改变等）。人为干扰包括滥伐、滥垦、过度捕捞、围湖造田、破坏湿地、污染环境、滥用化肥和农药、战争与火灾等。一些研究者对造成生态系统退化的人为干扰进行了排序：过度开发（包括直接破坏和环境污染等）占35%，毁林占30%，农业活动占28%，过度放牧占28%，过度收获薪材占7%，生物工业占1%。还有些专家将人类活动对生态系统的影响总结成一个框图来表示（图 10-1），表明人类活动干扰生态系统健康，导致生态系统结构发生变化，进而影响生态系统的服务功能，对人类健康产生影响。

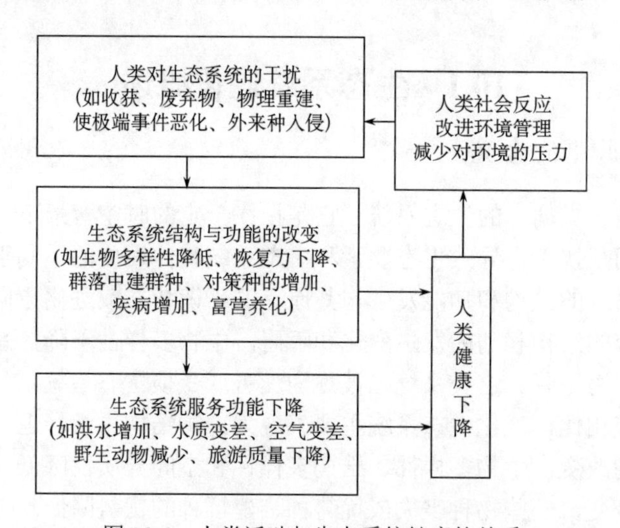

图 10-1 人类活动与生态系统健康的关系

10.1.3 生态环境演化原理

从生态环境演化的物理意义来讲，在生态系统的动态变化过程中，即有“热机”的熵增特点，也有“生命机”工作中的负熵增特点。生态环境的演化趋势主要取决于二者的变化。负熵增加生态系统为有序演化，否则，生态系统将退化。

“生命机”对环境的作用功能体现在代谢、废弃、导入方面：①导入能量和物质，生产有机质，提高系统的负熵流；②净化空气、涵养水源、保育土壤，防止侵蚀和沙漠化、维持系统的扩散排放场地。有生命存在的多样化系统可以从外界获取巨大的负熵流——即“生命机”工作，系统向有序方向发展。国内外一些专家曾应用热红外多谱仪测量了几类生态系统的黑体温度（表 10-1）。

表 10-1　不同类型生态系统的热红外分析

项目	采石场	采伐现场	人工植被	天然森林	400 年古老森林
太阳辐射能量（K）/[W/（m^2·d）]	718	799	854	895	1005
净长波反射能（L）/[W/（m^2·d）]	273	281	124	124	95
净转化能量（R）/[W/（m^2·d）]	445	517	730	771	850
表面温度（T）/℃	50.7	51.8	29.9	29.4	24.7
能量吸收百分比（R/K）/%	62	65	85	86	90

将表 10-1 数字代入熵计算公式 $dS \geqslant \frac{dQ}{T}$，可发现采石场的熵值最大，植被覆盖率越大，熵值就越小。由此可知，在其他变量相同的情况下，植被覆盖率越低，系统的能量转化率越低，系统无序度升高，系统退化严重；植被覆盖率越高，系统的能量转化率越高，系统稳定正常演化。熵值的大小还可以反映生态系统的退化强度和受灾的程度。

10.1.4　矿产资源开发与生态恢复

根据生态学原理，生态系统的恢复一般可分为两种，即自我恢复和人为辅助恢复。在不同的自然环境背景条件下，生态系统的自我恢复能力差别很大。在西北如此脆弱的生态背景下，生态系统功能的自我恢复能力很差，需要几十年，甚至几百年的时间。

资源开发和生态演化存在一个时间差问题。资源开发往往着眼于较快取得经济效益，涉及的时间尺度是几年或几十年；生态演化问题的时间尺度则是几十年甚至几百年。

据专家研究沙漠化土地的自我恢复：降水量 300～400 mm 的地区，恢复时间需 5～7 年；降水量 200～300 mm 的地区，恢复时间需 10 年以上；降水量小于 200 mm 的地区，很难自我恢复。因此可知，水资源是沙漠化土地生态自我恢复的关键因素之一。

生态系统的演化表现在外貌上是地表生物群落的恢复和演替。在没有破坏地形、水文等情况下生物群落的自我恢复和演替，基本上可按这一时间序列发展。如内蒙古草原农田弃耕后的自我恢复演替：弃耕后的 1～2 年以黄蒿、狗尾草、苦菜等杂草为主，2～3 年黄蒿占优势，3～4 年羊草、狼尾草等根茎禾草入侵，并成为建群种，7～8 年后，从生禾草定居，以后逐渐过渡到地带性植被群落——贝加尔群落。这一过程需 10～15 年。

应用上述原理，我们分析了神府东胜矿区资源开发过程中生态系统的演化。

从 1986 年煤田开发以来，矿区的生态环境发生了很大变化。系统内植被覆盖层大幅度减少，蒸发变大、水分减少，土壤抗蚀力减弱，表土损失，洪水泛滥，环境恶化，减少了扩散所需的排放场地，失去了“生命机”工作中的负熵增加，所以生态系统退化严重。生物群落是在物质基础环境发生变动情况下的恢复，其恢复和演化过程差别很大，所需时间也较长。

资源开发过程中的生态演化还存在一个正、逆演化的分异问题。一般来讲，在神府东胜矿区如此干旱少雨的脆弱生态环境区，负地形部位生态演化为正，正地形部位生态演化为逆。加上生态环境治理的差别投资，目前，在神府东胜矿区地表生物群落的分布呈点散状。在不同的区域和地貌部位，出现了生态演化的分异和生态恢复的差别。①在神府东胜矿区，沿着乌兰木伦河河滩地分布的露天煤矿，在基建和开采初期，废弃的土、石、渣等堆积在河床，造成了高含沙水流和行洪困难；由于煤层被挖掉，地形降低，地下水位较高，再加上负地形是矿物营养元素的聚集场所，有利于植被的生长，生态容易自我恢复，并且可向较高级位的系统演化。②分布在台地和丘陵山地的大型露天矿，弃土、石渣堆积在山坡和山顶，破坏了原有的植被，疏松的堆积体易导致严重的水土流失，植物生长非常困难，地表沙漠化现象严重。如武家塔露天矿，在沙盖丘陵顶部，所揭地表剥离的弃土、石、渣堆积的台地和小丘，植被自我恢复很难，在有固沙障的情况下，有少数植物可以生长。③在居民和办公区，在大力度的投资下，人工植被发育比较好，可被誉为“黑色矿区的花园”。

10.2 生态系统退化与土地沙漠化

10.2.1 荒漠化和沙漠化的定义

10.2.1.1 荒漠和荒漠化

（1）荒漠 荒漠是指气候干燥、降水稀少、蒸发量大、植被贫乏的地区。地面温度变化很大，物理风化强烈，风力作用活跃，地表水极端贫乏，多为盐碱土。植被生长条件极差，仅见少量株矮、小叶或无叶、耐旱、耐盐和生长期短等特性的植物。地面常呈现一片荒凉的景象。多分布在亚热带和温带无水外泄的地区。根据组成物质分为岩漠、砾漠、沙漠、泥漠和盐漠等。在高山上部和高纬亚极地带，由低温引起生理干旱、植被贫乏的地区，为荒漠的特殊类型，称为“寒漠”。

（2）荒漠化 “荒漠化是指包括气候变异和人类活动在内的种种因素造成的干旱、半干旱和具有干旱的亚湿润地区的土地退化”。这一定义是在 1992 年联合国环境与发展大会上给予描述的，并在 1994 年联合国防治荒漠化公约谈判会议上，将其列入了《联合国防治荒漠化公约》（以下简称《公约》）及其附件的条款上，从那时起国际上对荒漠化的理解在认识上加以统一。其实“荒漠化”概念在 1977 年联合国荒漠化会议上就已被正式提出，并将其描述为：“指土地滋生生物潜力的削弱和破坏，最后导致类似荒漠的情况。它是生态系统普遍恶化的一个方面。它削弱或破坏了生物的潜力……”。由此可见，荒漠化的实质是土地生物生产力下降，土地资源丧失和出现地表类似荒漠景观。

（3）荒漠化与荒漠的区别 根据《公约》中对荒漠化的定义，由于荒漠化和人类活动密切相关，荒漠化土地不应当包括纯粹由自然因素形成的极端干旱地带的原生沙质荒漠（沙漠）、石质或砾质荒漠（戈壁）、盐漠、风蚀雅丹地和冻融侵蚀的高寒荒漠（寒漠）。同样也要把由于自然因素形成的裸岩景观如岩溶峰林、峰丛和由于人为活动如陡坡开垦造成表土冲刷，致使基岩裸露的石质坡地区别开来，后者才能被称为石质荒漠化（石漠化）。至于水蚀荒漠化，也仅指人为活动破坏植被导致严重流水侵蚀，使土地生产力严重下降直至丧失，出现以劣地或石质（如碎石质等）坡地为标志的严重土地退化，并不是简单地把所有水土流失都算作荒漠化。

由于荒漠化和人类活动密切相关，荒漠化过程是一种由人类引起的环境退化及相关的社会经济下降的过程。所以在时间概念上是指人类有历史记载以来（特别是近代），人为活动造成类似荒漠景观的土地退化，而不能把人类史前时期或地质时期自然过程的荒漠形成发展当作荒漠化。

（4）荒漠化土地的类型　在《公约》第一部分第 1 条款中指出："土地退化是指由于使用土地或由于一种营力或数种营力结合致使干旱、半干旱和具有干旱的亚湿润地区雨浇地、水浇地或草原、牧场、森林和林地的生物或经济生产力和复杂性下降或丧失，其中包括：①风蚀和水蚀致使土壤物质流失；②土壤的物理、化学和生物特性或经济特性退化；③自然植被长期丧失。"根据上述观点，荒漠化土地分类可以按照营力和地面组成物质两种方式进行。

按起主导作用的营力　按起主导作用的营力可以分为：①风力作用下的荒漠化土地，以出现风蚀地、粗化地表及流动沙丘作为标志性形态；②以水蚀为主作用下的荒漠化土地，以出现劣地和石质坡地作为标志性形态；③物理作用下的荒漠化土地，主要表现在土壤物理性质的变化，如土壤板结、细颗粒减少、土壤水分减少造成的干化和土壤有机质的显著下降；④化学作用下的荒漠化土地，主要表现在土壤化学性质的变化（如次生盐渍化），土壤养分因消耗而迅速减少；⑤物理化学作用下的荒漠化土地，在地表形态上表现并不明显，主要反映在土壤性质的劣化（即组成物质及结构的变化）而造成土地生产力的显著下降。

按荒漠化发生的地面组成物质　在以沙质沉积物为主的地区，在风力作用下，形成沙质荒漠化（一般简称沙漠化）。在以岩石及其风化层为主的地表，在水蚀（为主）作用下，可形成石质荒漠化。这是中国荒漠化中两种最主要的物质组成类型。

此外，为了突出非农（如农、林、牧业及农村）的工矿与基本建设等开发活动对荒漠化发生及发展的影响，从上述分类中又单独划分出工矿开发作用下的荒漠化（工矿型荒漠化），这一类型荒漠化虽然面积不大、分布分散，但对人们的经济活动与生存发展影响极大。

10.2.1.2　沙漠和沙漠化

（1）沙漠　沙漠是指荒漠中所占面积最广的一种类型——沙质荒漠。其是地球表面的一种自然单元，是以风力搬运和堆积为形成动力，地表覆盖大片流沙，广布各种风沙地貌的地区。在风力作用下，沙丘移动，流沙侵袭，对人类造成严重危害。沙漠常分布在砾漠外围。

（2）沙漠化（沙质荒漠化）　沙漠化是干旱、半干旱和部分湿润地带在干旱多风和疏松沙质地表条件下，由于人为强度利用等因素，破坏了脆弱的生态平衡，使原非沙质荒漠的地区出现了以风沙活动（包括风蚀、粗化、沙丘形成与发育）为主要标志的土地退化过程。

沙漠化土地是指人类不合理的生产活动使农田、草地和林地发生了严重退化的土地，是沙漠化过程的承载体。

（3）沙漠化土地与沙漠的区别　①沙漠的形成是自然作用的结果，而沙漠化土地则发生在脆弱生态环境区，人类过度的经济活动，破坏生态平衡，使原来的非沙质土地退化为沙质土地；②沙漠发生在地质历史时期，而沙漠化土地则发生在人类历史时期。

10.2.2　沙漠化形成机理及其过程

10.2.2.1　沙漠化的形成因素

沙漠化形成必须具备三个基本条件：①物质基础，即必须有充足的沙和尘源；②动力因素，即必须具备一定的气象、气候条件；③人类不合理的活动，即人类活动可以诱发、加剧沙漠化的程度和发生频率。

（1）物质基础　任何松散物质，一旦裸露在地表，经风力吹蚀、搬运都可以成为沙漠的沙和尘源。如各种冲积、洪积、湖积、残积和坡积物，现代河流两侧的河漫滩和季节性的沟谷、河床，各种堆积平原和黄土状堆积物。

（2）动力因素　干旱、低温、大风是沙漠化形成的主要因素，这三个主要因素的时间耦合是沙漠化发生的主要季节。如我国北方，在3～5月为大风季节，大风日数占年总数的50%以上，风力强度比值更高，这一时间的降水只占全年总降水量的12%，而同期的蒸发量又是降水量的23倍。这一时段又是植物未萌发期，地面裸露，所以风沙天气绝大多数集中出现在这一时段。

（3）人类活动　沙漠化主要发生在人类历史时期，尤以近100年中发展最快。而在100年尺度下，自然条件的变化很小，不足以造成环境大的改变。而同期人口压力的急剧增加和经济活动的频繁对环境造成了强烈干扰，是大面积生态环境恶化和沙漠化发生的主要原因。关于沙漠化的人为成因，目前比较统一的认识是在脆弱环境背景条件下，人口压力持续增长和普遍采用滥垦、滥伐、滥牧等粗放掠夺式的原始经营方式，造成植被破坏，导致沙漠化迅速发展。关于沙漠化的人为成因，也已初步形成了诸多农牧交错带北移错位、人口危险阈值、人口压力与资源环境容量失衡等理论。

10.2.2.2　沙漠化形成机理

沙漠化形成于干旱、多风、脆弱的环境背景下，其动力是风的作用，对象是裸露的地表。其实质是风对裸露地表疏松物质的吹蚀、搬运、堆积的过程。

（1）风蚀作用　气流的密度较小，黏滞性低，气流经常呈涡动。近地面的热对流和地形起伏，能使地表气流产生大的旋涡，加强气流的紊动作用。地表的松散沙粒或基岩上的风化产物，在紊动气流作用下将被吹扬，这种作用称为吹蚀作用。此外，风携带沙粒移动，沙粒与岩石表面发生摩擦，如果岩石表面有裂隙或凹坑，被风携带的沙粒可钻进其内部进行旋磨，这种作用称为磨蚀作用。吹蚀作用和磨蚀作用统称风蚀作用。风蚀的力学机制可表示为

$$v_t = A'\sqrt{\frac{\sigma-\rho}{\rho}g\cdot d} \tag{10-1}$$

式中：v_t为沙粒发生滚动时风速的起动值；σ、ρ分别为沙粒和空气的密度；g为重力加速度；A'代表推移力系数λ_x、上举力系数λ_y、摩擦系数f的综合计算值。

对于任意高度处y点的起动风速值

$$v_t = 5.75A\sqrt{\frac{\sigma-\rho}{\rho}g\cdot d}\cdot\lg\frac{y}{k} \tag{10-2}$$

式中：$A = A'/\alpha$；k为贴近地面风速为零的高度。据研究，在空气中风对于粒径大于0.2 mm的沙起动值A=0.1，若风中夹带的沙冲击地表的松散沙粒时A=0.08，也就是风沙流的冲击起动沙粒风速比风起动地表沙粒的风速要小20%。

（2）风的搬运作用　风携带各种不同粒径的沙粒，使其发生不同形式和不同距离的位移，称为风的搬运作用。风的搬运作用表现为风沙流。当近地面风速大于4 m/s时，0.10～0.25 mm粒径的沙粒就能被搬运形成风沙流。一般来说，被风吹扬的沙粒颗粒大小和风速成正比（表

10-2）。风沙流中的含沙量和高度有关。据观察，风沙流中的大部分沙粒都分布在 10 cm 以下的近地表（表 10-3）。随着风速增大，在距地表 10 cm 内含沙量的绝对值也增大（表 10-4）。

表 10-2　沙粒粒径与起动风速的关系（新疆莎车离地面 2 m 高处）（朱震达等，1998）

沙粒粒径/mm	0.10～0.25	0.25～0.50	0.50～1.0	>1.0
起动风速/(m/s)	4.0	5.6	6.7	7.1

表 10-3　不同高度风沙流的含沙量（根据 A. И.兹纳门斯基等资料编）

风速/（m/s）	9.8							5				
高度/cm	0～10	10～20	20～30	30～40	40～50	50～60	60～70	3.6	3.6～7.2	7.2～10.8	10.8～14.4	14.4～32.4
含沙量/%	79.32	12.30	4.79	1.50	0.95	0.74	0.40	43.0	31.0	16.1	6.5	3.4

表 10-4　风速与含沙量关系（朱震达等，1998）

距地面 2 m 高处风速/(m/s)	4.5	5.5	6.5	7.4	13.2	15.0
0～10 cm 高度内的含沙量/[g/（cm^2 · min）]	0.37	1.04	1.20	2.27	19.44	35.58

各种大小不同的沙粒，在风的作用下可产生悬移、跃移和蠕移等不同形式的运动（图 10-2）。

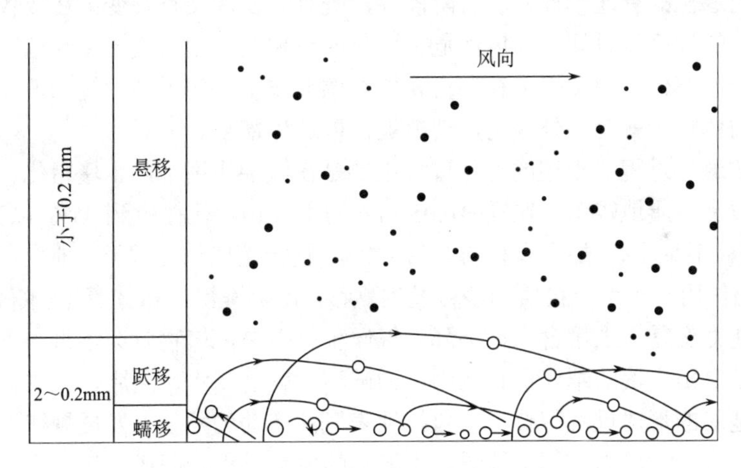

图 10-2　风沙移动的三种基本形式

第一，悬移是指一些小于 0.2 mm 的沙粒，在风速为 5m/s 时，呈悬浮状态移动。

第二，跃移是指地面沙粒在风力的直接作用下发生滚动、跳跃。沙粒的跃移主要是由于飞跃的颗粒降落时碰撞地面而产生的回弹跳跃。

第三，蠕移是由于一些跃移运动的沙粒在降落时对地面不断冲击，使地表的较大沙粒受冲击后产生缓缓向前移动的现象。

风对地表沙粒的搬运方式，以跃移为主（其含量为 70%～80%），蠕移次之（约为 20%），悬移很少（一般不超过 10%）。对某一粒径的沙粒来说，随着风速的增大，可以从蠕移转化为跃移，从跃移转化为悬移，反之亦然。跃移和蠕移是紧贴地表的，风沙流搬运的物质主要在距地表 30 cm 之内（一般占 80%），特别集中在 10 cm 之内，1 m 以上含量就很少了。

（3）风的堆积作用 风所搬运的沙粒由于条件改变而发生堆积。发生堆积的原因有气流在运动过程中遇到障碍，风力减小或气流中相对含沙量增多，超过风力所能搬运的能力等。

当携沙气流运行时，遇到山体阻碍，风速减慢，形成沙粒堆积，有时气流可把流沙带到迎风坡小于 20°的山坡上。地面草丛或建筑物能阻挡流沙，沙丘也能成为障碍而使风速降低，都可使流沙发生堆积。

当携沙气流在运行过程中遇到较冷的气流时，它就会向上抬升，这时一部分沙粒不能随气流上升而沉降下来。如果有两股几乎平行的、流动速率和含沙量不同的气流相遇时，则形成一种不同于接触前的气流状态的新气流，它们的流动速率和含沙量都会发生改变，在大多数情况下，原携沙气流之一会失去搬运原有沙量的能力，将多余的沙粒卸落下来。

10.2.2.3 沙漠化过程

沙漠化过程是一个极为复杂的过程。它是生态系统遭受干扰后，生态平衡受到破坏，植被及环境发生全面退化的过程。

（1）植被的退化过程 这一过程首先表现为植被的生物多样性，高度、盖度、生物产量下降，地面出现小的裸斑；继而多年生草本植物种减少，家畜不喜食的一年生植物种占优势，或灌木、半灌木种占优势，群落趋于简单、稀疏，地面裸斑扩大，增多至连接成片。在这一过程中，植被的退化既有连续性，又有阶段性，既有渐变，又有突变。在放牧条件下其退化速率取决于放牧的程度和时间，因风沙危害引起的植被退化则取决于风沙危害程度，但植被退化往往滞后于沙漠化。由于植被存在自我修补调节作用，如果外力扰动消除，保存于灌丛内或丘间低地的植物种就会向外蔓延，使植被得以逐步恢复。

（2）土壤的退化过程 土壤的退化过程主要是在风蚀作用下，土壤粗化、贫瘠化、干旱化的过程。沙质土壤质地较粗，粒径≥0.05 mm 的土壤颗粒往往占到 95% 以上，而粒径 ≤0.001 mm 的颗粒不足 1%，加上有机质含量＜1%，使土壤固结力很差，地表在失去植被的保护后，在起风的作用下土壤有机质和沙粒发生飘移，使土壤粗化和贫瘠化。随着土壤的粗化，其蓄水、保水能力变差，土壤含水量下降，气候稍有干旱，植物就会因供水不足而萎蔫，甚至死亡。特别是农田土壤的犁底层一旦因风蚀破坏，就会漏水、漏肥，无法再进行农作。

（3）风沙地貌的形成过程 该过程包括地表风沙活动的发生、发展规律，即风沙流动的物理过程。主要有：①风力作用下沙质地表形态的发育过程，即风在运行过程中，与裸露地表相互作用，使地表颗粒发生蠕移、跃移和悬移形成风沙流，风沙流对地表进行侵蚀、搬运和堆积，从而形成风蚀地貌和风积地貌的过程；②固定沙丘的活化，其风蚀过程为迎风坡出现活化缺口→风蚀窝→风蚀陡坎→风蚀坑→风蚀洼地，迎风坡变缓，其相应下风向的风积过程为斑点草灌丛沙堆→小片状流沙→半流动片状流沙→流动沙丘及流动草灌丛沙堆→典型流动沙丘景观；③沙质荒漠边缘风力作用下的沙丘前移过程，即风在经过流动沙丘迎风坡时，形成饱和风沙流，在其背风向由于旋涡作用，风速减慢，风沙流达到过饱和状态而使所携沙粒沉积，使沙丘逐步前移。

10.2.3　沙漠化灾害

10.2.3.1　沙尘暴

沙尘暴是一种突发的灾害性气象过程。按照其发生的强度可分为：沙尘暴、尘暴、扬沙和浮尘。其中，沙尘暴是指强风把地面大量沙尘卷扬起来，使空气变得相当浑浊，能见度大为减小的一种灾害性天气现象。一般沙尘暴能见度小于 1000 m。风力达到 8～9 级，能见度小于 200 m 者称为强沙尘暴。风力达 10 级以上，能见度小于 50 m 者，称为特强沙尘暴。

尘暴是指沙漠及沙漠化地区发生的沙尘暴，沙粒一般就在沙漠、沙漠化地区附近堆积，而卷扬到高空的粉尘随气流继续运行，称为尘暴。扬沙是指风力一般比尘暴小 4～5 级，能见度大于 1 km，小于 10 km。浮尘一般是指在静风或风速较小的条件下，远方地面粉尘随风漂移而来，能见度小于 10 km 者。我国的沙尘暴的地理分布总结如表 10-5 所示。

表 10-5　我国沙尘暴的地理分布

分区	范围	频次	特征
Ⅰ区	河西走廊、内蒙古西部干旱区、宁夏干旱、半干旱区	最多	影响范围最广
Ⅱ区	南疆盆地干旱区	次多	强度较大，但大多为无人区且被青藏高原阻挡，造成的危害相对较小，直接影响范围基本限于甘肃酒泉以西和塔克拉玛干周边地区
Ⅲ区	内蒙古中部、河北西北部半干旱地区	频次较少	以超极地冷空气活动为主，强度比较弱，是影响京津地区的主要源区

资料来源：根据中国气象局网站中心整理。

我国荒漠化地区的交通线路因沙尘暴而阻塞、中断的情况时有发生，其中在 3000 km 以上受危害的铁路中，主要危害路段约有 500 km，仅 1979 年 4 月 10 日一次沙尘暴就使得南疆铁路路基被风蚀 25 处，沙埋 67 处，受害总长 3.9 万 m，积沙量 4.5 万 m^3，桥涵积沙 180 处，使南疆线中断行车 20 天，造成直接经济损失 2000 万余元。特别是 1993 年的“5.5”沙尘暴，席卷了我国西北大部分地区，不但造成直接经济损失约 5.6 亿元，死亡和丢失牲畜 12 万头（只），受灾牲畜 73 万头（只），而且还致死 85 人、致伤 264 人。

沙尘暴所造成的灾害形式有以下几种。①交通灾害。填淤车道、吹翻车辆，在兰新铁路线和甘肃、新疆的各级公路线上经常出现沙埋路基、吹翻车辆、中断交通事故，造成巨大经济损失。②农业灾害。掩埋耕地、风吹拔树、毁棚时有发生。巨大的沙尘暴可将树连根拔起、撕碎塑料大棚，造成人畜伤亡和经济损失。③水利灾害。风积沙堆填淤河床、掩埋渠道，造成灌溉困难、河流改道、侵蚀农田。④社会灾害。风沙掩埋房屋迫使农户搬迁；携带细沙粉尘的强风摧毁建筑物及公用设施，造成人畜伤亡和经济损失。⑤大气污染加重。在沙尘暴源地和影响区，大气中的可吸入颗粒物（TSP）增加，大气污染加剧。以 1993 年“5.5”特强沙尘暴为例，甘肃省金昌的室外空气的 TSP 浓度达到 1016 mg/m^3，室内为 80 mg/m^3，超过国家标准的 40 倍。2000 年 3～4 月，北京地区受沙尘暴的影响，空气污染指数达到 4 级以上的有 10 天，同时影响我国东部许多城市。3 月 24～30 日，包括南京、杭州在内的 18 个城市的日污染指数超过 4 级。⑥土壤风蚀灾害。每次沙尘暴的沙尘源和影响区都会受到不同程度的风蚀危害，风蚀深度可达 1～10 cm。据估计，我国每年由沙尘暴产生的土壤细粒物质流失高达 100 万～1000 万 t，其中绝大部分粒径在 10 μm 以下，对沙尘暴源区农田和草场的土地生产力造成严重破坏。

10.2.3.2　生态环境恶化

我国干旱地区生态环境脆弱，在巨大的人口压力下，生态环境问题较为突出，沙漠化就是其中最严重的问题。沙漠化通过地表植被的破坏极大地加剧了生态环境的恶化，如准噶尔盆地天然梭梭林面积由 1945 年的 750 万 hm^2 降至 1982 年的 237.2 万 hm^2，减少了 68.4%；塔里木河下游沿岸胡杨林面积 1958 年有 5.4 万 hm^2，目前仅存 1.64 万 hm^2，长达 180 km 的“绿色走廊”濒临毁灭；内蒙古阿拉善地区荒漠化面积日益扩大，巴丹吉林、腾格里、乌兰布和三大沙漠日渐连片，居延海已近干涸，60%的水井枯竭，原有的 113.3 万 hm^2 梭梭林已减少到 20 万 hm^2，胡杨林由 5 万 hm^2 减少到 2.3 万 hm^2。随着沙漠化所导致生态环境的迅速恶化，人民的生存条件急剧退化，如陕西榆林地区在历史上曾是林草茂密的丰腴之地，随着荒漠化的发展，林地草原破坏殆尽，在中华人民共和国成立前的百余年间流沙南移 50 km，至中华人民共和国成立初期仅存灌木林 4 万 hm^2，林木覆盖率仅为 1.8%，流沙吞没农田、牧场 13.3 万 hm^2，仅存的 11 万 hm^2 耕地也被沙丘包围，26 万 hm^2 牧场沙化、盐渍化，6 个城镇和 412 个村庄被风沙侵袭和压埋。另外，风蚀荒漠化过程中产生的一系列沙尘物质等，在风力作用下对环境产生严重污染，并可扩及风蚀荒漠化以外的广大空间，是对我国环境影响范围大、危害严重的最大污染源。

10.2.3.3　农牧业减产，导致人、地矛盾激化

随着沙漠化面积的扩大和程度的增强，我国干旱、半干旱和亚湿润干旱区的农田、草场等可利用的土地面积越来越少，使我国平均每年损失可利用土地约 13 万 km^2 。同时，荒漠化过程还因土壤侵蚀，造成土壤有机质和养分损失严重，引起肥力下降，每年仅风蚀荒漠化土地造成的有机质、氮、磷损失量就达 5600 万 t，约相当于 2.7 亿 t 各类化学肥料，总价值近 170 亿元。另外，荒漠化还对农牧业生产造成直接损害，如许多农田每年因风蚀毁种需回放 2～3 次，甚至 5～6 次，仅河北张北县每年毁种、改种的农田面积超过 2 万 hm^2，1984 年一次改种用籽量就达 48.5 万 kg。在此影响下，荒漠化地区内耕地退化率超过 40%，草地退化率达 56.6%，农牧业生产减产严重，受荒漠化严重影响的农田产量普遍下降 75%～80%，大部分草场产量下降 30%～40%，畜产品产量也随之降低，如内蒙古乌审旗在 1965～1985 年，牛减少 52522 头，绵羊平均体重由 20 世纪 50 年代的 25 kg 降至 60 年代的 20 kg，80 年代又降至 5 kg 左右，山羊体重同期由平均 15 kg 降至仅有 9 kg。我国耕地与粮食问题十分严峻，由荒漠化引起的我国广大地区农牧业用地的减少和生产水平的锐减，必将进一步激化已十分尖锐的人口与耕地间的矛盾。

10.2.3.4　毁坏生产、生活设施

我国广大荒漠化地区社会经济以第一产业尤其是农牧业生产为主，荒漠化所造成的农牧业减产，往往导致巨大的经济损失，使得农牧民生活比较贫困，荒漠化的最终结果就是贫困化，目前我国 60% 以上的贫困县就集中在荒漠化地区。以西藏为例，据不完全调查与统计，

全区风蚀荒漠化所造成的年直接经济损失约为 8.6 亿元，年经济损失总计高达 34.5 亿元，人均风蚀荒漠化经济损失值为 377.1 元。同时，荒漠化发生与发展过程中，对我国广大荒漠化地区人民生活设施的危害与毁坏同样十分严重，使得荒漠化不但导致贫困，而且会危及该区内人民群众的安身立命，甚至子孙后代的生存与发展，在我国受荒漠化危害的 5 万多个村庄中，部分受危害严重的村庄往往因不再适宜继续生活居住而被迫废弃。据统计，内蒙古自治区鄂托克旗在 1949～1977 年，因风蚀荒漠化被流沙埋压水井 1438 眼，埋压房屋 2203 间和棚圈 3312 间，有 698 户居民被迫迁居，青海共和县沙珠玉乡上卡力岗村百余户人家，40 年来因流沙埋压房屋，曾迁居三次。

10.2.3.5　破坏建设工程

荒漠化过程中土壤侵蚀的结果也常常给水利等工程设施带来许多不良后果，泥沙往往侵入水库、埋压灌渠等，使其难以发挥正常效益甚至遭到破坏。据 1989 年普查，晋陕蒙接壤区库容大于 50 万 m^3 的 46 座水库的总库容已被淤积 37.3%，建于 1977 年的神木水库设计库容 626 万 m^3，1983 年时被淤满成为淤泥坝，并淹没了 20 万 hm^2 川地；青海龙羊峡水库，因受荒漠化影响而进入库区的总泥沙量为 3100 万 m^3/a，仅此一项每年造成的损失就有近 4700 万元。同时，泥沙大量进入河道后，还会使河床淤积增加，是构成河堤溃决的严重隐患，如黄河多年平均年输沙量 16 亿 t 中，就有 12 亿 t 以上来自与沙漠化有关的地区。此外，沙漠化过程还会对输电线路、通信线路和输油（气）管线等产生一定危害，重者则会危及人身安全，造成重大事故。荒漠化对各项建设工程的破坏和影响，已严重阻碍了当地社会经济的发展与振兴。

10.2.3.6　对社会经济的稳定与发展造成潜在威胁

我国荒漠化的发生与发展，除了造成上述诸多危害外，还存在很大的潜在威胁，如在生态环境方面将导致生物多样性的损失，破坏正常的地球生物化学循环，成为全球气候变化的重要原因之一，在全球环境退化中将起着日益重要的作用，在社会经济方面，会造成食物缺乏和人口供养能力的降低，增加受影响地区经济不稳定和社会动乱与纷争，还影响人类特别是儿童的健康与营养状况等。沙漠化将危及沙漠化地区社会经济的稳定与发展。

10.3　生态系统退化与水土流失

土地资源是三大地质资源（矿产资源、水资源、土地资源）之一，是人类生产活动最基本的资源和劳动对象。人类对土地的利用程度反映了人类文明的发展，但同时也造成对土地资源的直接破坏，这主要表现为不合理垦殖引起的水土流失、土地沙漠化、土地次生盐碱化及土壤污染等，而其中水土流失尤为严重，是当今世界面临的又一个严重危机。据估计，世界耕地的表土流失量约为 230 亿 t/a。

10.3.1　土壤侵蚀与水土流失

水土流失是指在水流作用下，土壤被侵蚀、搬运和沉淀的整个过程。在自然状态下，纯粹由自然因素引起的地表侵蚀过程非常缓慢，常与土壤形成过程处于相对平衡状态。因此坡地还能保持完整。这种侵蚀称为自然侵蚀，也称地质侵蚀。在人类活动影响下，特别是人类严重地破坏了坡地植被后，由自然因素引起的地表土壤破坏和土地物质的移动，流失过程加速，即发生水土流失。

《中国水利百科全书·水土保持分册》对土壤侵蚀的定义为：土壤或其他地面组成物质在自然营力作用下或在自然营力与人类活动的综合作用下被剥蚀、破坏、分离、搬运和沉积的过程。

从土壤侵蚀和水土流失的定义中可以看出，两者虽然存在着共同点，即都包括在外营力作用下土壤、母质及浅层基岩的剥蚀、搬运和沉积的全过程，但是也有明显差别，即水土流失中包括水的损失，而土壤侵蚀中则没有。

它们的区别不仅表现在字面含义上的不同，更重要的区别在于侵蚀流失的主体不同。水土流失的流失主体包括“水”和“土”两个主体，而土壤侵蚀仅指“土”一个主体。同样水土流失同土壤侵蚀之间也存在着不可分割的联系，土壤侵蚀是一种特定的水土流失行为，是仅流失土壤的单一的水土流失。水土流失是包括土壤侵蚀在内的广义的水土流失。土壤侵蚀寓意于水土流失之中，是水土流失的一个分支。也就是说土壤侵蚀是狭义的水土流失。水土流失和土壤侵蚀可以作为相对独立的概念来使用，但决不可将水土流失称为土壤侵蚀。

对水土流失一词中的“土”不仅仅指生长生物的土壤，还应包括土壤母质、岩屑等地面其他组成物质和各种养分物质。对于引起水土流失的外力除了水力、风力、重力、温度等自然力外，人类的不合理活动如开矿、修路、毁林开荒等行为改变了原地形地貌、损坏了地表植被，造成新的水土流失或加剧了水土流失。因此人类的不合理活动也应该被称为引起水土流失的外力。

虽然水土流失与土壤侵蚀在定义上存在着明显的差别，但应该看到因“水土流失”一词源于我国，故在科研、教学和生产上使用较为普遍。而“土壤侵蚀”一词为传入我国的外来词，其含义显然狭于水土流失的内容。随着水土保持学科的逐渐发展和成熟，在教学和科研方面人们对两者的差异给予了越来越多的重视，但在生产上人们常把水土流失和土壤侵蚀作为同一词语来使用。

10.3.2　人类活动与水土流失

我国是个多山国家，山地面积占国土面积的2/3；我国又是世界上黄土分布最广的国家。山地丘陵和黄土地区地形起伏。黄土或松散的风化壳在缺乏植被保护情况下极易发生侵蚀。我国大部分地区属于季风气候，降水量集中，雨季降水量常达年降水量的60%～80%，且多暴雨。易于发生水土流失的地质地貌条件和气候条件是造成我国发生水土流失的主要原因。

我国人口多，粮食、民用燃料需求等压力大，在生产力水平不高的情况下，对土地实行掠夺性开垦，片面强调粮食产量，忽视因地制宜的农、林、牧综合发展，把只适合林、牧业利用的土地也辟为农田。大量开垦陡坡，以至陡坡越开越贫，越贫越垦，生态系统恶性循环；滥砍滥伐森林，甚至乱挖树根、草坪，树木锐减，使地表裸露，这些都加重了水土流失。另外，某些基本建设不符合水土保持要求，如不合理修筑公路、建厂、挖煤、采石等，破坏了植被，使边坡稳定性降低，引起滑坡、塌方、泥石流等更严重的地质灾害。

10.3.3　水土流失过程及其力学分析

水土流失的形式除雨滴溅蚀、片蚀、细沟侵蚀、沟道侵蚀等典型的土壤侵蚀形式外，还包括河岸侵蚀、山洪侵蚀、泥石流侵蚀及滑坡等侵蚀形式。

10.3.3.1　雨滴溅蚀

（1）降雨侵蚀力　降雨侵蚀力是降雨引起土壤侵蚀的潜在能力，它是降雨物理特征的函数，在下垫面特征相对一致的条件下，降雨侵蚀越大，引起的土壤侵蚀越剧烈。

W. H. Wischmeier 经过大量的寻优计算，找到了用一个复合参数 R 为指标来表示降雨侵蚀力，其表达式为

$$R = EI_{30} \tag{10-3}$$

式中：E 为该次降雨的总动能[J/(m^2·mm)]；I_{30} 为该次降雨过程中出现的最大 30 min 强度（mm/h）。

（2）溅蚀过程　降雨雨滴动能作用于地表土壤而做功，产生土粒分散、溅起和增加地表薄层径流等现象，称为雨滴溅蚀作用，或击溅侵蚀。雨滴溅蚀主要表现在下列三方面。

第一，破坏土壤结构，分散土体成土粒，造成土壤表层孔隙减少或者堵塞，形成“板结”，引起土壤渗透性下降，利于地表径流形成和流动。

第二，直接打击地面，产生土粒飞溅和沿坡面迁移。

第三，雨滴打击增强地表薄层径流的紊动强度，导致了侵蚀和输沙能力增大。

上述三方面在溅蚀过程中紧密相连、互有影响，就其过程而言大致分为四个阶段：降雨初，地表土壤含水分少，雨滴打击使干燥土粒溅起，为干土溅散阶段；接着表层土粒逐渐被水分饱和，溅起的是湿土粒，为湿土溅散阶段；在击溅的同时，土壤团粒和土体被粉碎和分散，随降雨的继续，地表出现泥浆，细颗粒出现移动或下渗，阻塞孔隙，促进地表径流产生，雨滴打击使泥浆溅散；降雨继续进行，上述过程的演进加上雨滴对地面打击的压实作用，导致表层土壤密实和微起伏变化，孔隙率减少，加快径流形成，形成地表结皮，又称板结。

若雨滴直径为 5 mm，终点速率为 6.26 m/s，可使数万个土粒溅起 0.75 m 高，溅迁半径在 1.2 m 以上，最远达 1.52 m。雨滴打击地面产生“陷口”，陷口的直径远比雨滴直径大得多，且随雨滴速率的增大而增大。

薄层径流受雨滴打击所引起的侵蚀和挟沙能力要比原来大 12 倍以上，这是由于雨滴打击增强了水流的紊动，保持分离土粒悬浮于水中，从而增加了水体能量，形成更加严重的侵蚀和更高的挟沙能力。

这种影响随地表径流深度的增加而增大，当径流深度超过一定值后（约>3 cm），水层具有消能作用，即使 1 mm/min 的高强度降雨，也不能增加径流的侵蚀力和浑浊程度。

击溅侵蚀强度随时间延长而减小，这是黏粒下移、表层土壤变得紧密的结果。

当土壤结构破坏，细小黏粒分散后会下移到周围表层土壤孔隙中，堵塞孔洞，除了造成表层紧实外，还导致渗透速率大大降低。这层“结皮”包括两部分，一部分是非常薄（约 0.1 mm）的无孔隙层，称为封闭层；另一部分是约 5 mm 厚的非冲刷细粒层，它比下层土壤致密得多。结皮层比下层土壤的可渗性差，与下层土壤相比，封闭层和非冲刷层的透水率分别为下层土

壤的 1/2000 及 1/200。因此，雨水渗入非常缓慢，将形成滞水坑，并出现雨水集结和片状径流。埃利森的实验表明，雨滴速率对渗透的影响最大，雨滴大小影响其次，降雨强度影响最小。这显然是因为冲击力破坏更多的团粒结构，细粒堵塞孔隙更严重，形成结皮，最终增加了地表径流。

10.3.3.2 水流侵蚀作用

水流破坏地表，并具有冲走地表物质的作用，称为水流侵蚀作用。除水流冲蚀外，还通过携带物质对床面撞击和磨蚀。

（1）侵蚀作用方式 按侵蚀作用方向，可分为下蚀和侧蚀。

水流切深床面的作用，称为下切侵蚀，简称下蚀或切蚀。下蚀的强度取决于水流动能、含沙量及床面组成物质的抗冲性能。水流的动能越大、含沙量越少，地表组成物质越松散，下蚀速率就越快；相反，下蚀越慢。

水流拓宽床面的作用，称为侧蚀或旁蚀。它主要发生在水流弯曲处的凹岸，其作用强度受环流离心力大小和水流冲刷力控制。

溯源侵蚀是沟谷源头的后退侵蚀。实质上是下蚀在源头和床面坡度突变处向上发展的表现，它受水流速率、流量和床面组成物质控制。溯源侵蚀导致沟谷伸长。

（2）侵蚀起动流速 水流能冲刷推动泥沙运动的最小流速，称为起动流速或临界流速。它分为滑动起动和滚动起动两种。

滑动起动流速 V_d

$$V_d = K_1 \cdot \sqrt{d} \tag{10-4}$$

式中：K_1为系数，$K_1 = \sqrt{\dfrac{2f(\gamma_s - \gamma_w)}{(f\lambda_{sh} + \lambda_t)\rho}}$；$d$为沙粒直径；$\lambda_{sh}$为上举力系数；$\lambda_t$为推移力系数；$\gamma_w$为水的容重；$\gamma_s$为沙石的容重；$\rho$为水的密度；$f$为起动摩擦系数，$f \cdot (G - F_{sh}) = F_t$，$G$为重力，$F_{sh}$为上举力，$F_t$为泥沙与坡面的摩擦力。

滚动起动的流速 V_{d0}

$$V_{d0} = K_2 \cdot \sqrt{d} \tag{10-5}$$

式中：K_2为系数，$K_2 = \sqrt{\dfrac{a_3(\gamma_s - \gamma_w)}{\dfrac{3}{4}\rho(a_1\lambda_t + a_2\lambda_{sh})}}$。

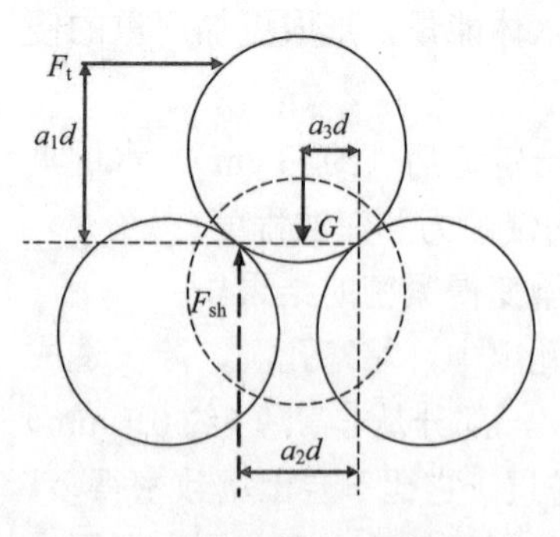

图 10-3　泥沙滚动时的受力情况

若要使静止球形泥沙滚动，则应使滚动力矩与反力矩平衡，满足下列方程

$$F_t \cdot a_1 d + F_{sh} \cdot a_2 d = G \cdot a_3 d \tag{10-6}$$

式中：a_1d、a_2d、a_3d分别为球形体相接点的距离（图 10-3）。

式（10-4）、式（10-5）两式计算中未考虑颗粒沿坡面的向下分力。可以看出，砂砾的粒径总是与流速的平方成正比，而泥沙的体积或质量又与粒径的立方成正比。因此，搬动的沙粒颗粒的体积或质量总与流速的 6 次方成正比，这就是山区河流能够搬动粗大颗粒及巨石的原因。

10.3.3.3　坡面侵蚀

坡面水流形成初期，水层很薄，由于地形起伏的影响，往往处于分散状态，没有固定的流路，多呈层流，速率较慢。在缓坡地上，薄层水流的速率通常不会超过0.5 m/s，最大也为1～2 m/s。因此，能量不大，冲刷力微弱，只能较均匀地带走土壤表层中细小的呈悬浮状态的物质和一些松散物质，即形成层状侵蚀。但当地表径流沿坡面漫流时，径流汇集的面积不断增大，同时又继续接纳沿途降雨，因而流量和流速不断增加。到一定距离后，坡面水流的冲刷能力便大大增加，产生强烈的坡面冲刷，引起地面凹陷，随之径流相对集中，侵蚀力相对变强，在地表上会逐渐形成细小而密集的沟，称为细沟侵蚀。最初出现的是斑状侵蚀或不连续的侵蚀点，以后互相串通成为连续细沟，这种细沟沟形很小，且位置和形状固定，耕作后即可平复。细沟的出现，标志着面蚀的结束和沟道水流侵蚀的开始。根据面蚀发生的形态差异，又可分为层状面蚀、细沟状面蚀、鳞片状面蚀和砂砾化面蚀。

（1）层状面蚀　层状面蚀是指降雨在坡面上形成薄层分散的地表径流时，把土壤可溶性物质及比较细小的土粒以悬移为主的方式带走，使整个坡地土层变薄、肥力下降的一种侵蚀形式。一般发生在比较平缓的坡地上。

（2）细沟状面蚀　在较陡的坡耕地上，由于地表凹凸不平和土壤抗蚀性差异，暴雨过后，坡面被分散的小股径流冲成许多细小而密集的小沟，这就是细沟状面蚀。一般来说细沟状面蚀的沟深和沟宽均不超过20 cm，通过耕作措施即可将其平复，并不需要特殊的土壤保护措施。

（3）鳞片状面蚀　当面蚀发生在非农耕地的坡面上时，如果由于不合理过度樵采或过度放牧，植被遭到破坏，生长不好或分布不均，有植被处和无植被处受冲蚀的程度不同，局部面蚀呈鱼鳞状斑点分布，这种面蚀称为鳞片状面蚀。

（4）砂砾化面蚀　在土石山区，由于土层较薄，土壤中含砂砾较多。在面蚀过程中，土壤中细小颗粒被地表径流冲蚀后，土壤质地明显变粗，土层变薄，最后将因表层土体中砂砾含量过高，不能作为农耕地使用而弃耕，这种面蚀称为砂砾化面蚀。

10.3.3.4　沟谷侵蚀

沟蚀是指汇集成股的地表径流冲刷破坏土壤和母质，形成切入地面以下沟壑的一种土壤侵蚀形式。一旦面蚀未被控制，由面蚀所产生的细沟，或因地表径流的进一步汇流集中，或因地形条件有利于细沟进一步发展，这些细沟向长、深、宽继续发展，终于不能被一般土壤耕作所平复，于是由面蚀发展成为沟蚀。

沟蚀是由面蚀发展而来的，但沟蚀显著不同于面蚀。因为一旦形成侵蚀沟，土壤即遭到彻底破坏，而且由于侵蚀沟的不断扩展，耕地面积也就随之不断缩小，曾经是连片的土地被切割得支离破碎，但是侵蚀沟只在一定宽度的带状土地上发生和发展，侵蚀沟所占的土地面积远较面蚀小。根据沟蚀程度及形态，将其分为浅沟侵蚀、切沟侵蚀和冲沟侵蚀等类型。

（1）浅沟侵蚀　地表径流由小股径流汇集成较大的径流，既冲刷表土又下切底土，形成横断面为宽浅槽形的浅沟，这种侵蚀形式称为浅沟侵蚀。浅沟侵蚀下切深度从0.5 m以下逐渐加深到1 m。沟宽一般超过沟深，以后继续加深加宽。浅沟侵蚀是侵蚀沟发育的初期，其特点是没有形成明显的沟头跌水，沟底的纵剖面线和当地坡面坡度的斜坡纵断面线相似，侵蚀沟的横断面多呈三角形，沟壁斜坡与坡面无明显界限。正常的耕翻已不能复平，不妨碍耕犁通过，但已感到不便。当沟底由坚硬母质组成时，这一阶段可保持较长的时间，但当沟底母质疏松时，其很快便演化为切沟。

（2）切沟侵蚀　浅沟继续发展，冲刷力量和下切力量增大，沟深切入母质中，有明显的沟头，并形成一定高度的沟头跌水，这种沟蚀称为切沟侵蚀。侵蚀沟出现分支现象，集水区的地表径流从主沟顶和几个支沟顶流入侵蚀沟，因此，每一个沟顶集中的地表径流就减少了，侵蚀沟向长发展的速率减小。切沟侵蚀的特点是沟谷横断面呈窄 V 形，沟头有一定高度的跌水，沟床比降比坡面比降大，沟底纵坡甚陡且不光滑。侵蚀最活跃。切沟侵蚀蚕食耕地，使耕地支离破碎，大大降低了土地利用率。切沟是侵蚀沟发育的盛期阶段，沟头前进、沟底下切和沟岸扩张均甚为激烈。所以此时是防治沟蚀最困难的阶段。

（3）冲沟侵蚀　切沟的进一步发展，水流更加集中，下切深度越来越大，沟壁向两侧扩展，横断面呈 U 形；沟底纵断面与原坡面有明显差异，上部较陡，下部已日趋平衡。这种侵蚀称为冲沟侵蚀。冲沟是侵蚀沟发育的末期，这时沟底下切虽已缓和，但是沟头的溯源侵蚀和沟坡、沟岸的崩塌还在发生，没有达到相对稳定的程度。

（4）河沟山洪侵蚀　山洪侵蚀是指山区河流洪水对沟道堤岸的冲淘、对河床的冲刷和淤积过程。由于山洪具有流速高、冲刷力大和暴涨暴落的特点，因而破坏力大，并能搬运和沉积泥沙石块。山洪侵蚀改变河道形态，冲毁建筑物和交通设施，淹没农田和居民点，可造成严重危害。

10.3.4　水土流失灾害

严重的水土流失不但造成土地资源的破坏，导致农业生产环境恶化，生态平衡失调，水旱灾害频繁，而且影响各业生产的发展。具体危害如下。

10.3.4.1　破坏土地资源，蚕食农田，威胁人类生存

土壤是人类赖以生存的物质基础，是环境的基本要素，是农业生产的最基本资源。水土流失的发生，使有限的土地资源遭受严重的破坏，地形破碎，土层变薄，地表物质“沙化”、“石化”，特别是土石山区，由于土层流失殆尽，基岩裸露，有的群众已无生存之地。据初步估计，由于水土流失，全国每年损失土地约 13.3 万 hm^2，按 1 hm^2 造价 1.5 万元统计，每年就损失 20 亿元。更严重的是，水土流失造成的土地损失，已直接威胁到水土流失区群众的生存，其价值是不能单用货币计算的。

10.3.4.2　削弱地力，加剧干旱发展

水土流失，使坡耕地成为“三跑田”，致使土地日益瘠薄，而且水土流失造成的土壤理化性状的恶化，土壤透水性、持水力的下降，加剧了干旱的发展，使农业生产低而不稳，甚至绝产。据观测，黄土高原多年平均每年流失的 16 亿 t 泥沙中含有氮、磷、钾总量约 4000 万 t；东北地区因水土流失损失的氮、磷、钾总量约 317 万 t。资料表明，全国多年平均受旱面积约 2000 万 hm^2，成灾面积约 700 万 hm^2，成灾率达 35%，而且大部分在水土流失严重区，这更加剧了粮食和能源等基本生活资料的紧缺。

10.3.4.3　泥沙淤积河床，加剧洪涝灾害

水土流失使大量泥沙下泄，淤积下游河道，削弱行洪能力，一旦上游来洪量增大，就会引起洪涝灾害。中华人民共和国成立以来，黄河下游河床平均每年抬高 8～10 cm，目前已高出两岸地面 4～10 m，成为地上“悬河”，严重威胁着下游人民生命财产的安全，成为国家的“心腹大患”。近几十年来，随着水土流失的日益加剧，各地大、中、小河流的河床淤高和洪涝灾害也日益严重。由于水土流失造成的洪涝灾害，全国各地几乎每年都不同程度地发生，不胜枚举，所造成的损失，令人触目惊心。

10.3.4.4　泥沙淤积水库、湖泊，降低其综合利用功能

水土流失不但使洪涝灾害频繁发生，而且产生的泥沙大量淤积水库、湖泊，严重威胁到水利设施的利用和效益的发挥。初步估计，全国各地由于水土流失而损失的水库、山塘库容累计达 200 亿 m^3 以上，相当于淤废库容 1 亿 m^3 的大型水库 200 多座，按 1 m^3 库容 0.5 元计，直接经济损失约 100 亿元。而由于水量减少造成的灌溉面积、发电量的损失及周边生态环境的恶化，更是难以估计其经济损失。

10.3.4.5　影响航运，破坏交通安全

水土流失造成河道、港口的淤积，致使航运里程和泊船吨位急剧降低，而且每年汛期由于水土流失形成的山体塌方、泥石流等造成的交通中断，在全国各地时有发生。据统计，1949 年全国内河航运里程为 16 万 km，到 1985 年，减少为 11 万 km，1990 年，又减为 7 万 km，已经严重影响着内河航运事业的发展。

10.3.4.6　导致贫困，影响经济发展

我国大部分地区的水土流失，是由陡坡开荒、破坏植被造成的，且逐渐形成了“越垦越穷，越穷越垦”的恶性循环，这种情况是历史遗留下来的。而中华人民共和国成立以后，人口增加更快，情况更为严重，水土流失与贫困同步发展。

10.4　生态系统退化与生物多样性问题

10.4.1　生物多样性的概念

目前，对生物多样性的含义有许多解释，但所表述的内容基本一致。

美国国会技术评价办公室在 1987 年将生物多样性定义为：“生物之间的多样化和变异性及物种生境的生态复杂性”。这一定义可以从三个层次上理解。首先，生物之间的多样化指地球上存在形形色色的各种生物，这是物种层次上的多样性。其次，生物之间的变异性指生物物种所包含的基因、基因型存在多样化和可变性，这是基因层次上的多样性。最后，生境的生态复杂性指地球表面分布着各种各样的生态系统类型及由此构成的各种生境，这是生态系统层次上的多样性。其中，物种多样性是基本内容，遗传多样性由物种携带，生态系统多样性由物种构筑。

美国技术监督局给予的定义是："生命有机体及其赖以生存的生态综合体之间的多样性和变异性。"生物多样性是多样化的生命实体群的特征。

1992 年，联合国环境与发展会议（UNCED）签署的《生物多样性公约》将生物多样性定义为："生物多样性是指所有来源的形形色色的生物体，这些来源包括陆地、海洋和其他水生生态系统及其所构成的生态综合体；还包括物种内部、物种之间和生态系统的多样性"。

1995 年，联合国环境规划署（UNEP）发表的关于全球生物多样性的巨著《全球生物多样性评估》给出一个较简单的定义：生物多样性是所有生物种类、种内遗传变异和它们与生存环境构成的生态系统的总称。

生物多样性是生命有机体及其借以生存的生态复合体的多样性和变异性，包括所有的植物、动物和微生物物种及所有的生态系统和其形成的生态过程。也就是地球上所有的生物物种及其与环境形成的生态复合体和与此相关的各种生态过程及物种变异性的多样化。生态复合体即指物种种群、生态系统或生物群落及其在较大的地理区域内复合的景观格局；生态过程包括生物与环境之间、生物与生物之间的相互作用过程，物种的形成和各种生态复合体的形成及演化过程，生态系统内及生态系统间的能量流动、物质循环和信息传递过程；物种变异性应包括基因型变异和环境塑造的表现型变异。因此，多样性是所有生命系统的基本特征，是一个描述自然界多样化程度的、内容广泛的概念，是时间和空间的函数。

10.4.2　生物多样性的内涵层次

10.4.2.1　生物多样性的内涵

生物多样性包括地球上所有的植物、动物和微生物物种及它们所拥有的基因，各物种之间及其与生境之间的相互作用所构成的生态系统和其生态过程。

生物多样性既是生物之间及与其生存环境之间复杂的相互关系的体现，又是生物资源丰富多彩的标志。它是对自然界生态平衡基本规律的一个简明的科学概括，也是衡量生产发展是否符合客观规律的主要尺码。一个区域和一个生态系统保护是否完整，在很大程度上要以其生物多样性的保护和利用是否合理来衡量。

如何理解和表达一个区域生物多样性的特点，一般都着眼于下列两个方面。一是物种的丰富程度；二是物种的优势和均匀性强度。优势度是指各个物种在一定区域或一个生态系统中分布多少的程度。

10.4.2.2　生物多样性的层次

生物多样性是一个复杂的、多学科综合的和内涵极其丰富的概念群。为了更好地理解生物多样性的内涵，划清各学科的任务和责任，进而实现研究生物多样性问题各学科的通力合作，将其划分为遗传多样性、物种多样性、生态系统多样性和景观多样性 4 个层次，已形成基本一致的看法，并给予明确的解释。

（1）遗传多样性　遗传多样性是生物多样性的内在形式。广义的遗传多样性是指地球上所有生物所携带的遗传信息的总和，通常谈及生态系统多样性或物种多样性时也就包含各自的遗传多样性。狭义的遗传多样性主要指生物种内不同群体或同一群体内不同个体的遗传变异的总和，蕴藏在动物、植物和微生物个体的基因里。

（2）物种多样性　物种多样性是生物多样性最直观的体现，是生物多样性概念的核心。它是指有生命的有机体即动物、植物、微生物物种的多样性。多种多样的物种是生态系统不可缺少的组成部分。

（3）生态系统多样性　遗传多样性和物种多样性是生物多样性的基础，而生态系统多样性是生物多样性的重点。生态系统多样性是指生物圈内生境、生物群落和生态系统的多样性，以及生态系统内生境差异、生态进程变化的多样性。这里的生境主要是指无机环境，如地貌、气候、土壤、水文等，生境的多样性是生物群落多样性乃至整个生物多样性形成的基本条件。生物群落多样性主要指群落的组成、结构和动态（包括演替和波动）方面的多样化。

（4）景观多样性　景观多样性是指由不同类型景观要素或生态系统构成的空间结构、功能机制和时间动态方面的多样化或变异性。景观的定义是“由一组以相似方式重复出现的，由相互作用的生态系统组成的异质性的陆地区域”。景观的功能是指生态系统之间物种、能量和物质的流动。景观动态是指结构与功能随着时间的变化。自然干扰、人类活动和植被演替或波动是景观发生动态变化的主要原因。景观多样性原则上是生态系统多样性更高的等级单位，更为宏观。

10.4.3　生物多样性的环境效应

10.4.3.1　利用生物多样性来保护和改善环境

生物多样性可以提高生态系统的自身调节能力，推动人类生态系统的发展。所以在环境保护中，我们可以利用生物的多样性，来改善和促进人类生态系统的良性循环。例如，利用各种污染敏感的指示生物和生物多样性的分布状态等，来监测和评价环境污染程度及利用多种生物防治环境污染。如在大气污染较重的工业区内，培育和种植耐污植物，利用这些植物自身对污染的净化能力，来降低大气中污染物的浓度，提高氧气含量，调节大气环境的温度和湿度，以改善工业区大气环境的质量。在河流水体中，建立自然保护区，保护生物的多样性，可以提高水体的自净能力，增加水体的环境容量。在污水和固体废物的处理中，使用多种生物富集和降解污染物，以较低的费用达到变害为利的目的，此外，还可利用多种生物改良土壤、治理荒滩和沙漠等。总之，使用多种生物技术，不但可以减少环境保护的费用，而且能持久地改善和促进人类生态系统的良性循环，提高该系统平衡的稳定性。因此，利用和保护生物多样性也是环境保护的一条有效途径。

10.4.3.2　生物多样性与有机废物的再循环

为了生产足够的动物食品以满足日益增长的世界人口的需要，全世界目前总共饲养大约 200 亿头牲畜，其中美国饲养 9 亿头。美国的这些家畜的总生物量大约为其人口的 4.5 倍，就全世界来说，家畜的生物量约为人口的 2.5 倍。因而几乎三分之一的世界土地和几乎一半的美国土地都是用于生产家畜所需的野生或栽培植物。而全世界人口、家畜和农作物则每年大约产生出 380 万 t 有机废物。如果不及时处理掉这些有机废物，那么人类生存的环境将变成垃圾的海洋。地球上具有种类繁多、数量巨大的分解生物及时地对这些有机废物进行了处理，因而使我们的环境依然洁净、清新。那么分解生物仅在美国每年所产生的效益就达 620 多亿美元，而在全世界，则高达 7600 多亿美元。而这一计算还不包括降低环境污染、再循环养分及大量减少人类疾病等所产生的利益。

10.4.3.3 生物多样性与土壤培育

目前，全世界人口 99%以上的食物供应都是来自陆地，仅有 0.5% 来自海洋和其他生态系统。而种类繁多的土壤生物能促进土壤的培育，使之有利于作物的生产。如 1 m^2 土壤通常能支持繁殖 20 万条节肢动物和线虫类动物及几十亿个微生物。同样，沙漠蜗牛等生物也能帮助培育大约 1000kg/(hm^2 · a)的土壤，这等于风化作用的年土壤培育率。这些土壤生物的联合活动能重新分配养分，使土壤透气，促进表土的形成及加快水的渗透速率，因而能提高植物的生产率，对于防止水土流失、土地沙化和改善区域气候具有重要意义。

10.4.3.4 化学污染的生物治理

目前在美国使用着 7 万多种化学品，它们通过土壤、水和空气释放到环境中；而据估计全世界目前使用着 10 万多种化学品。现已查明美国所使用的化学品中有 10%可致癌，而美国每年向环境排放的化学物质达 2900 亿 kg 或 1100 kg/人。在过去一些年，化学品在环境中的大量集积已导致产生出 40 万～50 万个危险废弃物场地，而在全世界就更是不计其数了。因此必须清除对环境和人类有毒的化学品。使用微生物和植物降解化学物质的生物处理方法既能清洁被污染场地，又能净化水中的危险废弃物。

总之，生物处理方法比物理、化学和热处理方法都更为有效，因为后者常常都只是将污染物转化为另一种不同的介质，而不是像生物处理方法那样使之转为低毒性物质。目前，大约 75%释放进环境中的化学物质都可用生物有机体进行降解，因而它们都是生物治理和生物处理的潜在目标。

10.4.3.5 生物多样性与虫害控制

全世界大约有 7 万种害虫侵袭农作物。而大约 99%的害虫都被其天敌物种和寄生植物的抗性所控制。同时每种害虫平均都有 10～15 种天敌，有的甚至更多。即使如此，从世界范围来说，每年仍然要使用价值 260 亿美元的 250 万 t 杀虫剂，使农作物每年因虫害而减产控制在 37%以下。同时，天敌物种还有效地保护了森林不受害虫的侵袭。例如，在美国的云杉林中，鸟吃害虫每年就带来大约 180 美元/hm^2 减少使用杀虫剂的效益。可见，生物多样性显著地减少了杀虫剂等人工产化学产品对环境的投入，在一定程度上避免了这些化学产品对环境的污染和破坏。

10.4.3.6 生物多样性对全球变暖的影响

（1）对全球碳循环的影响 碳以 CO_2 的形式进行全球循环。首先是植物通过光合作用吸收 CO_2 将之转化为有机碳，进入生态系统的食物链进行流动，其次，通过各级消费者的呼吸作用和微生物分解作用又以 CO_2 的形式进入大气循环过程。由于人类大量燃烧化石燃料，人为地增加了大气中 CO_2 的排放量，同时，砍伐森林减少了对 CO_2 的固定，使大气中 CO_2 浓度约以每年 1.5% 的速率提高。陆地森林生态系统和海洋生态系统能大量固定 CO_2，使碳以生命有机体的形式得以固定，所以生物多样性对降低 CO_2 浓度、缓解温室效应有积极作用。

(2)对热量收支平衡的影响 地面辐射是大气的主要热源。大气中的 CO_2 、水蒸气、CH、

NO 能强烈吸收地面长波辐射而使气温升高。在植被覆盖良好的地区，植物能通过光合作用将太阳能转化为生物有机能，使地面温度较没有植被时下降许多，同时，植被覆盖的地表对太阳辐射的反射率较低，二者叠加，使林地上气温比裸地要低得多。生物多样性越丰富的生态系统，对太阳能的转化与固定的效率越高，能改变大气热量收支状态，起到缓解温室效应的作用。

总之，生物多样性对全球变暖的影响是积极的。全球变暖正威胁着全球生物多样性的保持，而人类的可持续发展又以生物多样性为重要依托。因此，无论出于对生物多样性物质贡献的需要，还是环境贡献的需要，全人类都应该共同行动起来保护生物多样性，保护我们生活的家园。

环境保护与生物多样性的关系是密不可分、相辅相成的。也就是说要从根本上达到环境保护的目的，仅仅防治各种污染物对环境的污染还不够，还需要对生物多样性加以保护和利用。但是，由于人口的急剧增长、环境污染和不合理的开发建设，造成某些区域性生态系统急剧退化，自然灾害不断加剧，不仅破坏了物种栖息地，加剧了物种的濒危和灭绝，也严重制约了国民经济和社会的发展。据初步统计，近几十年来，我国大约有 398 种脊椎动物濒危，200 种植物灭绝，4000～5000 种高等植物处于濒危或临近濒危状态。而正是由于生物多样性的快速减少，使生态系统平衡失调，洪涝、干旱、沙尘暴等自然灾害时刻侵袭我们的生存环境。这种状况如不尽快扭转，将给我国生物多样性保护和国民经济发展造成巨大的威胁和损失。

10.4.4　人类活动对生物多样性的影响

随着工业文明的发展，人类社会逐步扩张，改变了广大地区的生物环境，严重影响了生物多样性，物种正以前所未有的速率从地球上减少。据估计，全世界每年有数千种动植物灭绝。1988 年，全世界有 1200 种动植物濒临灭绝。到 2000 年，地球上 10%～20%的动植物（50 万～100 万种）将消失。

10.4.4.1　植被破坏

传统的森林砍伐还不特别危险，而贫困和绝望却会导致不顾一切后果将其滥伐殆尽。经过几次好收获之后，土地将会变得贫瘠，只能生长一些灌木丛。如今这种破坏过程发展得如此迅猛，以致热带雨林正面临着在几十年内完全消失的危险。当森林死亡时，死亡的不仅仅是树木，而是一个生态系统。失去绿色的土地，无疑会面临接踵而至的生态灾难和许多物种的灭绝。因此，保护植被是我们刻不容缓的任务。

10.4.4.2　砍伐森林

对世界植物和动物的最大威胁是生态环境的破坏。大部分生物很难离开它已适应了的环境。世界上物种最丰富的地方之一是热带雨林区，但是现在它正在遭受越来越快的破坏。实际上，世界上所有的天然森林都受到了严重威胁。程度最轻的是雨林被单一的经济林所代替，情况最严重的地方已因侵蚀而被破坏成了贫瘠的灌丛地。据测算，进入 20 世纪 90 年代以来，每年有 13 万～15 万 km^2 的热带雨林变成荒地，非洲的热带雨林只剩下原先的三分之一。据世界自然基金会估计，全球的森林正以每年 2%的速率消失，按照这个速率，50 年后人们将看不到天然森林了。

10.4.4.3　开垦草原

北美的许多草原已经或多或少地消失了。在非洲，由于要解决日益增加的人口的粮食问题，人们正在大量焚毁有丰富动物资源的热带草原。在干旱地区采用传统农业方法既不可靠又危险。苏联为开垦中亚内陆干草原所做的努力，已经遭到了许多不幸的挫折。

10.4.4.4　排干湿地

沼泽湿地不但是生物的生活环境，而且在水文循环中起着重要的作用。它可调节河流的流速，改善地下水的补给。但是为了发展工业和建筑住房，许多湿地不是被排干就是蓄满了水。试图把湿地转变为耕地，结果常常是土贫产低。

10.4.4.5　城市化发展

城镇发展于良好的农业区，而都市化常常意味着为建设住宅、街道和停车场而牺牲耕地。这样耕地就变成了不能出产生物的废地。从自然或经济的角度来看，这样的土地很难再恢复成农田。

10.4.4.6　动物灭绝

许多动物种类已濒临灭绝，仅是面临危险的脊椎动物数量就是十分惊人的。威胁的性质是各种各样的：欧洲的猛禽正遭到采集鸟蛋者的威胁，而老虎则面临着其出没的密林被砍伐掉的危险。许多濒临灭绝的动物已难以挽救了，而另外一些若能受到保护尚可幸存。

10.4.5　生物灾害

10.4.5.1　濒临灭绝的物种

人类地球在漫长的地质年代里蕴藏了极为丰富的生物多样性。现今地球上生存的物种有300万～5000万种，而人类迄今描述或定名的也不过140万种或170万种。生物多样性在地球表面的分布并不均匀。已有资料表明，世界热带森林仅占全球面积的7%，但它包含了全世界一半以上的物种。然而，地球上丰富的生物多样性却在人口剧增、过度开发、环境污染等巨大压力下急剧萎缩，并逐渐接近或濒临崩溃的边缘。这种生物多样性的丧失是多方位的，包括从遗传基因到生态系统乃至景观的各个层次。单以物种的灭绝而论，自1600年以来，世界上有21%的兽类和13%的鸟类已经灭绝，这其中99%是人类活动所致。人类造成的灭绝速度是自然“本底灭绝”速度的100～1000倍。据估计，现今地球上每年将有2万～3万种生物灭绝，相当于每天消失68种，每小时3个物种。

当代生物的灭绝特点是：规模大，涉及面广，时间短。森林的消失则是导致生物灭绝的一个重要因素。森林作为野生动物的立足之地或“自然庇护所”，数百万年前地球上曾有2/3的土地为森林所覆盖，而今的森林面积却不足30亿hm^2。人类滥伐森林的步伐直至今天也尚未完全停止，据统计，全世界每年森林减少1%左右，而作为生物多样性极为丰富的热带雨林则情况更糟。

世界范围内疯狂的野生动物狩猎及走私活动也使生物多样性惨遭浩劫。据保守估计，全世界每年的非法野生动物贸易额为 50 亿～90 亿美元，其中走私濒危动物的达 20 亿～30 亿美元，成为继毒品、军火交易之后世界第三大走私活动。在我国，虽然制定了一些相应的法规保护野生动物，但滥捕滥猎、走私贩卖野生动物的现象在一些地区仍十分严重。据报道，甘肃北部采金区淘金者大肆捕猎野生动物作肉食，每年捕杀量在 4000 头以上，这些动物中有不少是国家重点保护对象，如白唇鹿、野驴、棕熊、金钱豹、藏原羚及雪鸡等；在新疆，近年来每年捕杀的马鹿在 2 万只以上，鹅喉羚在 3000 只以上，盘羊、北山羊上千只。在 1985～1987 年，大熊猫被猎杀达 62 只，犯罪分子获取皮张贩卖到国外以获得高额利润。在过去，中国每年可出口几万只猴子以获取外汇，而在疯狂收购猎杀后的今天，我国国内每年科研需要的 4000 只猴子已无法满足。中国既是生物多样性特别丰富的国家之一，又是生物多样性受到严重威胁的国家。在 2003 年我国的森林覆盖率还仅为国土面积的 14% 左右，受到威胁的物种可能占整个区系成分的 15%～20%。在世界受危动物中，中国受危兽类和鸟类的种数都排在前三位，受危的兽类有 128 种、鸟类有 183 种、爬行类有 96 种、两栖类有 29 种、鱼类有 92 种。已在中国绝迹或野外灭绝的动物，比较著名的有小齿灵猫、豚鹿、高鼻羚羊、短尾鹦鹉、马来�、云南闭壳龟、北娃鱼和异龙中鲤等，其他一些动物则处在灭绝的边缘，如大熊猫、金丝猴、东方白鹤、丹顶鹤、大鲵、扬子鳄、中华鲟等。在我国高等植物中，有 5%左右的种类可能将在近几十年内灭绝。

10.4.5.2　生物入侵灾害

（1）造成巨大的经济损失　生物入侵备受各国政府关注的首要原因是它造成的巨大经济损失。光肩星天牛是原产于亚洲的极具破坏性的林木蛀干害虫。随着国际贸易的发展，该种害虫随木质包装材料进入美国，到 1998 年 8 月，它已在加利福尼亚、佛罗里达、纽约、华盛顿等 14 个州的仓库中被发现，在芝加哥、纽约等地的野外也发现了该物种。光肩星天牛在美国没有已知天敌，会对美国遍地种植的枫树和果树造成危害。如果它在美国得以长期繁衍，造成的经济损失将高达 1400 亿美元。仅美国每年因外来种入侵造成的经济损失就近 140 亿美元。

1988 年传入利比亚的螺旋锥蝇，其随身携带的潜在致死寄生菌几年时间就传播了 10 万 km^2，直到 1999 年耗费 4000 万美元才将其控制住。这种外来种至今还威胁着北非 7 亿多头牲畜的生存，并且有可能传播到整个非洲、欧洲和亚洲的一些地区。1986 年，一艘海轮在底特律附近倾倒它的压台水，由此将一种原产里海和黑海的斑贻贝传入北美内陆水域，它的大量繁殖造成了供水系统的堵塞，在以后的 10 年中尚需 50 亿美元进行治理。

据专家估计，中国由于部分外来寄生物和外来种入侵造成的损失达每年 500 亿元以上。

（2）严重威胁人类和牲畜健康　一些外来病原生物的入侵直接危及人类的生命。疟疾和鼠疫是人类的大敌。1930 年，按蚊从非洲西部将疟疾传入巴西东北部地区，传入当年，在仅有 1.2 万人口的 15.5 km^2 的地区内，就有 1000 余人感染疟疾。1942～1943 年，该病从苏丹传入埃及北部的尼罗河河谷地区，死亡人数超过 13 万人。鼠疫在公元 6 世纪从非洲入侵中东，进而到达欧洲，造成约 1 亿人死亡，甚至导致了东罗马帝国的衰亡。

外来种入侵间接危及人类生存的悲剧更是惨不忍睹，马铃薯原产地在南美，马铃薯晚疫病病原菌也发生在南美。马铃薯所具有的多种优势很快使之成为北美和西欧的主食，特别是爱尔兰，马铃薯引进后几乎成了唯一的粮食作物。1845 年马铃薯出土后的不利气候正适合晚疫病菌繁殖，结果导致全面绝收。爱尔兰由于缺粮，饿病而死的人数有 150 万，成为人类近代史上外来种入侵酿成的最大悲剧。

疯牛病于 1986 年在英国发现时，仅仅被当作是兽医学上又一个无关紧要的发现而已，但不到 2 年时间就引发了严重的疫情。到 2002 年 4 月，它已蔓延到荷兰、丹麦、德国、卢森堡、比利时、西班牙、爱尔兰、奥地利、葡萄牙、意大利、法国、芬兰、希腊、捷克、斯洛伐克、列支敦士登、瑞士、日本和阿曼等国和地区，只能大量宰杀疫区内怀疑患病的牛来控制其进一步传染。可怕的是，疯牛病是人畜共同传染病，病况异常复杂。英国已经发现 99 人患有人类“疯牛病”，而且这种病有可能成为今后持续几十年的流行病。可悲的是，现有医疗技术在患者生前无法确诊该病，只有患者死后用显微镜观察其脑组织切片才能找到死因。

（3）引起社会恐慌和动荡 炭疽菌是一种孢子病菌，主要通过皮肤、肠道和呼吸道传染。一旦染上就可能有生命危险。2001 年 10 月，夹带在邮件中的炭疽菌使美国民众受到感染，在不足 20 天的时间内美国人的生活彻底变了样。在一些商店里，防毒面具成为最抢手的商品，大约 17% 的美国人有购买的想法。自来水的安全性受到怀疑，自来水净化器和矿泉水的销售量提高了 50%。国民的忧虑情绪与日俱增，20% 的人受到失眠、梦魇、恐慌和焦虑的折磨，25% 的人考虑注射炭疽或天花疫苗，更有甚者，将一封夹带可疑炭疽菌的信寄至众议院议长哈斯特尔特办公室，使国会山陷入了历史上前所未有的恐慌局面，导致众议院关闭。关闭众议院的举措在美国历史上仅在 1814 年出现过一次，西方世界的其他国家也收到类似的信件，有些报刊用“美国人惶恐不安”“英国人提心吊胆”来反映炭疽菌入侵造成的社会恐慌和动荡。

（4）改变生态系统的结构和功能 外来种一旦入侵一个生态系统，首先引起生态系统组成和结构的变化，同时对生态系统的资源获取或利用产生影响，并使系统的干扰频率和强度发生改变，系统的营养结构也产生变化。原产于南美洲的薇甘菊在我国南方的蔓延造成严重危害。深圳内伶仃岛国家级自然保护区保护着 20 多群 600 多只国家级保护动物猕猴及供其食用和栖居的香蕉树、荔枝、龙眼、野山橘等植物。薇甘菊已经登陆该岛，缠绕或覆盖于树上，使这些树木难以进行光合作用，在不到 2 年的时间内死亡。目前，该岛 40%～60% 的面积被薇甘菊覆盖，已经改变了原有的生态系统的物种组成和食物链，猕猴面临死亡的威胁。原产于南美洲的水葫芦，是在 20 世纪 30 年代作为畜禽饲料特意引入我国的，后逃逸为野生，现广泛分布于南方的水生生态系统中，特别是在云南滇池，密布于水面，许多原来湖中的水草灭绝，极大地破坏了整个系统的正常功能。

20 世纪 70 年代，一些喜欢饲养观赏水生生物的爱好者，在加勒比海度假时，发现了一种名叫杉叶蕨藻的植物，并把它带回家。这种有毒又贪食的植物后来流入海洋，在水深 3～50 m 的海底繁殖、定居，其紧密的根系网和叶子可以杀死海底所有的生命。只要有这种有毒绿色海藻的地方，就没有其他海洋植物和微生物的存在，鱼、海星和海蜇也随之消失。由于在新环境里没有原有的制约天敌，它还在迅速蔓延滋生。它所到之处的海洋生态系统的结构和功能都被彻底改变了。

原产于地中海的植物入侵美国西南部后，其深大的根系使地下水位降低，导致加利福尼亚的一些谷地的荒漠绿洲变干。根除这种植物后，绿洲又恢复了往日的生机。南非冰草是一种能够积累盐的一年生植物，入侵加利福尼亚后，每年的枯落物使土壤表层的含盐量升高，抑制了本土植物的生长和萌发。原产于北大西洋的一种固氮灌木杨梅入侵夏威夷后，从年龄不足 15 年的火山灰到郁闭的热带雨林都发现了它。在夏威夷国家火山公园，1977 年其面积为 600 hm^2，1985 年增加到 12200 hm^2，到 1992 年猛增到 34365hm^2。它在疏林地每年每公顷可增加 18 kg 氮，在火山灰上形成单优群落。这类固氮植物入侵后，对当地整个生态系统都有重要影响。

（5）造成生物多样性的丧失　外来种入侵对本土生物多样性具有毁灭性的影响，被认为是严重威胁生物多样性的魔鬼四重奏之一。在《生物多样性公约》的讨论中，外来种入侵被认为是对生物多样性的第二大威胁，仅次于生境丧失。美国的一位专家 Enserink 预言生物入侵将很快会成为美国生物多样性的最大威胁。少数取得巨大成功的物种可能成为全球的优势种类，观赏种使目的地的生物多样性增加，但使全球生物多样性下降。夏威夷因远离大陆，在 1500 年前，其生物区系中的当地特有成分高得惊人，并且缺少陆生的爬行动物、两栖动物、哺乳动物和许多重要的无脊椎动物。现在外来种成为威胁当地特有的 10000 种生物的头号大敌，猪、山羊和鹿的到来，毁坏了植被，加剧了土壤侵蚀，便利了外来杂草和昆虫的扩散。夏威夷的面积仅为美国国土面积的 0.2%，却成为美国 38% 的受威胁和濒危的植物及 41%的濒危鸟类的避难所。这些受威胁和濒危的物种中 95%是由外来种造成的。从全球尺度上看，外来种入侵为主要原因而造成物种灭绝的比例是：鱼类占 25%、爬行类占 42%、鸟类占 22%、哺乳类占 20%。

课堂讨论话题

1. 简述荒漠化和沙漠化的关系。
2. 简述土壤侵蚀和水土流失概念含义的区别和联系。
3. 生物灾害包括哪些？对人类社会的威胁是什么？
4. 论述生物多样性的内涵层次。

课后复习思考题

1. 叙述沙尘暴灾害的形成、危害。
2. 查资料了解地球生物多样性面临的问题及对人类生存的威胁。
3. 查阅资料，分析生态系统退化的内外作用力，以及防治生态系统退化的措施。

第11章 全球变化和环境灾害

内容提要

全球变化是地球人类正在面临的重大环境问题，是相关科研领域研究的重点，全球变化从不同的方面及不同的层次影响着人类的生活和生产。本章首先阐述了全球变化的基本知识及对人类的影响，分析了不同区域对全球变化的敏感差异。全球变化的主要原因之一就是气候变暖，进而造成了海平面的上升，讨论了气候变暖对生态系统的影响，海平面上升对沿海地区的成灾过程。全球变化的明显后果就是极端气候的频出，使得厄尔尼诺和拉尼娜现象周期性的出现。

重点要求

- ✧ 掌握全球变化的相关专业术语及引起全球变化的原因；
- ✧ 掌握气候变暖的原因及机理；
- ✧ 厘清厄尔尼诺与拉尼娜现象的差异。

11.1 全 球 变 化

11.1.1 全球变化的概念模型

全球变化是指全球环境中能改变地球承载生命能力的各圈层系统的变化，包括气候变化、陆地生产力变化、海洋和其他水资源变化、大气化学变化及生态系统变化等。

全球变化的研究对象包括地球表层系统的岩石圈、大气圈、水圈、冰冻圈、生物圈，发生在地球系统各部分之间的各种现象、过程及各部分之间的相互作用。

全球变化的研究范围包括地球历史时期的变化、现今的变化、未来的发展趋势。此外还包括人类活动以不同的方式在不同程度上对全球变化的动态影响。同时，人类社会的持续发展也面临着全球变化带来的影响。由此可知，全球变化涉及的范围已从人类活动、气候系统的变化，扩展到地球表层系统和整个地球系统的变化。全球变化研究的科学目标是描述和理解人类赖以生存的地球环境的运行机制、变化规律及人类活动在其中所起的作用与影响，从而提高对未来环境变化及其对人类社会发展影响的预测和评估能力。

全球变化的过程涉及三个基本方面：物理过程、化学过程和生物过程，在这三个过程之间存在着相互作用和相互制约的机制。

物理气候系统的子系统主要涉及：大气物理学（如热学、动力学等）、海洋动力学、地表的水气和能量循环；生物地球化学循环的子系统主要涉及：大气化学、海洋生物地球化学和陆地生态系统。每个子系统都直接或间接地同其他子系统发生相互作用。驱动全球变化的最终能源是太阳能。能量和水以各种方式贯穿于整个体系。人类活动也加入全球变化过程中，同时，人类活动也受到全球变化的制约（图 11-1）。

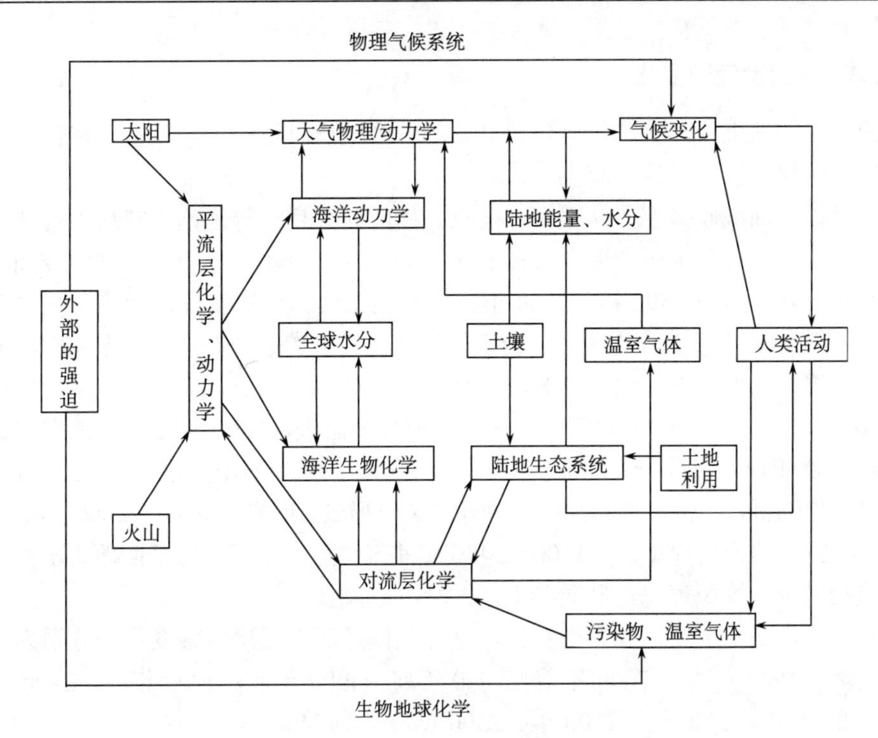

图 11-1　全球变化概念模型

11.1.2　全球变化的历史

历史文献、树木年轮、沉积物、冰芯及其他资料间接地为人们提供了全球变化的历史。

11.1.2.1　第四纪气候变化

在大时间尺度上，地球环境的变化主要是冰期、间冰期的交替，称为冰期旋回。在冰期旋回中，全球温度、冰量和大气中二氧化碳含量有巨大的波动。

新近纪（距今 2500 万年）全球气候炎热，平均气温高达 23～24℃，发育并堆积了大量的红土层。进入第四纪（距今 300 万年）全球气候变冷，出现了多次冰期旋回。第一期，出现在 3.30～3.06 Ma[①]以前，在我国以昆仑山和凉山冰期为代表；第二期，出现在 2～1.79 Ma 以前，我国称为龙川、金沙冰期，可能相当于世界上的多瑙冰期；第三期，出现在 1.2～0.95 Ma 以前，我国称为鄱阳冰期，相当于世界上的群智冰期；第四期，出现在 0.69～0.56 Ma 以前，我国称为大姑冰期，相当于世界上的民德冰期；第五期，出现在 0.30～0.18 Ma 以前，我国称为庐山冰期，相当于世界上的里斯冰期；第六期，出现在 0.07 Ma 以前，我国称为大理冰期，相当于世界上的玉木冰期。相应的间冰期有：昆仑山—龙川间冰期、龙川—鄱阳间冰期、鄱阳—大姑间冰期、大姑—庐山间冰期、庐山—大理间冰期。

① 1Ma=100 万年。

11.1.2.2　全新世气候变化

全球末次冰期结束后，大约一万年前开始的一个地质时期称为全新世。现代地球大尺度的气候和环境格局就形成于这个时期。

全新世时期我国气候多变，从上海、南京、镇江和天目山等地孢子花粉组合来看，冷暖气候曾变化十多次。在北半球全新世气候变化可分为 5 个冷暖变化旋回，其中冷期的时代大约为 10300 年、7800 年、5300 年、2800 年、300 年前。间隔约为 2500 年，每一冷期约持续 1000 年。我国气候的冷暖变化也类似。古全新世气温较低，早全新世（距今 9800～7900 年）气候较温暖潮湿，水域扩大，出现常绿阔叶林，植物茂盛，形成了泥炭层；中全新世（距今 7900～2400 年）早期，我国气候干凉，7000 年前转为温暖，7000～5800 年前发生了献县海进，5800～5000 年前气温降低，5000～3500 年前气候湿热，气温较现在高 2℃，黄河流域发育了副热带动植物群，发生了沧东海侵，并有泥炭层形成。世界上 6000～4000 年前也为高温期，当时撒哈拉沙漠为大片草原，3500～2400 年前气温再次下降，海平面停止上升，湖面缩小，水生植物减少，堆积黄褐色砂质黏土。

概括起来说，从古全新世到中全新世，全球气候经历了四次冷暖变化，分别为 12000 年前～9800 年前、9800 年前～7000 年前、7000 年前～4900 年前、4900 年前～2400 年前，每一期分别长 2200 年、2800 年、2100 年、2500 年，平均 2400 年。

11.1.2.3　我国历史时期的气候变化

我国是世界上人类历史悠久的国家之一，有 2000 多年的文字记录和文化遗迹的记录。根据丰富的考古资料、地方志和史书记载、物候观察和气象仪器记录等，竺可桢总结出了我国 5000 多年来的气候变化过程（图 11-2）。基本上把我国 5000 多年来的气候变化，划分为明显的 4 个温暖期和 4 个寒冷期。

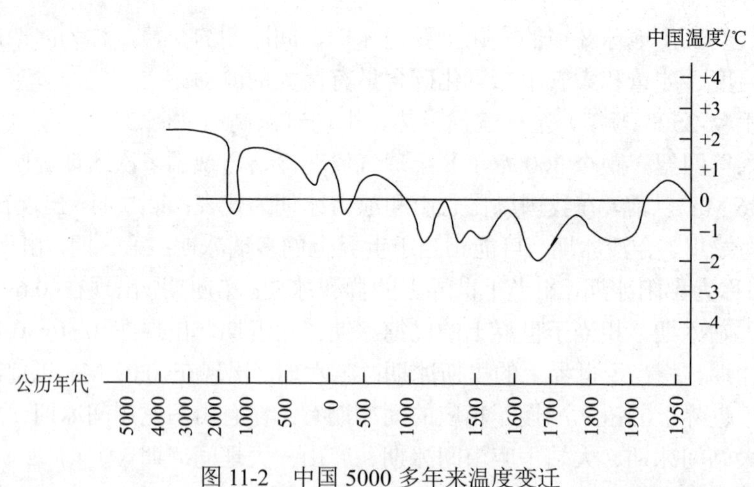

图 11-2　中国 5000 多年来温度变迁

温度 0 线是 20 世纪 70 年代的温度水平

第一温暖期，公元前 5000 年以前到公元前 1000 年，即仰韶文化和殷墟文化时期。大部分时间的年平均温度比现今高出 2℃左右；第一寒冷期，公元前 1000 年左右到公元前 850 年的周朝初期，属于干冷期。

第二温暖期，公元前 770 年春秋时期到公元初的秦汉时代。气候转暖，据物候记载此期亚热带植物的北界比现在偏北；第二寒冷期，公元初到公元 600 年，此期的寒冷气候一直延续到公元 3 世纪后半叶，年均温比现在低 1～2℃。

第三温暖期，公元 589 年到 907 年的隋唐时代，当时的气候比现在温暖，渭河（关中）平原可以生长梅树和柑橘；第三寒冷期，公元 1000 年到公元 1200 年的南宋时代，尤其是在 12 世纪初，气候急剧转寒，甚至影响了华南和西南地区。

第四温暖期，公元 1200 年的南宋到 1300 年的元朝初期。尤其是 13 世纪初期和中期有过比较短暂的温暖期。第四寒冷期，从公元 1400 年到公元 1900 年的近 500 年，相当于世界气候上的“现代小冰期”。

我国历史时期的气候波动与世界其他地区的气候波动相比较，虽然最冷年份和温暖年份可以出现在不同的时代，但气候的冷暖起伏趋势彼此是前后呼应的。我国历史时期的气候变化趋势具有全球性，基本上可以同世界其他地区进行比较。

11.1.2.4　我国近百年来的气候变化

从 20 世纪初到 40 年代，我国气温总的趋势是升高的，其中 1900～1920 年每年的平均气温在多年平均气温之下，到 1920 年以后回升到多年平均气温左右，20 世纪 20 年代末到 30 年代初有一短期微弱降温，40 年代达到 20 世纪最暖时期，最暖的 5 年平均气温高于多年平均气温 0.5～1.0℃。40 年代以后我国气温首先从东部地区和北部地区开始趋势性地下降，除 1958～1962 年有一短暂的回升外，至 1970 年基本是持续下降，我国东北、西北及华南地区下降了 0.4～0.8℃，华北和西南地区下降了 0.5～1.4℃。20 世纪 70 年代以来，我国气温明显升高，已进入一个气候温暖时期。有人预测，由于温室效应的叠加，其升值将来可能高于 20 世纪 40 年代。

综上所述，20 世纪初至 20 年代及 50 年代末至 70 年代中期为我国相对寒冷期，而 30 年代至 50 年代及 70 年代中期以来为相对温暖期。70 年代以后气候变暖的速率加快。

11.1.3　全球变化的原因

近几十年来，世界正以异乎寻常的速率变暖。通过比较大气中二氧化碳含量及其他环境指标，不少科学家进一步断言：目前的全球变暖及大气温室效应增长、低纬度夏季风系统受到的影响、海平面上升、沙漠化等气候、环境问题与日益扩大的人类活动有关。主要体现在以下几个方面：①人为的局部污染源与大气运动对污染物的远距离携带；②人为的局部污染源与河流、海流对污染物的远距离携带；③人类运载工具运行的空间范围扩大，把污染和“垃圾”带向全球和高空；④人类的全球性流通，把疾病和污染带向全球各地；⑤人类活动对森林和水域的大规模改变影响大气环境的全球性变化。

以上五大过程使世界上的局部环境变化最终都参与了全球变化，导致了全球环境变化。由于这个变化速率异常惊人，所以它相应产生的灾害对人类生产和生活构成了严重威胁，引起了全世界各国的密切关注。以联合国为主持机构的全球变化研究已经开展了数十年，并在许多方面达成了协议。

11.1.4 全球变化的研究重点

全球变化问题是21世纪最关键的问题之一，人类通过开展系列的研究计划和研究活动，试图更清晰地了解地球环境的变化，掌握其发展规律，规范人类自身的活动。全球变化研究在对自然环境演变进行研究的同时，也广泛地渗入人文社会领域，对诸如人类健康、生存安全、粮食生产与食物供应、碳排放及其减排、国家安全等方面的全球变化因素展开了全面的研究。目前，全球变化的研究重点可归纳为四大研究计划：一是国际地圈-生物圈计划（IGBP）；二是世界气候研究计划（WCRP）；三是全球环境变化人文因素计划（IHDP）；四是国际生物多样性计划（DIVERSITAS）。具体研究内容包括：大气组成变化、生态系统变化、全球碳循环、全球人文、气候多样性的变化、全球水循环等专题。根据变化模式和形成过程可从以下四个作用机理入手。

11.1.4.1 生物地球化学过程

生物地球化学过程主要从大气化学、生物排放和海洋生物化学三方面进行研究。具体的研究问题有北方森林、热带地区、水稻与甲烷、大气污染与云和全球性的微量气体源汇监测网等。

11.1.4.2 陆地生态与气候的相互作用

对植被在地球系统水循环中的作用和全球变化对陆地生态系统的影响两方面进行研究。

11.1.4.3 地球系统的综合分析和模拟

把海气耦合模式与陆地过程模式及环境系统中的化学过程、人类活动的影响作用耦合起来，是一个重要的研究内容。

11.1.4.4 社会、经济影响评估

预测全球变化对农业、海岸带、能源等社会经济的影响，并在有关科学研究和政策制定之间筑起桥梁。

全球变化研究已经为全世界带来可观的效益，地球环境的自然波动和人类活动对环境影响的科学数据可以指导合理利用水、食物网络等自然资源，为生态环境和人类健康提供决策依据。

11.1.5 全球变化影响的主要途径

全球变化通过三个途径对人类构成影响。首先是直接对人类的健康产生影响；有时全球变化事件也可能对某些社会事件的发生产生影响；更主要的是，通过资源和灾害的变化改变自然系统的承载力，影响为人类提供物质基础的人为环境系统的生产能力，进而影响人类的供需平衡，并进一步影响人类与人类社会（图11-3）。

全球变化直接或间接地影响人类及其生产和生活的各个领域，世界气候研究计划提出研究气候对人类的影响包括以下10个方面：①人类的健康和工作能力；②住房建筑和新住宅区；③各类农业；④水资源开发和管理；⑤林业资源；⑥渔业和海洋资源；⑦能源的生产和消费；

⑧工商业活动；⑨交通和运输；⑩各种公共服务。其中，气候变化、海平面升降、土地覆盖和生态系统变化、环境污染等，对农业和粮食供给、淡水资源、沿海地区的土地资源、人类健康等方面的影响最受关注。

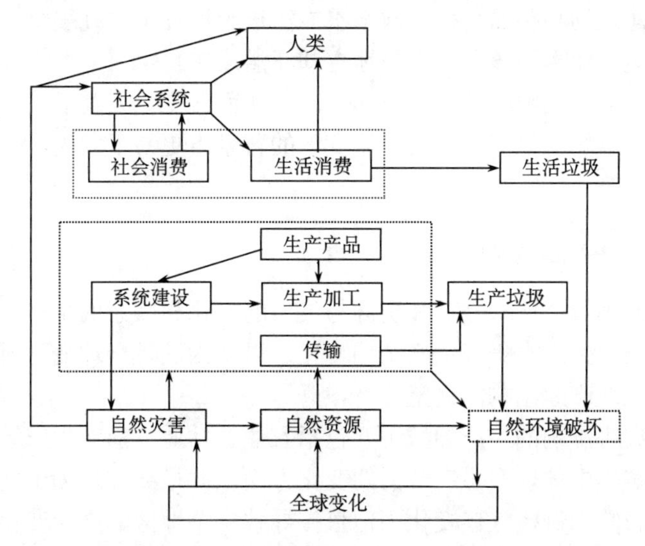

图 11-3　全球变化影响的途径与层次

11.1.6　全球变化影响的层次

全球变化对人类的影响按其所达到的程度可以分为土地承载力、生产系统、经济与生活、社会政治文化四个层次。

11.1.6.1　对土地承载力的影响

全球变化通过改变资源的供需关系，改变灾害的频率和强度，以及改变自然系统本身的脆弱性等途径改变土地的承载力，这是全球变化影响的第一个层次。

全球变化首先意味着资源条件的变化，表现为资源数量或质量的变化。温度的增减意味着热量资源的增加或减少，降水的变化意味着水资源的增加或减少，土地沙漠化与土地退化意味着土地生产力的下降，森林的减少意味着可利用的木材资源匮乏等。

全球变化造成某些环境因素对人类的限制程度的增加或减少，从而导致人类对资源需求的变化。如我国北方冬季气候变暖会使得我国北方对冬季供暖用的燃料的需求减少，对棉衣保暖性能的要求降低，从而减少对棉花和羊毛等的需求。而炎热的夏季对制冷设施的需求增加，因而消耗更多的电力。

自然环境的变化会造成资源数量在一定范围内的增减，会相应地造成某些灾害的强度与频率的改变，如我国东北地区的低温冷害的强度和频率在温暖时期均明显低于寒冷时期。而资源的增减如果超出人类利用所适宜利用的范围，造成资源的严重过剩或不足也会产生灾害，非洲萨赫勒地区在 20 世纪 60 年代初期及其以前存在过长达 20 多年的多雨期，为利用这个气候资源，这里的生产模式进行了调整，废除了休闲地，扩大了耕地和放牧，使这里的生产模式适应了稍为湿润的气候。20 世纪 60 年代末以来气候变化导致严重干旱，使横贯非洲的一些贫穷国家遭受了非常沉重的打击，灾害毁坏了他们的牧场和庄稼，造成牲畜的大量死亡，夺去了数十万人的生命。

人类的一些活动所造成的自然环境的改变有时也会使得某些灾害更易于发生。以城市洪水为例，由于各种建筑物和路面覆盖，雨水不能渗进土壤，于是几乎全部雨水立即在光滑的人工地面上奔溢汇集，使本不该发洪水的地方却泛滥成灾。

自然环境承受人类活动影响的能力也随全球变化而改变。人类活动导致的干旱、半干旱地区的土地荒漠化、草场退化等过程在气候变干的背景下更易于发生。全球变暖可能导致某些作物病虫害的增加等。

11.1.6.2 对生产系统的影响

全球变化影响的第二个层次是对和资源与灾害的变化相联系的生产系统的影响，包括直接受资源与灾害影响的生产水平或生产结构变化，以及为满足全球变化所引起的人类需求的改变而进行的生产系统产业结构的调整。

直接受资源与灾害影响的生产领域主要包括农业、林业、渔业生产等人类支持系统，全球变化对它们的影响集中体现在生产能力的变化方面，并最终表现为土地承载力的变化。以气候变化对农业的影响为例，气候变化不但直接导致一个地区的产量变化，而且能够通过影响适宜耕作区范围的变化、作物界线的迁移及耕作制度的改变而进一步对生产能力构成影响。在我国，降水变化 100 mm 可引起亩产潜力约 50 kg 的变化；温度变化 1℃，大致相当于全国各茬作物变化一个熟级，产量变化 10%。

全球变化对生产系统的间接影响包括改变了生产系统运行的边界条件，为维持系统的正常运转需要适当地增加或减少有关投入。例如，海平面上升对沿海的城市和农田均构成重大威胁，为此需要增强沿海防护堤的建设，我国历史上海塘建设兴盛的时期也就是高海平面时期。在气候变暖的情况下，高寒地区的道路建设需要考虑冻土融化的问题。全球变化的间接影响也包括由于全球变化而引起的新的需求所导致的产业结构的某些调整，如我国历史上河南、陕西等的竹产业显示随气候的冷暖期变化而发生兴衰变化。

11.1.6.3 对经济与生活的影响

全球变化影响的第三个层次是社会对生产和消费平衡关系变化的响应。生产系统变化的结果导致生产能力的改变，必然破坏已存在的社会供给与消费需求平衡，为此需要社会对人类的经济与生活领域给予适当的干预，如为提高生产能力而实行的技术投入与政策措施，为满足消费而进行的地区间贸易，为调剂消费需求而进行的市场价格调整，以及为保证社会最低需求而采取的社会救济措施等，其目的是在新的基础上重新建立起平衡关系。

中外历史上，因环境变化导致经济倒退、促使社会变革的事例不胜枚举。我国历史上绝大多数的大规模农民起义都与大灾大饥事件联系在一起，如西汉末年的绿林赤眉起义、唐末的黄巢起义、元末的红巾军起义、明末的李自成与张献忠起义等。在世界其他地区也有同样的现象，在 16～19 世纪的“小冰期”，寒冷气候对欧洲的农业造成了灾难性的打击，也深刻地影响了社会政治经济的稳定。其中对人类历史进程有重大影响的 1789 年的法国大革命就是在严重的自然灾害致使粮食严重短缺的背景下发生的。寒冷的小冰期的冲击也深刻地影响了欧洲殖民者与其殖民地之间的关系，17 世纪后期是小冰期最寒冷的一段时期，寒冷使英国的收成减少，于是英国就在殖民地增加税收，把本土的经济危机转嫁到殖民地，结果使许多殖民地决心完全摆脱英国的控制，这就是美国爆发独立战争时的环境背景。可以说，环境恶化激化了英国与美洲大陆殖民地之间的矛盾，是美洲革命的潜在触发因素。

11.1.6.4　对社会政治文化的影响

全球变化影响的第四个层次是对人类本身及社会政治文化平衡的影响，其不利的方面表现为重大生命损失、社会矛盾的激化、社会秩序的破坏、地区冲突的加剧甚至文明的兴衰等。全球变化可能对人类健康造成广泛而极不利的影响，造成重大生命损失。这些影响可以是直接的，也可以是间接的，从长期来看，间接影响可能起主导作用。以气候变化为例，极端天气的增加会造成死亡、受伤、心理紊乱的范围扩大。气候变化的间接影响主要包括：传染病（如疟疾、黄热病和一些病毒性肺炎）传播媒介的潜在传播，原因是传染病媒介有机体活动的地理范围扩大；卫生基础设施破坏导致抗御对健康伤害能力的降低；随气候变化而增强的大气污染、粉尘、霉菌孢子等带来的呼吸和过敏紊乱；气候变化而对生产力（如农业）产生的不利影响，导致一些地区营养状况下降；淡水供应受到限制也会影响人类健康。

全球变化影响所达的层次总是从低到高，即从土地承载力上升到生产系统、经济与生活以至于社会政治文化系统。在影响传递的过程中都会受到人类社会的调节作用，当影响超出某一层次所能承受的范围或调节能力时，这种影响就会传递到更高的一个层次。在一定的社会条件下，全球变化的幅度越大，其影响的层次也越高。较短时间的环境变化所引起的资源在数量上的变化，可以造成生产上的起伏波动，其产生的影响可能是暂时的、区域性的，但也有可能对历史的进程起加速或减缓的作用；较长时间的变化会导致资源在一定时期内不可逆转的质的变化，这种变化后果是长期的，严重者足以改变一个地区乃至全球范围的历史进程，甚至造成某些文明的衰亡和促使新文明的产生。

11.1.7　全球变化的敏感区

由于区域差异的存在，地球上不同地区对全球变化的反应和感受存在着差别。对全球变化最敏感、能提供早期信号的地区，反馈作用最显著、能将微弱的变化放大的地区，都是当今全球变化研究关注的重点。气候边界地带与生态脆弱带是最易受全球变化冲击的地区，这些地区土地的可利用性及其生产能力的大小常随全球变化而发生显著变化。

海洋与陆地的交界面，即海岸带，是受海平面升降控制、各种营力过程综合作用的地区，也是全球变化及变化对人类的影响表现最为强烈的敏感地区之一。海岸带的范围大致是从海岸平原延伸到大陆架边缘的地区，曾在晚第四纪时期随海平面的波动而反复地被淹没和出露。海岸带内部具有显著的生物和非生物特性及过程的海岸系统，对全球生物地球化学循环及其与气候的相互作用有显著的贡献。海岸带是输送、转变与储存大量溶解和悬浮物质的高物理能和生物生产率过渡区。约占全球表面 8%的海岸带（海岸平原和浅水海域）提供了全球生物量的四分之一以上（表 11-1）。海岸环境由于受海水、淡水、冰、降雨、蒸发、陆地和大气等多方面的影响，各种自然过程（包括海平面变化及各种人类活动）的变化都容易引起比较明显的环境扰动。此外，海岸带也是全球变化对人类的影响表现最显著的地区。沿海地区是世界经济发达、大城市集中分布的地区，目前约有 50%的世界人口生活在距海洋 60 km 的范围内；其中，最低平处正是一些土地最肥沃、人口密度最大的地区，对于这些地区而言，几分之一米的海平面变化也会对他们的生产和生活产生重大影响。孟加拉国及与其类似的三角洲地区、荷兰及太平洋和其他海洋中地势低平的岛屿国家是特别脆弱的地区。孟加拉国全国约有 7%的可居住地（及 60 万人口）位于海拔不到 1 m 的地方，约 25%的可居住地（及 300 万人口）低于海拔 3 m 等高线。荷兰国土的 50%以上是沿海低地（大部分低于当前海平面），是依靠人工修筑的海堤保护的，为了防御海平面升高 1 m 的影响，大约需要 100 亿美元的费用。对于那些大洋中的岛屿而言，为防御海平面上升 0.5 m 所造成的影响而需要的费用已远远超出他们的财力范围。海平面变化还会影响提供全球海洋渔业捕捞量 90%以上的海岸带地区的渔业资源，以及珊瑚礁、红树林、海岸沼泽和湿地等与生物群落有关的重要的生物资源。

表 11-1　非海岸区、海岸带和开阔大洋的相对面积生产量的估计值

区域	陆地	海岸带	大洋
占全球面积百分比/%	27	8	65
占全球有机物生产量百分比/%	41	26	33

如位于非洲撒哈拉沙漠地带和我国北方农牧交错带的广大半干旱地区是对降水变化响应十分敏感的生态脆弱带，降水稍有变化不但会导致干草原带位置的大幅度摆动，而且会造成土地出现可耕种与不可耕种的变化，这些地区的生产方式也极不稳定，变化于牧业和农业之间。人类在这些地区的过度开发，破坏了原始土地覆盖，加剧生态脆弱性，极易发生土地荒漠化过程，导致土地资源的丧失。

全球变化的不利影响对社会最脆弱的地区打击最大。社会的脆弱性和社会经济发展的关系还不十分清楚，一种意见认为，最脆弱的社会既不是最贫穷的和最不发达的社会，又不是最富有、最发达的社会，而是那些正处于迅速向现代化过程过渡中的社会。在这些国家或地区，发展带来生产与生活方式的变化，这种变化在面对全球变化时往往造成社会体制的破坏。

11.2　气候变暖

气候变化是全球变化研究的核心问题和重要内容。科学研究表明，虽然地球演化史上曾经多次发生变暖—变冷的气候波动，但近百年来，地球气候正经历一次以全球变暖为主要特征的显著变化。特别是近 50 年来的气候变暖，主要是人类使用矿物燃料排放的大量二氧化碳等温室气体的增温效应所造成的。现有预测资料表明，未来 50～100 年全球的气候将继续向变暖的方向发展。根据对 100 多份全球变化资料的系统分析，发现全球平均温度已升高 0.3～0.6℃。其中 11 个最暖的年份发生在 20 世纪 80 年代中期以后，因而气候变暖是一个毋庸置疑的事实。气候变暖对全球的生态系统和社会经济已经产生并继续产生巨大的影响，如冰川消退、海平面上升、荒漠化、生态破坏、农业生产下降等。这些影响将使人类的生存和发展面临巨大的挑战。因此，探求全球气候变暖的起因和造成的影响是目前全球环境研究的一个主要议题。

11.2.1　气候变暖的原因

气候变化是自然界的一种自然现象。自从地球诞生以来，在地质历史时期经历了无数次的气候波动。当时，引起气候变化的要素和动力主要是太阳辐射的周期变化、地壳物质的对流及板块运动的周期性活动、地球在宇宙中位置的变化、地球公转和与其他星体相对运动的变化等。人类有史以来气候变化的原因增加了人类活动的影响，其作用强度日益增加。因此地质历史时期的气候变化和现代的气候变化在周期性、变化幅度、变化频率上都有一定的差异。20 世纪以来，气候以变暖为主要趋势，以变化频率高、周期短、增温幅度大为特点。与地质历史时期气候变化的原因相比较，根本区别就在于人类活动的影响加大。这些人类活动的影响与自然动力相叠加，甚至出现放大作用，加快了现在气候变暖的速率。从目前的科学技术手段来看，人类控制气候变化的自然动力和要素的可能性很小，甚至是零，但人类控制自己活动的影响能通过各种手段去实现。因此研究气候变化的人为影响是目前人类面临的主要问题。

11.2.1.1　二氧化碳的增温效应

关于气候变暖原因的研究一直是全球变化研究的主题。虽然到目前为止还没有一个确定的说法，但大家都认为大气中碳循环的变化对气候的影响是明显的。在地质历史时期，二氧化碳对地球气候变化就有调节作用。人类有史以来，人类活动对大气二氧化碳含量的变化影响巨大。如农业活动使土壤有机质氧化产生的二氧化碳，煤燃烧产生的二氧化碳，工业、交通运输业排放的二氧化碳等，都可以使大气二氧化碳含量增加，导致气候变暖。

二氧化碳是一种重要的“温室”气体，它对入射的太阳辐射基本上是透明的，但对地球向外辐射的红外线波段有很强的吸收能力。根据玻尔兹曼定律，地球辐射的能量 E 与其温度 T 的 4 次方成正比，即

$$E=\sigma T^4 \tag{11-1}$$

式中：$\sigma=5.5\times10^{-12}\,\mathrm{J/(cm^2\cdot s\cdot K^4)}$。地球表面的温度为–50～40℃，这种温度范围内辐射出的电磁波大部分是红外线，二氧化碳吸收 13～17 μm 波带。温室气体的存在使得地表面和低层大气温度升高。大气活动的数字模型表明，大气中二氧化碳的浓度增加 1 倍就会使地球表面平均温度升高几摄氏度，在高纬度地区其影响比赤道大 2～3 倍。

11.2.1.2　城市热岛效应

城市的发展、人为的热释放、空气污染和下垫面改变，使城市地区气温高于市郊农村气温的现象，称为城市热岛效应。据观测，上海市区的气温高出周围地区达 0.6℃，天津市区的气温高出周围地区达 0.7℃。由于市区气温高，气流上升，则城市周围空气向城市进行补给，形成了局部的天气系统，结果往往是降雨增多，风速减小，并使污染物向周围排放。随着城市数量的增多，城市规模的不断扩大，这种效应将会继续增强。

11.2.2　气候变暖的环境影响

11.2.2.1　冰川消退

虽然全球气候的小幅度波动并不被人明显察觉，但对于冰川来说则就有显著影响了。气温的轻微上升都会使高山冰川的雪线上移，海洋冰川范围缩小。根据海温和山地冰川的观测分析，估计由于近百年海温变暖造成海平面上升量为2～6 cm。其中格陵兰冰盖融化已经使全球海平面上升了约2.5 cm。全球冰川体积的变化，对地球液态水量的变化起着决定性作用。如果南极及其他地区冰盖全部融化，地球上绝大部分人类将失去立足之地。

美国国家冰雪数据表明，北极冰盖夏季萎缩的幅度已连续4年越来越明显，2005年9月达到了创纪录的程度。科学家将其原因归结于气候变暖。研究人员分析了美国国家航空航天局2001年到2005年的卫星遥感测量数据，发现从2002年春季开始，位于北极圈内的北西伯利亚和阿拉斯加地区冰雪提前融化，到2005年，整个北极圈都发生了这一现象。北极圈内1～8月的平均温度比近半个世纪的同期平均气温高2～3℃。2005年9月19日北极冰盖的面积约为500万km^2，比1978～2001年的同期平均值缩小了20%，创下了历史纪录。研究人员指出，北极的冰雪能反射太阳热辐射，在维持全球热平衡方面有重要的作用，北极冰盖的消失，让更大面积的深色海水暴露出来，使海水吸收更多太阳热辐射，从而加剧了气候变暖。然而，消失的北极冰盖中至少有一部分是不可弥补的。

2004年中美联合科考队在对喜马拉雅山和冈底斯山进行考察后证实，以青藏高原冰川为代表的高亚洲冰川正以前所未有的速率全面退缩。以青藏高原为核心的高亚洲地区的冰川总计46298条，冰川面积59406 km^2，冰川储量5590 m^3。20世纪以来，随着气候变暖，高亚洲冰川的退缩逐步加剧，特别是进入20世纪90年代，冰川退缩的幅度急剧增加，原来前进或稳定的冰川也转入退缩状态。高亚洲冰川的全面退缩，会导致冰川储量的巨额透支，长此以往，冰川平衡的打破会带来难以估量的生态灾难。

全球气候变暖使我国冰川面积近40年来平均减少7%，目前冰川年融水径流量相当于一条黄河。如果全球变暖继续以目前的速率发展，估计到2100年，大部分冰川将消亡，一些冰川下游的河流也将干涸。

2005年“青藏高原生态地质环境遥感调查与监测”项目专家组调查结果显示，30年间青藏高原冰川平均每年减少147.36 km^2。专家认为，全球性的气候变暖变干，加上青藏高原迅速的差异性升降所带来的内部微气候变化，造成降雨量减少，导致该地区生态环境恶化。

11.2.2.2　旱涝灾害和荒漠化面积扩大

研究资料表明，我国中纬度地区，气温每升高1℃，灌溉需水量将增加6%～10%，而农田蒸发量也会增加几个百分点。升温还会使北方江河径流量减少，其中黄河及一些内陆河流地区蒸发量将可能增大15%左右，而南方的径流量将会增加。因此，旱涝等灾害的出现频率将会增加，从而加剧水资源的不稳定性和供需矛盾。

荒漠化是气候变暖的又一不利影响。研究表明在全球变暖的背景下，世界上某些地区的降水将减少，而蒸发将增大，致使径流减少。地表径流减少导致一系列的缺水问题。

世界上本来就存在一些水资源短缺的地区，在此背景下将变得更加困难。荒漠化是必然结果。目前，世界沙漠化的速率是每年 60000 km^2，这对于 70% 的干旱地区（全球陆地面积的 25%）是一种潜在的威胁。

我国的荒漠地区大部分处在中纬度地区，受全球变暖的影响非常明显。如果温度上升 1.5℃，我国半湿润至半干旱程度的土地面积将会增加约 18.8 万 km^2，湿润区面积将减少约 15.7 万 km^2，荒漠化面积将增加约 20 万 km^2；如果温度上升 4℃，半湿润至半干旱程度的土地面积将会增加约 84.3 万 km^2，湿润区面积将减少约 95.9 万 km^2，荒漠化面积将增加约 70.6 万 km^2，荒漠化面积平均每年增加约 8.3 万 km^2（按 1965～2050 年 85 年平均计算）。

11.2.2.3　气候变暖对生态系统的影响

人类社会对土地的占用，生态系统根本无法进行自然的迁移，致使原生态系统内物种损失重大。

（1）物种多样性的变化　由于不同物种有其特定的生态位，当环境发生变化时，各物种将根据自己的生态特性在生长发育和繁殖方面进行调节和适应。适者生存，劣者淘汰，一些物种发生了迁移，一些物种被灭绝，还有一些物种发生变异，一些新物种产生，使得生态系统内各种群发生了变化。如果环境变化的速率超过物种适应和变异的速率，则可能导致物种的丧失和生物多样性的下降。

（2）生态系统功能的变化　由于二氧化碳浓度、大气温度和降水的变化，全球整个生态系统的生物生产力将发生变化。一般来讲，二氧化碳浓度升高，气温变暖，降水增加均会有利于植物生长，第一性生产力将提高。但是，温度和降水变化的时间和空间的不均匀性，甚至出现剪刀差现象，从而导致了生产力变化的不均匀性。有的地方生产力可能提高，而有的地方则在降低。

（3）气候变暖对生态景观的影响直接表现在植被分布格局的变化　在北半球，随着气温和地温的升高，植被带将会大幅度北移。如果平均气温升高 2℃，冻土带的南界将北移 205～300 km。如果平均气温升高 3℃，加拿大永冻土面积将减少 25%。这样必然导致地球植被区域发生变化，这种变化主要表现为森林面积减少，森林类型发生变化，草地面积增加，全球植被总的生物生产力下降。一组森林生长模型预测结果表明，北美洲的南部和中部地区因气候变化森林将大面积死亡，主要原因是温度升高、可利用水分减少。Emanuel 等在 1985 年进行了全球温度和降水量的变化对植被带变化的预测，结果表明在低纬度地区变化较小，在中纬度和高纬度地区变化明显。北方森林和冻原的面积将分别减少 37%和 32%。北方森林的北界将北移 40%以上，侵占冻原地带。北方森林的南部将大面积被温带森林所取代，而温带森林则有不少被草原所替代。整个地球植被将会发生较大的地带性变化。

（4）生态系统演化的滞后性　在全球范围气候转暖的情况下，由于海陆热容量的差异，陆地升温快于海面，导致蒸发量上升，干旱程度加重；随着气温的持续上升，海水升温，水汽蒸发加强，促进了水循环，大气降水趋于增加。因此，在全球升温的大环境下，生态环境存在一个由暖干向暖湿演化的过渡期。全球变暖引起的气候变化将在几十年里发生，而大多数生态系统不可能如此快速响应或迁移，存在一个生物过程的滞后性，因此自然生态系统将越来越不能与变化了的环境相适应。

黄土-古土壤系列剖面特征说明，第四纪以来，气候发生过多次的温湿-干冷的交替波动，相应的植被也发生了森林→森林草原→干草原→荒漠草原的多次交替旋回。在由一种植被类型向另一种植被类型演化的过渡时期，生态环境会出现大的波动，地表侵蚀加剧。根据生态系统的演化规律，黄土高原第四纪土壤侵蚀旋回模式显示，强烈的土壤侵蚀均发生在干冷向温湿环境演化过渡的早期阶段，即温度上升而降水、植被演替滞后的温干期。在这一时期，温度升高，蒸发量上升，森林草原退化，土壤侵蚀加重，生态环境趋于恶化。

施雅风等为了预测 21 世纪全球升温情况下的环境演化，将全新世大暖期阶段的气候与环境的演化过程作为重要的参照，将大暖期鼎盛阶段的植被分区与现代植被分区进行了对比，分析结论显示随着温度和湿度的增大，西北植被带出现了经向西迁，表现出草原的范围扩大和荒漠缩小的现象。

（5）海洋生态系统受全球变暖的影响更大 海水温度变化及某些洋流型的潜在变化，可能引起涌升流发生区和鱼类聚集地的变化。某些渔场可能会消失，而另一些渔场则可能扩大。

11.2.2.4 气候变暖对农业生产的影响

（1）气候带和农业带的移动 气候变暖给农业生产带来的影响既有有利的一面，又有不利的一面。气候变暖可能使气候带和农业带向两极方向移动，表现为农业区的作物布局及面积将会发生较大的变化。因为极地附近的增温幅度大于赤道附近，所以气候带的北向移动在高纬度地区更加明显，相应的植物生长带也会北移，适应生长的时间就会延长，适应生长的物种就会增加。在中纬度地区，在气温升高的同时，蒸发量很快增加，可利用的水量就会减少。可利用水量的变化是影响农业的最重要的因素。一些专家曾做过这样的研究，全球温度升高将导致潜在的蒸散作用（PET）加强。如果气温以目前的速率增加，气温平均上升 1℃，蒸发量大约增加 5%，在美国 PET 将上升 50～100 mm/a，植物可利用的有效水分减少，森林植被逐渐退化。水分供给对气候变化的脆弱性转变成作物种植和粮食生产中的脆弱性，使干旱或半干旱地区的农业生产风险增大，因干旱而造成粮食减产 10%～30%。一些研究表明，在北半球中纬度地区，若平均气温升高 1℃，作物的北界一般可以向北移动 150～200 km，而海拔向上移动 150～200 m。

虽然在高纬度地区，随着温度的升高，农作物的生长期增加，有利于农业生产。但中纬度地区却由于气温升高所造成的干旱严重影响农业生产。由球体面积计算，移动同样距离的纬度，中纬度地区的面积要远远大于高纬度地区。即中纬度地区受干旱影响的面积和所带来的粮食减产要远远大于高纬度地区的农业增产。从全球的角度来讲，气候变暖给农业生产带来的是负效应。

（2）农业病虫害增加 气候变暖会使农业病虫的分布和病虫害发生的频率增加。低温往往限制某些病虫害的分布范围，气温升高后，这些病虫害的分布可能扩大，病虫害发生的世代数可能增加，从而影响农作物生长。据报道，气温升高 1.5～2℃，吉林、黑龙江南部地区的黏虫、玉米螟将由一代增加为二代，而辽宁中、南部由二代增为三代。病虫害越冬存活量将增加，发生期会提前，发生程度也随之加重。

（3）植物品种发生变化 气候变暖使得许多植物品种不适应环境而被淘汰或迁移。面临此问题，人们需要研究世界农业将如何适应可能发生的极端条件，迫使人们进行作物改造，通过基因技术和遗传控制使之与新的气候条件相适应，提高作物的抗旱、抗病虫害的能力；迫使人们进行农业基础工程研究，建立各种节水工程，提高水资源的利用率，它促进了农业科学技术的发展。但这些技术的改进和发展增加了基本投资，使得农业产品的成本提高。

11.2.2.5　气候变暖对人体健康的影响

气候变化可以导致人体发病率的增加和病情的加重。随着气候的变暖，热浪冲击频繁加重，可致死亡及某些疾病，特别是心脏和呼吸系统疾病发病率的增加。极端气候事件，如干旱、水灾、暴风雨等，使死亡率、伤残率及传染病发病率上升，并增加社会心理压力。气候变暖，可以使一些传染病的传播生物数目增多，导致一些传染疾病的蔓延，如疟疾、霍乱、黑热病等。温度的升高和灌溉系统的增加，会诱发血吸虫病的发展。此外，一些空气污染物或氮氧化物、臭氧等可增加过敏疾患、心脏和呼吸系统疾病及死亡率。

11.3　海平面上升及其灾害

海平面上升灾害是全球变化的最典型灾害事例，是一种“无形的水灾”。它一般以潮灾和洪灾的形式表现出来。它具有明显的累进性，成灾效应持续时间长，防灾难度高。海平面上升淹没了大片海滨地带土地，加剧海岸侵蚀，使得沿海陆地面积缩小；加大了洪水灾害的频率，造成大片粮田和建筑物的破坏；海水倒灌、咸水入侵使得沿海土地盐渍化面积扩大；盐水和淡水界面向陆地推进，使沿海地区的淡水资源日趋减少。由于世界人口、工业、经济等主要集中在沿海地区，据推测，今后海平面上升 1 m，全世界受灾人口将达 10 亿，其中 3 亿～4 亿人将无家可归，一些国家尤其是岛国，将从地球上消失。全世界受灾土地总面积可达 500 万 km^2。世界上 1/3 可耕地将受影响。据预测，我国海平面上升 1 m，长江三角洲海拔 2 m 以下的 1500 km^2 低洼地将受到严重的影响或被淹没。

11.3.1　海平面上升的原因

海平面上升是由海平面高度与陆地地面高度相对高差变化所造成的。在人类历史时期，全球气温上升和陆地高度降低是二者高差变化的主要原因。

第一，CO_2 及其他痕量气体的温室效应和海平面上升。在工业革命以来，由于人类大量使用化学燃料及大规模的砍伐森林，大气中 CO_2 及其他痕量气体的含量在迅速增加。1860 年至今，大气中 CO_2 的含量已从 290 ppm 增加到 335 ppm，据估计到 2030 年，大气中 CO_2 及其他痕量气体的含量将达到工业革命前的 2 倍。CO_2 及其他痕量气体的温室效应，造成了全球性气温的上升，导致了海水受热膨胀、高山冰川融化、南极冰盖解体，使得海平面上升。在 1983 年，美国国家环境保护局（EPA）发表了全世界第一份系统研究 21 世纪海平面变化趋势的报告。报告认为大气中 CO_2 含量增加 1 倍，全球海平面上升的幅度可达 27～265 cm。到 21 世纪末，海平面上升幅度在 50～345 cm（最大可能的幅度在 144～217 cm）。1985 年 10 月联合国环境规划署（UNEP）、世界气象组织（WMO）和国际科学理事会（ICSU）共同召开的菲拉赫会议认为，2030 年前后，全球 CO_2 含量增加 1 倍，全球平均气温升高 1.5～4.5℃，估计因此全球海平面将上升 20～40 cm。

第二，地面沉降与海平面上升。导致地面沉降的原因主要有三个方面：①开采地下水、石油、天然气等地下流体使松散沉积物孔隙水压力降低，发生脱水固结作用，使沉积物压实沉降；②缓慢式的构造沉降运动导致地面沉降；③松散沉积物在自身重力的作用下，发生脱水固结，沉积层压实沉降。大量的研究资料表明，现代地面沉降主要是由超量开采地下资源引起的。新构造运动导致的地面沉降量只占总沉降量的 3%左右。沉积地层自然压实沉降基本上可以被排除。

尽管不同研究人员的结果可能不同，近百年来，海平面上升却是不容置疑的事实。自 20 世纪末以来，海平面上升约 10 cm 或稍多。据预测，到 21 世纪末，海平面将比现在上升 50 cm，甚至更多。海平面上升给人类带来的灾难是惊人的。

11.3.2 海平面上升的成灾机制

海平面上升主要是通过海水淹没沿海平原，潮灾频率增加、强度增大，沉降漏斗洼地积水影响生产和交通，洪水威胁增加，盐水入侵、水质恶化造成土地盐渍化等给人类造成灾难（图 11-4）。

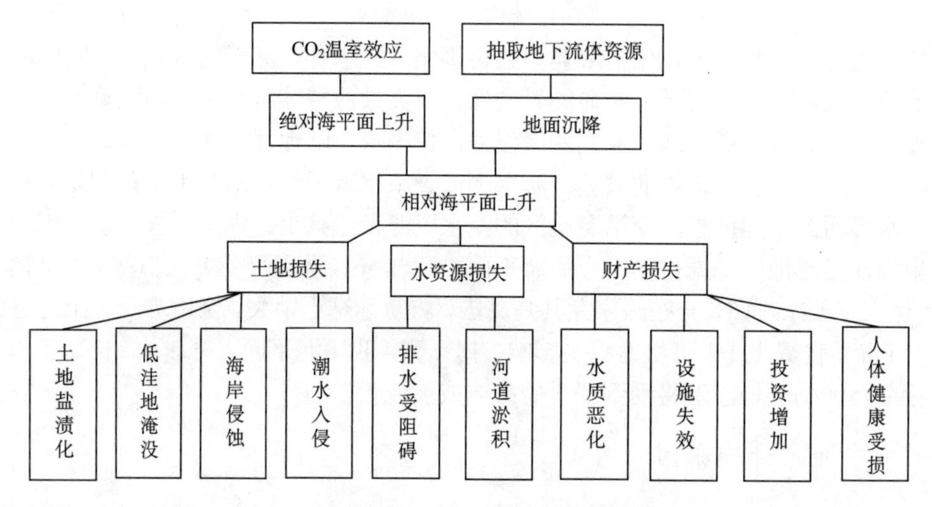

图 11-4 海平面上升的成灾过程

11.3.2.1 沿海地区地面标高损失

米利曼（Milliman）等对尼罗河和恒河三角洲地区的研究认为，当地海平面在 2100 年比 20 世纪 90 年代高 3.5～4.5 m，埃及和孟加拉国将因此损失当前可居住国土的 26%和 34%。

以我国大陆沿海 11 个省、市计算，土地面积占全国土地面积的 13.6%，人口占全国总人口的 37.6%，工业产值占全国工业总产值的 62.7%，生产总值占国民生产总值的 52.2%。由于这些地区地面高程较低，是沿海灾害最危险的地区。以 1∶100 万全国数字高程图为基准计算，沿海地区高程小于 5 m 的面积约占沿海 11 个省、市面积的 11.3%，全国陆地面积的 1.5%。以天津市为例，天津市是我国地面高程较低的沿海工业城市之一，市区及近郊区地面高程一般为 3～5 m。近海区除局部垄岗地外，地面高程一般为 1～3 m，大部分地区处于高潮位之下。据 1983 年统计，天津市区地面标高在 0～2 m 的面积占市区总面积的 78%，大约有 11%的面积处于多年平均高潮位之下。

11.3.2.2 潮灾频率增加、强度加大

沿海地区地面标高损失的直接后果之一是风暴潮灾害频率增加和强度加大。天津滨海区

1450～1950 年的 500 年间，风暴潮的侵袭达 140 多次，其中成灾的有 67 次，平均不到 10 年就有一次。20 世纪以来，天津沿海风暴潮的发生频率有上升的趋势。1985 年的强风暴潮为较大的一次，塘沽防潮堤被冲垮，海河船闸、防潮闸、渔船闸均出现海水倒灌，新港、车站、北塘地区上万户居民及港务局、天津新港船厂等大企业被淹，天津新港船厂水深 1～1.5 m，北塘区水深 1 m，直接经济损失达 1 亿元。长江三角洲地区在 1990 年以前的 620 年中发生强与特大风暴潮 75 次，平均 8 年一次，19 世纪至少有 9 次，20 世纪增加的速率很快，仅 1990 年就发生 12 次。1989 年 13 号台风在上海川沙县登陆，经济损失严重，仅保险公司赔偿损失就达 790 万元。

11.3.2.3 海水入侵造成土地盐渍化，粮食减产，生活和生产用水危机，地方病流行

据统计，截止到 20 世纪末，莱州湾东岸的莱州市已有 12 万亩的耕地被海水侵蚀，其中 2 万亩基本荒芜，全区有效灌溉面积不断减少，40 多万亩耕地丧失了灌溉能力，农业每年减产 20%～40%，仅 1989 年就减产粮食近 5 亿 kg。

位于海水入侵范围的工矿企业因水源短缺，地下水位下降，水质恶化，面临断水的危险，许多工厂不得不另建取水工程。靠远距离调水供应生活和部分生产用水，增加了成本。由于侵染区水中氯离子含量升高，生产设备锈蚀严重，寿命缩短。如莱州化工厂的供水管道每隔 3～5 年就要更换一次；莱州造纸厂因水质恶化造成产品质量下降，严重影响了销路。

因海水的入侵，1989 年龙口市有 38 个村庄，4.5 万人饮水发生困难，莱州市有 400 多个村庄发生人畜饮水困难，有些地方因长期饮用咸水引发了地方病。1978 年地方病普查时，莱州市还未发现有甲状腺肿患者，1989 年已发现 640 例，氟斑牙病则由 3076 例上升到 15000 例。

河口海水入侵，水质恶化。应用 ADI 法建立的长江口二维氯度数学模型进行计算，在长江特枯年流量最小月份的大潮，当海平面上升量超过 80 cm 时，徐六泾以下江段水体中氯度几乎全部超过 250 ppm，要进行海水淡化，成本昂贵。

11.3.2.4 洪水威胁增加，低洼地排水和城市发展受到影响

沿海地区地势低洼，易受洪涝灾害的威胁。未来海平面上升，入江、入海河道排水能力下降，将加剧沿海低洼地的洪涝灾害。以太湖入长江的主河道为例进行计算，如果海平面上升 40 cm，排水总量将下降 20%；海平面上升 80 cm，排水总量将下降 40%；如果太湖流域出现 50 年一遇的洪水，但未出现强大风暴潮，淹没耕地的比例将会比 20 世纪 50 年代增加 20%；如遇 100 年一遇的台风暴潮，淹没耕地的比例将会增加 40%。对里下河地区选择 3% 频率的潮型进行估算，当海平面上升 50 cm，射阳河排水时间将减小 2 h，排水量减少 37%。

天津地区自 1963 年特大洪水以来，地面沉降已使海河两岸堤顶高程下降了 1～1.6 m，个别地段下降了 2 m 左右，严重地降低了海河的行洪能力。据估计因海河干流淤积和地面沉降，其行洪能力已减少了 79%，由原来设计的 1200 m^3/s 降低为 280 m^3/s 左右。天津市建设规划拟将工业布局东移，全市以海河为轴线，恢复海河通航，发展海河两岸工业，为适应通航的最低要求，海河水位必须提高 1 m，为此，加高河堤至设计高程需巨额投资。

11.4 厄尔尼诺及其旱涝灾害

11.4.1 厄尔尼诺一词来源和含义

厄尔尼诺是西班牙语，有“上帝之子”或“圣婴”之意。19世纪初，在南美洲的厄瓜多尔、秘鲁等国家和地区，渔民们发现，每隔几年，从10月至第二年的3月便会出现一股沿海岸南移的暖流，使表层海水温度明显升高。南美洲的太平洋东岸本来盛行的是秘鲁寒流，随着寒流移动的鱼群使秘鲁渔场成为世界三大渔场之一，但这股暖流一出现，性喜冷水的鱼类就会大量死亡，使渔民们遭受灭顶之灾。由于这种现象最严重时往往是在圣诞节前后，于是遭受天灾而又无可奈何的渔民将其称为上帝之子——圣婴。

后来，在科学上此词语用于表示在秘鲁和厄瓜多尔附近几千千米的东太平洋海面温度的异常增暖现象——厄尔尼诺现象。一般认为海温连续三个月正距平在 0.5℃以上，即可认为是一次厄尔尼诺事件。相反，如果南美沿岸海温连续三个月负距平在 0.5℃以上，则认为是反厄尔尼诺事件，又称拉尼娜事件。当这种现象发生时，大范围的海水温度可比常年高出3～6℃。太平洋广大水域的水温升高，改变了传统的赤道洋流和东南信风，导致全球性的气候反常。

厄尔尼诺现象又称厄尔尼诺海流，是太平洋赤道带大范围内海洋和大气相互作用后失去平衡而产生的一种气候现象，是发生在大气环流和海洋环流之间的强耦合事件的例子。厄尔尼诺现象的基本特征是太平洋沿岸的海面水温异常升高，海水水位上涨，并形成一股暖流向南流动。它使原属冷水域的太平洋东部水域变暖。结果引起海啸和暴风骤雨，造成一些地区干旱，另一些地区又降雨过多的异常气候现象。主要有以下几方面：①东太平洋赤道以南海域冷水区的消失；②太平洋赤道地区东南信风的消失；③西太平洋赤道地区的热水向东部扩散；④由上述三种现象引起的一系列气候反常。从厄尔尼诺出现伴随的三种现象可知，在非厄尔尼诺时期应出现与上述三种现象相反的现象，即：①东太平洋赤道以南海域有一片冷水区；②太平洋赤道地区为东南风；③西太平洋赤道地区堆积着大范围的热水，如能搞清这三种现象的原因，对厄尔尼诺的起因也就不难了解了。

11.4.2 厄尔尼诺的起因及形成过程

厄尔尼诺发生的机理目前不完全清楚，但一致认为厄尔尼诺并非孤立的海洋现象，而是热带海洋和大气相互作用的产物。厄尔尼诺的全过程分为发生期、发展期、维持期和衰减期，历时一般一年左右，大气的变化滞后于海水温度的变化。厄尔尼诺形成的主要原因：①全球气温的上升；②春季西风带的加强；③沃克环流回归点的东移；④安第斯山对回归的沃克环流的阻挡。前两个属于全球性的，后两个属于区域性的。而造成厄尔尼诺的关键是沃克环流的变化。

11.4.2.1 沃克环流和南方涛动

太平洋的中央部分是北半球夏季气候变化的主要动力源。通常情况下，太平洋沿南美大陆西侧有一股北上的秘鲁寒流，其中一部分变成赤道海流向西移动，此时，沿赤道附近海域向西吹的季风使暖流向太平洋西侧积聚，而下层冷海水则在东侧涌升，使得太平洋西段菲律宾以南、新几内亚以北的海水温度升高，这一段海域被称为“赤道暖池”，同纬度东段海温则相对较低。对应这两个海域上空的大气也存在温差，东边的温度低、气压高，冷空气下沉后向西流动；西边的温度高、气压低，热空气上升后转向东流，这样，在太平洋中部就形成了一个海平面冷空气向西流，高空热空气向东流的大气环流（沃克环流），这个环流在海平面附近就形成了东南信风。但有些时候，这个气压差会低于多年平均值，有时又会增大，这种大气变动现象被称为“南方涛动”。20 世纪 60 年代，气象学家发现厄尔尼诺和南方涛动密切相关，气压差减小时，便出现厄尔尼诺现象。厄尔尼诺发生后，由于暖流的增温，太平洋由东向西的季风大为减弱，使大气环流发生明显改变，极大地影响了太平洋沿岸各国的气候，本来湿润的地区干旱，干旱的地区出现洪涝。而这种气压差增大时，海水温度会异常降低，这种现象被称为“拉尼娜现象”。

11.4.2.2　厄尔尼诺的形成

某种原因使得信风减弱时，维持赤道太平洋海面西高东低的支柱被破坏，西太平洋暖海水迅速向东蔓延，原先覆盖在热带西太平洋海域的暖水层变薄，海温在太平洋西侧下降，东侧上升。东太平洋的气压也随之下降，赤道信风被进一步削弱，更有利于海温上升，形成了一种正反馈机制，促使暖水发展，厄尔尼诺形成。

相反，当信风持续加强时，赤道太平洋东侧表面暖水被刮走，深层的冷水上翻作为补充，海水表面温度进一步变冷，赤道太平洋东西两侧海面温差加大，赤道信风又得到加强，它把暖水源源不断地向西输送，赤道中、东太平洋地区冷水上翻更为活跃，海表面温度越来越低，就容易形成拉尼娜。

近年来，科学家对厄尔尼诺现象又提出了一些新的解释，即厄尔尼诺可能与海底地震、海水含盐量的变化以及大气环流变化等有关。

厄尔尼诺是一种不规则重复出现的现象。一般每 2～8 年出现一次。据统计，从 1950 到 1998 年共发生了 16 次厄尔尼诺现象，不过，1990 年以后厄尔尼诺现象已出现 4 次。最近 10 年发生厄尔尼诺现象的频率加快。1982～1983 年出现的厄尔尼诺现象是 20 世纪以来最严重的一次，在全世界造成了大约 1500 人死亡和 80 亿美元的财产损失。进入 20 世纪 90 年代以后，随着全球变暖，厄尔尼诺现象出现得越来越频繁。

11.4.2.3　厄尔尼诺的模型

厄尔尼诺的简化模型表明了能量在海洋中的传播过程中的不同波动作用。在这个简化模型中，海洋中被称为罗斯贝波的波动，从赤道附近异常暖的海面向西传播。当它到达海洋的西边界时会被反射成另一种不同的波，称为开尔文波，这种波向东传播，它起着抵消或改变原来的暖海温距平符号的作用，并引发降温事件出现。整个厄尔尼诺事件中这半个循环所需时间是由这些波传播的速率决定的，它大约需要 2 年。

这一现象本质上由海洋动力学驱动，与之相应的大气变化是由海洋表面温度确定的（反过来大气的变化会加强海洋温度分布性），而海洋表面温度分布是由海洋动力学决定的，因而用该简化模型表示的厄尔尼诺现象本质上是可预报的。

11.4.3 厄尔尼诺带来的灾害

在赤道太平洋西部，温暖而潮湿的海面源源不断地向其上空的大气输送热量和水汽，使大气温度升高，上升运动加强，从而成云致雨，所以这一地区雨水丰沛，气候湿润，年降水量一般在 2000 mm 以上；而中、东太平洋冷水域则使得其上空大气变冷，密度增大，下沉气流难以把水汽抬升到能够形成云和雨的高度。因此，这一带洋面通常云量很少，降水量只有 500 mm 左右。

厄尔尼诺的发生，改变了整个热带太平洋冷、暖水域的正常位置。海水温度的微小变化，都会对大气产生巨大的影响。据统计，100 m 厚的暖水层降低 0.1℃所释放的热量，足以使其上方的大气温度平均升高 6℃。当上述厄尔尼诺现象发生时，遍及整个中、东太平洋海域，表面水温正距平高达 3℃以上。厄尔尼诺这样一个持续半年到一年甚至更长时间的大范围海水异常增温现象，无疑会对大气产生不可估量的作用。热带中、东太平洋海水温度的升高，首先直接导致了中、东太平洋及南美太平洋沿岸国家异常多雨，甚至引起洪涝等灾害；也使得热带西太平洋降水减少，印度尼西亚、澳大利亚等国家发生严重干旱。由于全球大气环流系统的相互作用和相互影响，当厄尔尼诺发生时，整个赤道中、东太平洋的大气状况都被改变，这种大范围的变化，必然会打乱全球环流系统的正常秩序，影响到其他地区，给全球气候带来异常。因此，厄尔尼诺常常引起非洲东南部地区和巴西东北部地区的干旱、东非赤道地区和巴西东南部地区的暴雨洪水，给加拿大西部和美国北部带来暖冬，并使美国南部冬季潮湿多雨；它与日本和我国东北的夏季低温和降水变化也具有一定的相关性。此外，厄尔尼诺常常抑制西太平洋和北大西洋热带风暴的生成，但使得东北太平洋飓风增加。海温的强烈上升还造成水中浮游生物大量减少，秘鲁的渔业生产受到打击，同时造成厄瓜多尔等赤道太平洋地区发生洪涝或干旱灾害。

1972～1973 年的厄尔尼诺使秘鲁鳀鱼年产量由 1000 万 t 下降到 500 万 t，给秘鲁造成巨大的经济损失。1982～1983 年的厄尔尼诺造成世界 1300～1500 人丧生，经济损失 8 亿美元；澳大利亚发生了 200 年来最严重的旱灾；非洲的旱灾加剧。地球上许多地区同时出现严酷的气候，大风暴雨袭击了美国西海岸；中国出现了南涝、北旱，东北低温冷害严重。1986～1987 年的厄尔尼诺给世界气候带来异常干旱和灾害。中国大部分地区降水量偏少，冬春气温偏高，出现暖冬现象；而整个欧洲和北亚遭到寒流的袭击，许多地区大雪纷飞、交通中断，造成数百人死亡。美国的俄亥俄州遭到了 28 年来最大的洪水袭击，数百人无家可归，印第安纳州和俄克拉荷马州连遭暴雨，被雷电击中的储油罐和天然气管道引起大火，造成数人死亡，直接经济损失 1500 万美元；南亚在雨季洪水泛滥，大片农田被淹，引发的山地灾害出现，造成了交通破坏、工厂被毁、数百人死亡、几十万人无家可归。1997～1998 年的厄尔尼诺引发了中国的“1998 特大洪水”，受灾面积约 2100 万 hm^2，受灾人口达 2.2 亿人，死亡 3004 人，直接经济损失超过了 1700 亿元。

由高桥浩一郎的资料得知，1726～1949 年的 224 年中，共出现厄尔尼诺 26 次，根据《陕西省自然灾害史料》，厄尔尼诺发生年，陕西出现水涝 21 次，水涝发生率 21/26=81%；26 个厄尔尼诺次年，水涝发生率为 20/26=77%。在 41 年次的水涝中，波及全省（6 个地区以上）的水涝年次为 12 次，占 224 年中 22 次全省性水涝的 12/22=54.5%。由 1972 年前全省五个地区的暴雨资料可知，厄尔尼诺发生年和次年的暴雨发生率远大于常年。

从陕西省宝鸡地区 1960～1983 年全区 11 个县市的暴雨资料统计，7 月共发生≥3 个县的区域性暴雨 8 次，厄尔尼诺发生年出现 3 次，次年出现 2 次；≥6 个县的区域性暴雨共发生 3 次，厄尔尼诺发生年和次年各出现 1 次。8 月共出现≥3 个县的区域性暴雨 11 次，厄尔尼诺发生年出现 2 次，次年出现 5 次。≥6 个县的区域性暴雨共 3 次，厄尔尼诺发生年和次年各出现 1 次。目前宝鸡暴雨的极值日降水量 169.7 mm 的记录，就出现在厄尔尼诺发生年的次年即 1980 年 8 月 23 日。

从近年来全球气候的走势来看，普遍表现出多样化趋势，这主要是在全球气候变暖的大背景下，厄尔尼诺和拉尼娜现象交替作用的结果。2006 年 7 月份以来，中、东太平洋海水温度已出现异常偏高现象，“厄尔尼诺”正在露头，这将导致冬季出现暖冬的概率增大。这一现象将会对我国气候产生四个方面的影响，一是冬季出现暖冬的概率增大；二是夏季东北地区出现低温的概率增大；三是长江以南降雨带比常年偏多；四是来自西北太平洋的台风减少。

课堂讨论话题

1. 全球变化的原因主要体现在哪几个方面？
2. 气候变暖的环境影响有哪几个方面？
3. 海平面上升会带来哪些灾害？
4. 全球变化影响的层次有哪些？

课后复习思考题

1. 简述厄尔尼诺现象与全球旱涝灾害的关系。
2. 查资料分析了解气候变暖的主要原因有哪些。
3. 查阅资料分析全球变化对人类构成的主要影响途径。

参考文献

阿特·霍布森. 2001. 物理学: 基本概念及其与方方面面的联系. 秦克城, 刘培森, 周国荣, 译. 上海: 上海科学技术出版社.

北京大学, 南京大学, 上海师大, 等. 1978. 地貌学. 北京: 人民教育出版社.

卜风贤. 1996. 灾害分类体系研究. 灾害学, 11(1): 6-10.

蔡运龙. 2002. 自然资源学原理. 北京: 科学出版社.

陈怀满. 2005. 环境土壤学. 北京: 科学出版社.

陈家琦, 王浩, 杨小柳. 2005. 水资源学. 北京: 科学出版社.

陈亢利, 钱先友, 许浩瀚. 2006. 物理性污染与防治. 北京: 化学工业出版社.

陈立民, 吴人坚, 戴星翼. 2003. 环境学原理. 北京: 科学出版社.

陈明, 冯流, von J. 2005. 缓变型地球化学灾害: 概念、模型及案例研究. 中国科学 D 辑(地球科学), 35(增刊 I): 261-266.

陈守东, 沈兴东. 2006. 施工现场应急预案编写之管见. 建筑安全, 21(9): 56-58.

陈业裕. 1989. 第四纪地质. 上海: 华东师范大学出版社.

陈英旭. 2001. 环境学. 北京: 中国环境科学出版社.

陈玉明. 2006-09-28. "厄尔尼诺"露头暖冬几率增大. 浙江日报.

程式, 刘文泰. 1992. 中国注水诱发地震的又一个实例. 地震, (1): 63-66.

邓聚龙. 2002. 灰预测与灰决策. 武汉: 华中科技大学出版社.

邓南圣, 吴峰. 2003. 环境光化学. 北京: 化学工业出版社.

董志勇. 2006. 环境水力学. 北京: 科学出版社.

段华明. 1999. 灾害与人类社会的发展. 现代哲学, (4): 11-16.

段怡春, 陈建平, 厉青, 等. 2002. 沙漠化: 从圈层耦合到全球变化. 地学前缘, 9(2): 277-285.

封志明. 2004. 资源科学导论. 北京: 科学出版社.

冯利华. 1993. 灾害损失的定量计算. 灾害学, 8(2): 17-19.

高辉巧. 2005. 水土保持. 北京: 中央广播电视大学出版社.

高俊发. 2003. 水环境工程学. 北京: 化学工业出版社.

高庆华, 刘惠敏, 聂高众, 等. 2003. 中国 21 世纪初期自然灾害态势分析. 北京: 气象出版社.

高庆华, 马宗晋, 苏桂武. 2001. 环境灾害与地学. 地学前缘, 8(1): 9-14.

高庆华, 苏桂武, 张业成, 等. 2003. 中国自然灾害与全球变化. 北京: 气象出版社.

郭海湘, 李亚楠, 黎金玲, 等. 2014. 基于灾害多级联动模型的城市综合承灾能力研究. 系统管理学报, 23(1): 91-110.

郭太生. 2006. 灾难性事故与事件应急处置. 北京: 中国人民公安大学出版社.

郭跃. 2016. 灾害范式及其历史演进. 地理科学, 36(6): 935-942.

郭增健, 秦保燕. 1988. 灾害物理学的方法论(一). 灾害学, (2): 9-17.

郭增健, 秦保燕. 1988. 灾害物理学的方法论(二). 灾害学, (4): 1-10.

郭增健, 秦保燕. 1989. 灾害物理学. 西安: 陕西科技出版社.

郭增健, 秦保燕. 1989. 灾害物理学的方法论(三). 灾害学, (2): 1-8.

郭增健, 秦保燕, 李革平. 1992. 未来灾害学. 北京: 地震出版社.

国家防汛抗旱总指挥部办公室, 中国科学院水利部成都山地灾害与环境研究所. 1994. 山洪、泥石流、滑坡灾害及防治. 北京: 科学出版社.

国家环境保护总局环境工程评估中心. 2006. 环境影响评价技术导则与标准. 北京: 中国环境科学出版社.
国家环境保护总局环境工程评估中心. 2006. 环境影响评价技术方法. 北京: 中国环境科学出版社.
韩建武. 2004. 突发事件应急机制研究. 北京理工大学学报(社会科学版), 6(4): 6-8.
黄昌永. 2004. 土壤学. 北京: 中国农业出版社.
黄美元, 徐华英, 王庚辰. 2005. 大气环境学. 北京: 气象出版社.
黄燕品. 2000. 由"大庆50"溢油事故论宁波港溢油应急反应. 交通环保, 21(4): 32-35.
郎根栋. 1998. 21世纪人类面临的环境灾害. 灾害学, 13(3): 76-79.
李广贺, 刘兆昌, 张旭. 1998. 水资源利用工程与管理. 北京: 清华大学出版社.
李鹤, 张平宇. 2011. 全球变化背景下脆弱性研究进展与应用展望. 地理科学进展, 30(7): 920-929.
李佳, 符岩. 2006. 预防突发环境污染事件对策浅析. 环境科技, 21-23.
李钜章. 1994. 现代地学数学模拟. 北京: 气象出版社.
李铁, 蔡美峰, 张少泉, 等. 2005. 我国的采矿诱发地震. 东北地震研究, 21(3): 1-26.
李英柳. 2010. 人工神经网络在环境灾害预测中的应用进展. 地质灾害与环境保护, 21(1): 8-11.
李永善. 1986. 灾害系统与灾害学探讨. 灾害学, (1): 7-11.
李永善. 1988. 灾害的放大过程. 灾害学, (2): 18-23.
李原, 黄资慧. 1999. 20世纪灾祸记. 福州: 福建教育出版社.
梁恒田, 杨凯. 2001. 环境灾害与可持续发展. 江苏环境科技, 14(4): 44-45.
林而达, 李玉娥. 1998. 全球气候变化和温室气体清单编制方法. 北京: 气象出版社.
刘秉正, 吴发启. 1997. 土壤侵蚀. 西安: 陕西人民出版社.
刘闯. 2005. 全球变化研究国家策略分析——美国模式研究. 北京: 测绘出版社.
刘天齐, 林肇信, 刘逸农. 1982. 环境保护概论. 北京: 人民教育出版社.
卢升高, 吕军. 2004. 环境生态学. 杭州: 浙江大学出版社.
罗元华. 1997. 论自然灾害的基本属性与减灾基本原则. 中国地质灾害与防治学报, 8(1): 1-4.
罗云. 1987. 灾害评价初探. 灾害学, (3): 10-14.
马凤山, 蔡祖煌, 尹泽生, 等. 1997. 莱州湾海水入侵区域环境系统与防治对策. 中国地质灾害与防治学报, 8(1): 56-62.
闵茂中, 倪培, 崔卫东, 等. 1994. 环境地质学. 南京: 南京大学出版社.
聂树人. 1988. 医学地理学概论. 西安: 陕西师范大学出版社.
戚建刚, 杨小敏. 2006. "松花江水污染"事件凸显我国环境应急机制的六大弊端. 法学, (1): 25-29.
邱玉, 邹学勇, 孙永亮. 2006. 荒漠化动力系统熵理论模式探索. 北京师范大学学报(自然科学版), 42(3): 319-323.
任鲁川. 1996. 灾害损失定量评估的模糊综合评判方法. 灾害学, 11(4): 1-10.
山根靖弘等. 1981. 环境污染物质与毒性. 贺振东, 林绍韩, 李鸿海, 译. 成都: 四川科学技术出版社.
尚志海, 刘希林. 2009. 试论环境灾害的基本概念与主要类型. 灾害学, 24(3): 11-15.
申曙光. 1994. 灾害学. 北京: 中国农业出版社.
沈国英, 施并章. 2002. 海洋生态学. 2版. 北京: 科学出版社.
施雅风, 黄鼎成, 陈泮勤. 1992. 中国自然灾害灾情分析与减灾对策. 武汉: 湖北科学技术出版社.
四川师范学院, 山东大学. 1989. 生态学概论. 济南: 山东大学出版社.
宋新山, 邓伟. 2004. 环境数学模型. 北京: 科学出版社.
孙绍骋. 2001. 灾害评估研究内容与方法探讨. 地理科学进展, 20(2): 122-130.
孙卫东, 彭子成. 1995. 灾度指数及其意义. 灾害学, 10(2): 16-20.
唐克丽. 2004. 中国水土保持. 北京: 科学出版社.
唐孝炎, 张远航, 邵敏. 2006. 大气环境化学. 北京: 高等教育出版社.
田兴军. 2005. 生物多样性及其保护生物学. 北京: 化学工业出版社.
涂毅敏, 陈运泰. 2002. 德国大陆超深钻井注水诱发地震的精确定位. 地震学报, 24(6): 587-598.

万国江, 胡其乐, 曹龙, 等. 2001. 资源开发—环境灾害—地球化学. 地学前缘(中国地质大学), 8(2): 353-358.
王芳. 1998. 海平面上升的影响及损失预测. 上海环境科学, 17(10): 9-11.
王劲峰. 1993. 中国自然灾害影响评价方法研究. 北京: 中国科学技术出版社.
王理, 苏经宇, 刘小弟. 1993. 人工神经元网络在事故应急对策中的应用. 灾害学, 8(3): 11-15.
王权典. 2003. 论环境安全视角下的我国灾害防治法制建设. 华南农业大学学报(社会科学版), 2(1): 128-135.
韦惠兰, 王光耀. 2017. 土地沙化区农民特征与其感知的环境灾害风险的关系分析——基于环境公平视角. 自然资源学报, 32(7): 1134-1144.
魏庆朝, 张庆珩. 1996. 灾害损失及灾害等级的确定. 灾害学, 11(1): 1-5.
沃姆斯利 D J, 刘易斯 G J. 1988. 行为地理学导论. 王兴中, 郑国强, 李贵才, 译. 西安: 陕西人民出版社.
吴发启. 2003. 水土保持学. 北京: 中国农业出版社.
吴小刚, 尹定轩, 宋洁人, 等. 2006. 我国突发性水资源污染事故应急机制的若干问题评述. 水资源保护, 22(2): 76-79.
奚旦立, 孙裕生, 刘秀英. 2006. 环境监测. 3 版. 北京: 高等教育出版社.
肖盛燮. 2006. 灾变链式理论及应用. 北京: 科学出版社.
谢宗强, 陈志刚, 樊大勇, 等. 2003. 生物入侵的危害与防治对策. 应用生态学报, 14(10): 1795-1798.
徐玉祥. 1988. 厄尔尼诺与陕西水涝关系的研究. 灾害学, (4): 28-32.
许飞琼. 1997. 灾级及其释义. 灾害学, 12(1): 16-18.
杨持, 常学礼, 赵雪, 等. 2004. 沙漠化控制与治理技术. 北京: 化学工业出版社.
杨达源. 2006. 自然地理学. 北京: 科学出版社.
杨达源, 闾国年. 1993. 自然灾害学. 北京: 测绘出版社.
杨德才. 2000. 忧患中国——生存环境的昨天、今天、明天. 武汉: 长江文艺出版社.
杨桂山. 1993. 长江口地区的盐水入侵灾害及变化趋势. 灾害学, 8(2): 53-58.
杨怀仁. 1987. 第四纪地质. 北京: 高等教育出版社.
杨继东. 1995. 环境灾害的特点、成因类型及减灾对策. 山东环境, (3): 1-3.
杨梅忠, 阎嘉祺. 1993. 陕西渭北煤矿区地质灾害浅析. 灾害学, 8(1): 60-63.
姚运先, 刘军. 2005. 水环境监测. 北京: 化学工业出版社.
叶笃正, 符淙斌, 董文杰. 2002. 全球变化科学进展与未来趋势. 地球科学进展, 17(4): 467-469.
仪垂祥. 1995. 非线性科学及其在地学中的应用. 北京: 气象出版社.
尤孝才. 2002. 矿山地质环境容量问题探讨. 中国地质矿产经济, (3): 37-39.
曾维华, 程通声. 2000. 环境灾害学. 北京: 中国环境科学出版社.
张从. 2002. 环境评价教程. 北京: 中国环境科学出版社.
张德元. 1990. 田注水诱发地震与地质灾害. 灾害学, (2): 58-60.
张焕芬. 2002. 世界资源(石油、煤、天然气、铀)的可开采量. 能源转换利用研究动态, (6): 3.
张克斌, 杨晓晖. 2006. 联合国全球千年生态系统评估. 中国水土保持科学, 4(2): 47-52.
张兰生, 方修琦, 任国玉. 2000. 全球变化. 北京: 高等教育出版社.
张丽萍, 唐克丽. 2001. 矿山泥石流. 北京: 地质出版社.
张桃林, 潘剑君, 赵其国. 1999. 土壤质量研究进展与方向. 土壤, 31(1): 1-7.
张咸恭, 黄鼎成, 韩文峰, 等. 1992. 人类活动与诱发灾害. 中国地质灾害与防治学报, (2): 3210.
赵阿兴, 马宗晋. 1993. 自然灾害损失评估指标体系的研究. 自然灾害学报, 2(3): 1-7.
赵希涛, 杨达源. 1992. 全球海平面变化. 北京: 科学出版社.
《中国荒漠化(土地退化)防治研究》课题组. 1998. 中国荒漠化(土地退化)防治研究. 北京: 中国环境科学出版社.
中国气象局国家气候中心. 1998. 中国大洪水与气候异常. 北京: 气象出版社.
中华人民共和国国务院令第 394 号. 2004. 地质灾害防治条例. 国务院公报, (4): 4-10.
周怀东, 彭文启. 2005. 水污染与水环境修复. 北京: 化学工业出版社.

周建民. 2003. 新世纪土壤学的社会需求与发展. 中国科学院院刊, 18(5): 348-352 .
周旗. 1999. 简论灾害评估. 宝鸡文理学院学报(自然科学版), 19(3): 76-78.
周启星, 宋玉芳. 2005. 污染土壤修复原理与方法. 北京: 科学出版社.
周志俊, 金锡鹏. 2004. 世界重大灾害事件记事. 上海: 复旦大学出版社.
朱大奎, 王颖, 陈方. 2000. 环境地质学. 北京: 高等教育出版社.
朱克文. 1986. 灾害学初探. 灾害学, (1): 3-6.
朱震达. 1982. 世界沙漠化研究的现状及其趋势. 世界沙漠研究: 221-225.
朱震达. 1994. 土地荒漠化问题研究现状与展望. 地理研究, 13(1): 104-113.
朱震达. 1998. 关于中国土地荒漠化概念的商榷. 中国沙漠, (18): 1-5.
朱震达. 1999. 中国沙漠、沙漠化、荒漠化及其治理对策. 北京: 中国环境科学出版社.
朱震达, 陈广庭. 1994. 国土地沙质荒漠化. 北京: 科学出版社.
朱震达, 刘恕. 1981. 中国北方地区的沙漠化过程及其治理区划. 北京: 中国林业出版社.
朱震达, 赵兴梁, 凌裕泉, 等. 1998. 治沙工程学. 北京: 中国环境科学出版社.
庄丽华, 阎军, 常凤鸣. 2003. 海平面上升对全球变化的响应. 海洋地质动态, 19(3): 14-18.
Balassanian S Y. 2005. 钻地炸弹爆炸诱发了地震? 地震学报, 27(6): 691-695.
Schwartz S E. 1984. Gas-aqueous reaction of sulfur and nitrogen oxides in liquid-water clouds, in SO_2, NO, and NO_2 oxidation mechanisms: Atmospheric consideration. Acid Precipitation Series. J. I. Teasley, Series Ed. , Butterworth, Boston: 173-208.